房 漏 与 防 漏

——施工 监理 设计及物业案例

陆绍鑫　编著

中国建筑工业出版社

图书在版编目(CIP)数据

房漏与防漏——施工 监理 设计及物业案例/陆绍鑫
编著.—北京：中国建筑工业出版社，2014.3
ISBN 978-7-112-16352-6

Ⅰ.①房… Ⅱ.①陆… Ⅲ.①建筑防水-工程施工
Ⅳ.①TU761.1

中国版本图书馆 CIP 数据核字(2014)第 019123 号

　　房屋渗漏涉及建筑设计、施工、监理、建设开发及物业修补等有关部门，如何治理房漏，是这些部门的当务之急。

　　本书作者从监理工作经验的视角，重点评说和剖析防水工程和主体结构工程防渗漏的施工及监理要点。内容包括房漏之 N 个说法、房漏之用户反映、房漏之物业修补、防漏之施工职责、防漏之监理监控、防漏之设计改进、防漏之甲方主管，共 7 章。房漏治理是本书的重点。

　　本书适于房屋建筑设计、施工、监理、建设开发、项目及物业管理等部门工作中参考，同时适于科研、院校及有关建筑行业管理部门参考，对房屋建筑有兴趣的读者也可浏览。

　　责任编辑：刘瑞霞
　　责任设计：董建平
　　责任校对：张　颖　党　蕾

房 漏 与 防 漏
——施工 监理 设计及物业案例
陆绍鑫　编著

*

中国建筑工业出版社出版、发行（北京西郊百万庄）
各地新华书店、建筑书店经销
北京红光制版公司制版
北京市安泰印刷厂印刷

*

开本：787×1092 毫米　1/16　印张：16¼　字数：400 千字
2014 年 6 月第一版　　2014 年 6 月第一次印刷
定价：**38.00** 元
ISBN 978-7-112-16352-6
（25073）

自　序

本书围绕房漏与防漏专题，结合建筑行业的现状，在"预防"与"治理"上展开论述。特请关注书中的 A、B、C。

A 房漏
用户在使用阶段的困惑　　房漏之 N 个说法——房漏之用户反映——房漏之物业修补

B 防漏
追溯到施工阶段的隐患　　防漏之施工职责——防漏之监理监控——防漏之设计改进——防漏之甲方主管

C 房漏与防漏
书写监理工程师的业务
感受

大雨中，我和物业师傅登上楼顶，发现屋面有积水和雨水口堵塞
回到家，顶棚和墙角仍在滴答漏雨
这些年，就是这样度过了顶层住房的雨天

在工地，主体结构的施工紧张且连夜浇混凝土
工人们，手持振捣器在钢筋的缝隙中穿插
我发现，结构的密实性、渗透性取决于工序质量

写书时，怎么能说清防水层裂了，楼板裂了，房漏了
在报上，"年年报修年年漏"的报道我有同感
很显然，施工、监理、设计和物业治理房漏肩负重任

我书《房漏与防漏》
是因为我从事工程监理业务近二十年
能否以这样的视角回答房漏治理的考卷

前　言

(1) 建筑质量

2013年中央城镇化工作会议要求：①提高城镇建设水平，城市建设水平是城市生命力所在。②要融入让群众生活更舒适的理念，体现在每一个细节中。要加强建筑质量管理制度建设。用科学态度、先进理念、专业知识建设和管理城市。

(2) 房屋渗漏

房屋渗漏，表明建筑工程质量存在缺陷，并极大的影响人们的生活质量。

雨水穿透屋面和其他部位进入室内，深入研究雨水浸入路径是本书的特色。

房屋渗漏涉及建筑设计、施工、监理、建设开发及物业修补等有关部门，如何治理房漏，当然是这些部门的当务之急，房漏治理是本书的重点。

(3) 主要内容

本书作者1994年首批注册国家监理工程师以来，曾任多家工地总监兼土建监理，与国家监理制度和业务同行，立足于监理工作经验的视角，重点评说和剖析防水工程和主体结构工程防渗漏的施工及监理要点，其案例及图例耐人寻味。

第1章 房漏之N个说法

第2章 房漏之用户反映

第3章 房漏之物业修补（附实例）

第4章 防漏之施工职责（附案例）

第5章 防漏之监理监控（附案例）

第6章 防漏之设计改进（附实例）

第7章 防漏之甲方主管

本书适于房屋建筑设计、施工、监理、建设开发、项目及物业管理等部门工作中参考，同时适于科研、院校及有关建筑行业管理部门参考，当然，对房屋建筑有兴趣的读者适可浏览。

本书由北京赛瑞斯国际工程咨询有限公司陆绍鑫编写。

案例中，引用了项目相关参建各单位和部门的资料和素材，特此感谢和致意，如有不当之处，欢迎批评指正。

目　　录

第1章 房漏之 N 个说法

1.1 开篇

（1）风雨时，说房漏

只有在风雨交加时，才能检验房子是否会漏。

房子在风雨飘摇时，屋面防水工程以及相关的主体结构工程同时经受着雨水的浸入，只要有缝隙，雨水就会渗入室内。

这里说的"风雨"有几层意思：

风雨中的房漏给我们带来太多的烦恼；我们的房屋工程建设经历了太多的风风雨雨，至今尚没有治理好房漏这道难题；作为房屋建筑工作者在风雨中前行，或者说经历着风雨人生，任重而道远。

风雨时，作为房屋建筑工作者恰恰应当想到，千家万户是否平安、幸福、安宁。

（2）房漏时，说防漏

在我们聚焦"房漏与防漏"话题的时候，与之相关的各方会怎样说？

建设方（或开发单位）在说，那是施工单位的事。

设计方在说，那是施工质量问题。

施工方在说，保修期，修。

监理方怎么说，答案在本书中。

用户说，房漏了，倒霉。

物业师傅说，没有不透风的墙，没有不漏雨的房，走吧，修去吧。

其实，房漏时，漏下的不只是雨水，更是点点滴滴的教训，反映出建造时留下的工程隐患，迟早要暴露出来。房漏时，恰恰看到了我们肩负着房漏治理的重任。

（3）相关各方如是说

建设方（或开发单位）是总管，"房漏与防漏"可不仅仅是施工单位的事，你是怎么总管的呢。

设计方，"房漏与防漏"需要设计师在房屋的许多部位加以改进，从设计图纸上落实防漏措施。本书在相关章节提出的建议，供设计师参考。

施工方，"房漏与防漏"给施工方提出了太多的课题，已投入使用的房屋，房漏的缺陷，施工方应研究和采取有效的修补措施，本书相关内容伴你房漏治理。

监理方如何治理房漏，本书相关章节详述了我们的经验、方法和意见。

房屋用户深受房漏之苦，我们房屋参建各方正在积极地采取治理措施，并请理解和支持。

物业方坚持着风雨中修补，辛苦了。房屋参建各方采取治理措施有效之时，物业方的眉头则会舒展许多。

以上，是我们的意见，是监理工程师的意见。房漏时，甲方、设计、施工、用户及物业各方众说纷纭，且看本书中的详细分析。

经验提示：各方如何看房漏	**房漏与防漏开篇时，聚集两点：** **（1）房漏原因？听听施工、监理、甲方、设计等各方是怎么说。（2）如何防漏？看看施工、监理、甲方、设计等各方采取什么措施。**

1.2 房漏理由

本书开篇之时，写了房漏与防漏的多个理由，提出 N 个为什么：（1）为什么屋顶漏雨；（2）为什么楼板漏水；（3）为什么墙漏雨；（4）为什么阳台漏雨；（5）为什么窗漏雨；（6）为什么首层倒灌雨水；（7）为什么底层返潮；（8）为什么修补不断；（9）为什么雨水进屋来；（10）为什么建设期留下隐患。

这 N 个理由和说法涉及了 6 个单位（或个人）：（1）建设单位（开发单位）；（2）设计单位（建筑师、结构师、水电工程师）；（3）施工单位（施工操作人员、施工管理人员）；（4）监理单位（监理工程师）；（5）用户（使用单位）；（6）物业。

这 N 个理由和说法均为本书的一孔之见，抛砖引玉，仅供参考。

1. 为什么屋顶漏雨

为什么屋顶漏雨？本书与你共同讨论和评说，各家对话中，施工单位和监理单位是本书重点。屋顶漏雨的题目中：

【雨水路径】

雨水从天而降，如果施工质量有问题，雨水就穿透防水层（在防水层开裂或开口部位），穿透结构层（楼板的裂缝和洞口边缘处），渗漏到室内。

【渗漏治理】

（1）对建设单位来说，建设方是项目的主管，当屋顶漏雨时，在关注和组织修补的同时，应质疑施工方和监理方工程隐患的根源。

（2）对设计单位来说，屋顶漏了，不能说只是施工单位的事，房漏与设计单位有相当密切的关系，请看本书相关章节的论述。

（3）对施工单位来说，施工方是工程质量责任的主体，当屋顶漏雨时，在积极动手修补的同时，应深刻反思——工程隐患出自何处。就是房屋过了保修期，施工单位也不是没事了。

（4）对监理单位来说，屋顶漏了，如果发生在房屋的建设期，则监控施工方修补。即使进入房屋使用期，虽无监理具体业务，房漏隐患也应是监理行业反思的课题。

（5）对用户来说，屋顶漏了，那可是又窝心又倒霉的事，赶快找物业报修。

（6）对物业来说，屋顶漏了，修补的任务来了，去给住户修去吧，物业工人跑断腿，很可能年年修补年年漏，因为修补有很深的学问。

屋顶漏雨是本书论述的重头戏，详见表1-1及书中相关章节内容。

房漏与防漏（1）——屋顶漏雨　　　　　　　　　　　　　　　表 1-1

序号	相关单位（人员）	内容	注
1	建设单位 （开发单位）	(1)项目总管应了解屋顶漏雨的机理，负起监管责任。发生屋顶漏雨时，总管怎么说？怎么做？ (2)屋顶漏雨时，总管应从设计、施工、监理等多方面查找原因	
2	设计单位 （建筑师、结构师）	(1)设计屋顶造型，坡屋面比平屋面排水要好 (2)建筑师应对屋面防水建筑节点加以改进 (3)结构师应对屋顶楼板结构配筋加以改进	
3	施工单位 （施工操作人员、施工管理人员）	(1)施工方应充分掌握屋顶漏雨的机理 (2)屋面防水工程有太多改进之处（书中详述） (3)主体结构工程有太多改进之处（书中详述）	本书重点
4	监理单位 （监理工程师）	(1)监理工程师监控屋顶不漏雨，是其职责的重头戏（书中详述） (2)监理如何监控防水工程（书中详述） (3)监理如何监控主体结构工程（书中详述）	本书重点
5	用户 （使用单位）	(1)你应当充分了解屋顶漏雨的机理 (2)当有关单位修补时，你要出来监督，其具体修补应注意的问题，详见本书有关章节的内容	
6	物业	(1)你应当充分了解屋顶漏雨的机理 (2)当你为用户修补时，你要请用户出来监督，其具体修补应注意的问题，详见本书有关章节的内容	
7	房漏示意图		雨水浸入点： (1)防水层； (2)楼板； (3)女儿墙； (4)防水层边角

2. 为什么楼板漏水

【渗漏路径】

每层楼板都可能漏水，由于某种原因（楼上积水，楼板开裂），楼板会突然渗水或降水，这是楼上的雨水或积水从顶棚渗透下来的。

楼板——现浇混凝土楼板或预制圆孔板都可能有裂缝，取决于施工质量和荷重超载等诸多因素。

【渗漏治理】

（1）对建设单位来说，建设方是项目的主管，当楼板漏水时，在关注和组织修补的同时，应质疑施工方和监理方工程隐患的根源。

（2）对设计单位来说，楼板漏水，如是施工质量原因，施工单位责无旁贷。但是，楼板漏水及楼板开裂与设计单位的图纸有相当密切的关系，请看本书有关章节的论述。

（3）对施工单位来说，施工方是工程质量责任的主体，楼板漏水，是工程缺陷的暴露。施工方负责修补是必须的，之后，就是过了保修期也有深刻总结的必要，因为，楼板漏水，是房屋建设期留下的隐患，是在房屋使用期施工质量的事后检验，施工企业的管理者，应当从中吸取经验教训。

（4）对监理单位来说，楼板漏水，如果是在建设期间，一是监控修补；二是在工地监理例会上举一反三地强调关键工序的整改。如果是使用期，虽无监理业务关系，也应事后总结监理经验。

（5）对用户来说，楼板漏水，会给平静的生活带来相当的不快，赶快找物业报修。

（6）对物业来说，楼板漏水，查找原因，采取修补措施，履行其职责。

楼板漏水的治理及主体结构的质量控制，是本书论述的重点，详见表 1-2 及书中相关章节。

房漏与防漏（2）——楼板漏水 表 1-2

序号	相关单位（人员）	内　　容	注
1	建设单位 （开发单位）	项目总管应了解楼板漏水的机理，负起监管责任。发生楼板漏水时，总管应从设计、施工、监理等多方面查找原因	
2	设计单位 （结构师）	楼板漏水与结构配筋有关，结构设计确有改进之处	
3	施工单位 （施工操作人员、施工管理人员）	（1）应当充分掌握楼板漏水的根本原因 （2）楼板漏水说明主体结构工程施工中，有太多需要改进之处（书中详述）	本书重点
4	监理单位 （监理工程师）	（1）监理工程师监控楼板施工，是其职责的重头戏（书中详述） （2）监理应当思考如何监控主体结构工程的质量（书中详述）	本书重点
5	用户（使用单位）	了解其原因，有关单位修补时，要出来监督，其具体修补应注意的问题，详见本书有关章节的内容	
6	物业	（1）应当充分了解楼板漏水的原因 （2）当你为用户修补时，你要请用户出来监督，其具体修补应注意的问题，详见本书有关章节的内容	
	房漏示意图 （卫生间楼板及中间楼层楼板）		楼上积水浸入点： （1）卫生间防水层； （2）楼板； （3）管道周边

3. 为什么墙漏雨

【雨水路径】

室外风雨交加时，在雨水冲刷下，雨水从墙体渗透到室内。

墙体——现浇混凝土墙或预制块墙，均可能有开裂而渗漏雨水。

【墙漏治理】

（1）对建设单位来说，建设项目主管应重视墙漏雨的缺陷，对施工方和监理方的质量控制应提出严格的要求。

（2）对设计单位来说，墙漏雨有墙体不密实的原因，也有设计图纸墙节点表达不详细的原因，设计图纸应改进。

（3）对施工单位来说，墙漏雨是墙体混凝土浇筑不密实（或砌块不实）的工程隐患在使用期的表现，值得施工单位认真检查施工管理和施工操作中存在的问题，值得施工单位加强质量保证。

（4）对监理单位来说，墙漏雨的工程缺陷表明，监理单位应加强主体结构混凝土浇筑的质量监控，特别是施工操作上的严格监控。

（5）对用户来说，墙漏雨，找物业报修解决。

（6）对物业来说，墙漏雨的缺陷，在室外修补比较麻烦。

墙漏雨的治理，详见表 1-3 及书中相关章节。

房漏与防漏（3）——墙漏雨 　　　　　　　　　　　　表 1-3

序号	相关单位（人员）	评说治理	房漏示意图
1	建设单位 （开发单位）	建设项目的主管，应对墙漏雨的缺陷进行深入研究，并应在外墙面修补	
2	设计单位 （建筑师、结构师、水电工程师）	应了解墙漏雨的原因，并应对墙节点图纸加以改进	
3	施工单位 （施工操作人员、施工管理人员）	墙漏雨的缺陷，暴露了施工单位主体结构混凝土浇筑（或砌块墙砌筑）质量存在差距，应加强质量保证	
4	监理单位 （监理工程师）	监理单位对墙漏雨的治理，应从混凝土浇筑工程抓起，特别是施工操作的监控	
5	用户（使用单位）	你应当了解墙漏雨的原因，并报物业修补	
6	物业	墙漏雨修补工作，比较复杂，应制订合适的方案，再付诸实施	⒜ 200
注		施工单位、监理单位相关内容为本书重点	雨水浸入点： （1）墙体； （2）楼板

4. 为什么阳台漏雨

【雨水路径】

（1）敞开式阳台的缺陷表现为，阳台地面雨水倒流至室内。

（2）封闭式阳台的缺陷表现为，雨水从窗扇缝、窗台缝、窗框缝进入室内，并在窗四周的墙面上扩展。雨水还从雨篷或楼上阳台渗漏至室内。

【渗漏治理】

（1）对建设单位来说，项目建设主管应重视房屋阳台的缺陷，应履行的职责为：一方面要主动选择合适的窗户生产厂家；另一方面要对施工方和监理方严格要求，确保阳台整体质量。

（2）对设计单位来说，在设计图纸上，阳台节点应改进。

（3）对施工单位来说，阳台面积在墙面上占的比例很大，施工单位面对阳台漏雨的缺陷，其职责应为：一方面阳台门窗洞口尺寸要准确；另一方面窗安装质量要保证。

（4）对监理单位来说，面对阳台漏雨的缺陷，监理单位应加强阳台门窗洞口预留及窗安装的工序操作监控。

（5）对用户来说，当然是期望阳台不进雨。

（6）对物业来说，阳台漏雨的修补有一定难度，应给用户满意的交待。

阳台漏雨的治理，详见表 1-4 及书中相关章节。

房漏与防漏（4）——阳台漏雨　　　　　　　　　　表 1-4

序号	相关单位（人员）	内　容	房漏示意图
1	建设单位（开发单位）	建设项目的主管，应把阳台漏雨的缺陷当回事，否则，影响内外墙面的整体质量	
2	设计单位（建筑师、结构师、水电工程师）	窗与墙的建筑设计节点应改进	
3	施工单位（施工操作人员、施工管理人员）	阳台漏雨的缺陷，一是源于阳台窗洞尺寸不准确；二是窗安装质量不到位，施工方应改进	
4	监理单位（监理工程师）	阳台漏雨的缺陷，提醒监理工程师在主体结构施工监控和窗安装的监控中，严格质量控制	
5	用户（使用单位）	给住户一个放心，不至于雨水从阳台进入室内	
6	物业	阳台漏雨的缺陷，物业修补时要细致、认真	
注		施工单位、监理单位相关内容为本书重点	雨水浸入点：（1）窗缝；（2）墙缝；（3）雨篷

5. 为什么窗漏雨

【雨水路径】

窗漏雨的缺陷表现为，雨水从窗扇缝、窗台缝、窗框缝进入室内，并在窗四周的墙面上扩展。

【窗漏治理】

（1）对建设单位来说，项目建设主管应重视房屋窗漏雨的缺陷，应履行的职责为：一方面要主动选择合适的窗户生产厂家；另一方面要对施工方和监理方严格要求，确保窗户安装的质量。

（2）对设计单位来说，在设计图纸上，窗框、窗台节点应改进。

（3）对施工单位来说，窗面积在墙面上占的比例很大，施工单位面对窗漏雨的缺陷，其职责应为：一方面窗洞口尺寸要准确；另一方面窗安装质量要保证。

（4）对监理单位来说，面对窗漏雨的缺陷，监理单位应加强窗洞口预留及窗安装的工序操作监控。

（5）对用户来说，当然是期望窗不进雨。

（6）对物业来说，窗漏雨的修补难度不大，应给用户满意的交待。

窗漏雨的治理，详见表1-5及书中相关章节。

房漏与防漏（5）——窗漏雨　　　　　表1-5

序号	相关单位（人员）	内　　容	房漏示意图
1	建设单位（开发单位）	建设项目的主管，应把窗漏雨的缺陷当回事，弄清雨水如何进入室内	
2	设计单位（建筑师、结构师、水电工程师）	窗与墙的建筑设计节点应改进	
3	施工单位（施工操作人员、施工管理人员）	窗漏雨的缺陷，一是源于窗洞尺寸不准确；二是窗安装质量不到位，施工方应改进	
4	监理单位（监理工程师）	窗漏雨的缺陷，提醒监理工程师在主体结构施工监控和窗安装的监控中，严格质量控制	
5	用户（使用单位）	给住户一个放心，不至于雨水从窗进入室内	
6	物业	窗漏雨的缺陷，物业修补时要细致、认真	
注		施工单位、监理单位相关内容为本书重点	雨水浸入点：（1）窗缝；（2）墙缝

6. 为什么首层雨水倒灌

【倒灌原因】

住在底层（首层，或地下室）的用户反映，在雨季，雨水从室外倒灌至室内地面、走廊、电梯及地下室。其原因，是楼内地面设计标高低于室外（小区、庭院、道路）整体标高。

【治理方法】

（1）对建设单位来说，项目主管应充分了解用户底层雨水倒灌的原因，治理需从基础施工和小区整体设计抓起。

（2）对设计单位来说，了解房屋底层雨水倒灌的现状，改进小区平面建筑设计，改进小区庭院标高排水设计。

（3）对施工单位来说，用户底层雨水倒灌的原因，一是建筑设计室内外地面标高不合理；二是施工单位竣工前未对雨水合理排放进行收尾，致使发生楼内进水缺陷。施工单位应对雨水倒灌缺陷负责整改。

（4）对监理单位来说，用户底层雨水倒灌的缺陷应在竣工前发现和处置，提醒监理单位要注意审核小区平面图纸，提前发现问题，并在竣工前全面检查和验收。

（5）对用户来说，期望雨水倒灌现象不发生。

（6）对物业来说，深入研究底层雨水倒灌的原因，对小区、庭院、道路等平面布局加以全面整治，使雨天时雨水从雨水井顺畅排除。

雨水倒灌的治理，详见表 1-6 及书中相关章节。

房漏与防漏（6）——雨水倒灌　　　　　　表 1-6

序号	相关单位（人员）	内　　容	注
1	建设单位（开发单位）	建设项目主管，应认识到底层雨水倒灌是项目工程质量问题，并应采取措施改进	
2	设计单位	底层雨水倒灌问题，提醒了设计单位，其小区、庭院、道路标高，以及室内外标高应在设计图纸中明确、合理表达	
3	施工单位（施工操作人员、施工管理人员）	底层雨水倒灌的原因，一是设计图纸要明确、合理标注室内外标高；二是施工单位在小区、庭院、道路施工中，要综合考虑雨水的合理排放	本书重点
4	监理单位（监理工程师）	底层雨水倒灌的缺陷，提醒监理单位要重视小区平面设计和施工监控，并在验收时检查其雨水是否能合理排放	本书重点
5	用户（使用单位）	底层雨水倒灌给用户带来无奈和困惑，希望能有所改善	
6	物业	面对底层雨水倒灌，物业单位要制订措施，并付诸实施，对用户的现状有所改善	

7. 为什么底层返潮

【返潮原因】

住在底层（首层，或地下室）的用户反映，在雨季，室内地面、墙面返潮。其原因，是地下结构防水层及防潮层施工不到位。

【治理方法】

（1）对建设单位来说，项目主管应充分了解用户底层返潮的原因，治理需从基础施工抓起。

（2）对设计单位来说，了解房屋底层返潮现状，改进建筑防水、防潮节点图纸表达和小区平面设计，改进小区庭院标高排水设计。

（3）对施工单位来说，了解房屋底层返潮现状，从基础施工着手，加强防水层和防潮层施工质量，加强建设期间场地排水。房屋返潮的隐患源于建设期，暴露在使用期，施工单位决不可听之任之，得过且过。

（4）对监理单位来说，房屋底层返潮是工程质量的关注点，监理要从基础防水工程起步，在防水工程、结构工程的每道工序的监控上下功夫，尽到监理的职责。

（5）对用户来说，底层用户返潮的困惑，期望改善。

（6）对物业来说，了解房屋底层返潮现状和机理，研究治理措施并实施。

底层返潮的治理，详见表1-7及书中相关章节。

房漏与防漏（7）——底层返潮   表1-7

序号	相关单位（人员）	内容	注
1	建设单位（开发单位）	建设项目主管，应认识到底层返潮是项目工程质量的差距，并应设法改进	
2	设计单位	从用户底层返潮反馈中，设计师应在地下防水设计中采取必要的措施，并在设计图纸中详细表达	
3	施工单位（施工操作人员、施工管理人员）	底层返潮表明，施工单位地下结构施工中存在较大差距，应加强地下防水、防潮的施工质量保证，并落实到工序操作中	本书重点
4	监理单位（监理工程师）	底层返潮的缺陷，提醒监理单位要重视基础结构的施工监控，并加强工序操作上的监控	本书重点
5	用户（使用单位）	房屋底层用户希望能有所改善	
6	物业	面对房屋底层返潮问题，物业单位要制订措施，并付诸实施，对用户的现状有所改善	
	渗漏示意图		室外积水浸入点：基础及地下室墙

8. 为什么修补不断

【用户反馈】

用户反馈表明，屋顶漏雨等缺陷"年年报修年年漏"（见本书第 2 章），这说明房漏现状比较严重，说明房漏隐患比较严重。

【修补方法】

(1) 对建设单位来说，项目主管应充分了解用户"年年报修年年漏"的反馈，在项目建设之初就制订房屋渗漏治理措施。

(2) 对设计单位来说，了解房漏现状，改进设计。

(3) 对施工单位来说，用户"年年报修年年漏"的反馈表明，施工单位应在施工和保修阶段，修补方法要准确，要讲实效，切不可得过且过。

(4) 对监理单位来说，用户"年年报修年年漏"的反馈表明，监理单位要从建设期质量控制中，查找监理业务的差距，提高监理业务的实效。

(5) 对用户来说，相信房漏修补的质量能提高。

(6) 对物业来说，用户"年年报修年年漏"的反馈表明，房漏修补尚存在较大差距，修补施工的操作者，要充分了解屋顶构造，从哪里修补，能挡住雨水浸入，要努力提高修补质量。

房漏修补方法，详见表 1-8 及书中相关章节。

房漏与防漏 (8) ——修补方法　　　　　　　　　　表 1-8

序号	相关单位（人员）	内　　容	注
1	建设单位 （开发单位）	建设项目主管，在用户"年年报修年年漏"的反馈面前，应当感到项目工程质量的差距，并设法改进	
2	设计单位	从用户"年年报修年年漏"的反馈中，设计师们应了解到房屋设计应有多少改进之处	
3	施工单位 （施工操作人员、 施工管理人员）	面对房屋用户"年年报修年年漏"的反馈，施工单位要下多大力气，采取措施来解决房漏治理问题，这是摆在施工企业面前的一个课题	本书重点
4	监理单位 （监理工程师）	面对房屋用户"年年报修年年漏"的反馈，监理单位，以及监理行业的有关部门。应当知难而进，拿出行之有效的办法来治理房漏	本书重点
5	用户（使用单位）	房屋用户"年年报修年年漏"的反馈，希望能早日终结	
6	物业	面对房屋用户"年年报修年年漏"的反馈，物业单位要下大力气，总结经验教训，提高修补水平，给用户一个满意的答卷	

9. 为什么雨水进屋来

【雨水路径】

雨从屋顶渗漏到室内，雨水从墙、阳台、窗渗漏到室内，雨水倒灌至底层楼内……这是雨水进入楼内的各种途径。具体说，雨水是从楼板、墙、窗缝隙中进入室内。

雨水路径表明，本书房漏治理，重点为防水和主体结构的施工质量要到位。

【治理途径】

（1）对建设单位来说，项目主管在建设期的全过程中，应抓施工、抓监理单位，从基础施工开始，树立治理房漏的主导思想。

（2）对设计单位来说，房屋渗漏现状，使得设计师们思考。

（3）对施工单位来说，房屋渗漏现状，像镜子一样照出了建设期间施工方存在的诸多不足，施工单位的管理者、操作者治理房漏要从工序操作做起。

（4）对监理单位来说，房屋渗漏现状，值得监理工程师深入研究监控方法有多少值得改进之处，治理房漏要从工序操作的监控做起。

（5）对用户来说，期望房子能不渗不漏。

（6）对物业来说，在修补中，提高技术含量，积累经验。

雨水浸入房屋的治理，详见表 1-9 及书中相关章节。

房漏与防漏（9）——雨水路径　　　　　　　　　　　　表 1-9

序号	相关单位（人员）	内　　容	注
1	建设单位 （开发单位）	建设项目主管，雨水浸入房屋的问题不解决，不是一个合格的建设开发单位	
2	设计单位	设计师们应了解房漏现状，改进设计	
3	施工单位 （施工操作人员、 施工管理人员）	施工单位要下大力气解决房漏治理问题，否则就不是一个合格的施工单位	本书重点
4	监理单位 （监理工程师）	监理工程师应从房漏现状，从现场施工全过程的监控中改进监理业务	本书重点
5	用户（使用单位）	企盼从房漏的困惑中解脱	
6	物业	掌握房漏的机理，在修补中，提高业务水平。详见本书有关章节	

10. 为什么建设期留下隐患

【隐患部位】

"隐患"在哪里？其实，这只是发生房漏等缺陷之后人们的一种说法，如果当初施工和监理知道隐患部位，早就杜绝了。

屋顶漏雨，墙、阳台、窗户等漏雨，卫生间漏水，以及底层返潮等，这是建设期施工单位留下隐患在房屋渗漏方面的表现。

由于防水、主体结构等工程施工不到位，必然在建设期留下渗漏隐患。

【杜绝隐患】

（1）对建设单位来说，项目主管在建设期应抓施工、抓监理单位，树立共同杜绝隐患的指导思想和采取相应的行动。

（2）对设计单位来说，使用阶段房屋的渗漏表现，使得设计有改进的必要。

（3）对施工单位来说，工程隐患均源自施工操作的工序中，工程质量取决于施工方保证，监理方监督。

（4）对监理单位来说，工序监控、旁站监控相当必要。

（5）对用户来说，房漏是隐患的表现，是件窝心事。

（6）对物业来说，隐患多，修补多。

隐患的杜绝其实很难，详见表 1-10 及书中相关章节。

房漏与防漏（10）——杜绝隐患 表 1-10

序号	相关单位（人员）	内　　容	注
1	建设单位（开发单位）	（1）建设项目主管，应有杜绝隐患的指导思想 （2）对委托的施工方、监理方，应有想法，有做法杜绝隐患	
2	设计单位	设计方应从工程隐患的表现中，改进设计	
3	施工单位（施工操作人员、施工管理人员）	（1）房漏是因为建设期存在工程隐患 （2）工程隐患表明施工管理和操作有太多改进之处（书中详述）	本书重点
4	监理单位（监理工程师）	（1）工程隐患是监理职责的课题（书中详述） （2）房漏治理是监理职责的课题（书中详述）	本书重点
5	用户（使用单位）	（1）了解当前工程现状 （2）企盼工程现状会有所改进	
6	物业	（1）屋顶漏雨等缺陷给修补带来很多难题 （2）提防物业修补中也可能留下隐患	

经验提示：房漏与防漏的理由

　　综上，根据国家质量验收规范、国家监理规范，准确判断和处理房漏与防漏问题，并从中悟出其中的道理：（1）房漏原因？施工不到位，同时要从设计、监理等找原因。（2）如何防漏？从施工抓起，同时设计、监理等肩负重任。

1.3　亲历房漏与防漏

1. 我家房漏

在我居住的小区，就经历两次房漏。

【经历房漏】

（1）16 号楼（14 层）屋顶漏雨

1986~2001 年，我家住在这幢住宅楼顶层，从院内百余户职工喜气洋洋住进新楼开始，我家的两室一厅，就室外大雨室内漏雨，该楼层的 9 户人家都漏。于是，我开始亲身经历房漏的遭遇。

这幢住宅楼的施工单位是河北省某施工企业，大面积房漏表明，这家施工企业的施工能力、施工水平、施工质量均很差。

那年，国家尚未实行监理制度，负责房屋修补的是单位房管部门。

直到我 2001 年搬出该楼时，年年漏，年年修补。

直到我这次写书时，同事告诉我，该楼年年修补年年漏。

（注：这些年，我住过的这幢楼，混凝土屋盖和卷材防水的屋顶，物业的防漏治理仍在进行中。）

（2）1 号楼（5 层）屋顶漏雨

2001~2013 年，我住进了院内 1 号楼。

在雨天，在这幢楼里，曾发现 5 层雨水渗漏至 4 层住户中，我到 5 层楼（顶层）了解，屋顶漏雨的状况已延续多年。

这幢楼是旧楼，唐山大地震后加固时，由 4 层楼加固改造为 5 层，顶层楼板为预制混凝土圆孔板。

（注：这些年，我正在居住的这幢楼，圆孔板和卷材防水的屋顶，年年报修年年漏。）

【漏因剖析】

（1）据检查，上述 16 号楼屋顶漏雨的原因是，卷材防水层有开裂，雨水从混凝土屋盖楼板的微细裂缝中渗入室内。

（2）据检查，上述 1 号楼屋顶漏雨的原因是，卷材防水层有开裂，雨水从混凝土圆孔板的缝隙中渗入室内。

（3）据调查，上述两幢楼建设时，尚未实施监理制度。

（4）据观察，物业部门采取的修补措施并不有效，导致年年修补年年漏。

（5）据反映，遭受房漏的住户均感到很无奈。

以上两个实例，均为我亲历的房漏事实，在我多年从事监理业务和整编监理资料过程中，深感房漏是非常值得关注的课题之一。

2. 我查房漏

（1）检查 16 号楼房漏

那年，大雨过后，我与同楼层住户，陪同房管人员一起上 14 层楼顶检查房漏，其房漏原因是：整个屋面因不平，有多处大量雨水积聚，排开积水后发现，屋顶防水层与周边结合处有缝隙；拆开防水层发现混凝土屋顶楼板有开裂；通风口边缘防水层有开裂；屋顶女儿墙顶及侧面均有开裂等。施工单位在这样无可争辩的质量事实面前，开始了修补。

（注：这次修补，就是上述这幢楼"年年修补年年漏"的第一次，作为住户，我们见证了物业部门的辛勤，但虽经 N 次修补，其修补的实效很差。）

（2）检查 1 号楼房漏

又一年，我参加了 1 号楼房的屋面检查。

我陪同邻居、物业管理人员等一起上 5 层楼顶检查房漏，其房漏原因是：屋顶防水层有开裂，雨水顺着圆孔板的纵向接缝（开裂处）渗漏至室内。

（注：这幢楼，混凝土圆孔板纵向接缝，漏雨时，从室内看，沿着接缝渗漏相当严重，值得设计师考虑采取相应治理措施。）

（3）监理查验房漏

我从事监理业务这些年，查验施工方防漏以及其他部位的工程质量，是监理工程师的日常业务。

其中，"房漏与防漏"相关的分部分项工程比比皆是，如：钢筋绑扎是主体结构的骨架；混凝土浇筑是主体结构形成的关键；防水工程是防止渗漏的第一道防线；屋顶楼板及卫生间楼板的密实性要接受水浸下的考验等。在"房漏与防漏"这张考卷开篇时，不妨写几条监理检查出的施工过程中的隐患，写出几条令我难忘的事实，将书中内容提前披露。

1）2001 年，我在城东某工地监理，22 层中，其中有 17 个楼层卫生间在竣工闭水试验时漏水，施工方全面修补。

2）2002 年，我所在的监理团队在城西某工地，已经验收后的楼顶，在一场大雨过后漏雨了，导致重新施工防水工程。

3）2005 年，我所在的监理团队在城南某工地，发生商品混凝土不合格事故，导致已浇筑的楼板返工。

（注：监理查验的事例，详见书中有关章节。）

3. 我学防漏

【监理培训】

1993 年，我参加了监理工程师培训，地点在北方交通大学（现为北京交通大学），当时建工部指定的教材，我们从设计、施工等单位走出的技术人员，接受着建设工程进度、质量、投资控制等学习。当然，其中也包括房屋防漏的内容。

经过监理工程师的培训和学习，最大的收获是，工程质量保证的主体是施工方，工程质量的监控是监理。

（注：国家实行工程监理制度从那年开始，至今已 20 年了，令人感叹的是，监理业务水平还有待加强和提高。）

【监理考试】

1994 年，我参加了全国监理工程师取证考试，地点在北京建筑工程学院，考卷覆盖较多的学科。我顺利地通过考试，成为一名国家注册监理工程师。

（注：第一批国家注册监理工程师全国仅 200 名。从那以后，陆续经培训走上监理岗位的人员逐渐多了起来，监理行业在壮大。）

【总监取证】

1996 年，北京市建委组织了总监理工程师培训，地点在亚运会议中心，经过严格的考试，我取得了总监上岗证。

（注：在工地，总监理工程师要负责土建、水电等全面监理业务，总监的验收和签字意味着监理单位的认可。）

【学以致用】

(1) 书写中思考

我是一名结构工程师（当然工作需要，也兼顾建筑专业）出身，监理业务一干就是这么多年，主要是应用土建专业知识，认识工地，认识施工，认识房屋建筑的全过程。到我要书写下文字来回答"房漏与防漏"这个题目的时候，我常常陷入深深的思考，思考那些曾经的监理事例和经验。

(2) 学习的机会

在建筑工地上，我们执行国家监理规范的各项要求，从房屋基础挖槽，到主体结构封顶，从内外装修到竣工验收，到总监理工程师在各种验收表格上签字盖章。一幢幢楼房拔地而起的风雨征程，一根根钢筋的绑扎，一车车、一斗斗混凝土的浇筑，工人的挥汗如雨，管理者的全神贯注，上级质监部门的巡查，组成的工地交响曲，都是我们学习的极好机会。

(3) 学习中探索

对于从设计单位走进监理业务的工程师来讲，读图、查图及核图没问题，工人、工长和工地管理者很愿意和我们打交道。但是，施工技术、施工方法、施工质量及施工操作的细节等，就是我们的弱项，就需要我们在监理的业务中认真地学习，包括那些看不清、看不透的施工操作环节，深入钻研建筑结构各个部位的秘密。在聚焦"房漏与防漏"这个专题的时候，我们在搜索、探索、思索和从中发现与"房漏与防漏"相关的蛛丝马迹。于是，为了写出这份小结，我学习了许多资料和参考书籍，也翻阅了我多年的工作笔记。

(4) 反思中书写

在一个房屋工程项目建设过程中，由监理工程师查验和验收的分部分项工程，与"房漏与防漏"有关的部位是：屋顶、墙体、阳台、卫生间及底层地面和墙等，其中，最敏感的部位是屋顶漏、卫生间漏和底层渗漏。渗漏的原因，主要是防水施工不到位和主体施工不到位，不到位的表现形式有多种多样，当我们把现场施工操作中纠正过的问题，与房屋用户反映的房漏问题联系起来分析的时候，就会发现庞大的工地上，施工方和监理方的责任并存，只要施工操作者工序上出现不规范，只要监理监控上出现不到位，均会后患无穷。当我见到房屋用户室内雨水哗哗渗漏的时候，我内心感到不安，我脸上在发烧，房屋的建设者们责无旁贷。

4. 我写防漏

(1) 写用户

书写"房漏与防漏"的专题，要充分反映房屋使用阶段的现状，要了解、倾听和写出用户的感受，写出用户的反映。于是，我查阅了北京的多家报纸在大雨过后的新闻报道，诸如"每隔几秒滴下一滴水珠"、"除了一层每层都漏"、"还没听说哪个小区不漏"、"质量通病背后有玄机"、"设计隐患致漏维权最难"等，从不同角度反映了房屋用户以及相关人士的意见和建议。我动笔回答这份"房漏与防漏"考卷的时候，其分量还是比较沉重的。

(2) 写工地

书写"房漏与防漏"的专题，目光又回到房屋建设工地，参加建设的施工、监理、设计及建设方主管，各方是如何尽职尽责的，又是如何在复杂的建房全过程中，留下了遗憾，留下了工程隐患。想起来历历在目，写起来心情还是有着别样的感受。

（3）写施工

书写"房漏与防漏"的专题，施工单位是房屋质量保证的主体，工程质量问题出在施工方的管理和操作。例如，有一个楼的地下室，从施工到竣工，一直积水不断，直到验收时，施工方还在烘烤墙上的渗水，说明基础防水存在隐患，这样楼体底层的用户能保证不返潮吗，如果使用中发生更严重的渗漏，则责任不是很明显了吗。深刻的教训是，楼体底层渗漏的防治，需要从挖土开始，从地下防水工程施工和监控抓起。

（4）写设计

书写"房漏与防漏"的专题，设计图纸是房屋施工的依据，有许多工程质量问题虽出在施工单位，但与设计图纸也有一定关系。例如，某工地 22 层住宅楼，4 层以下为框架结构，其框架节点绑钢筋时发现，梁、板、柱钢筋交织在一起，根本无法浇进混凝土，框架节点混凝土不密实是要渗水的，且很难修补。经请设计方来现场核实，钢筋密布的原因是，图纸上的线条交织与实际钢筋实体的交织，其尺寸相差甚远。经设计修改后，现场采用切断部分甩筋整改。说明合适的设计图纸是施工质量保证的前提。

（5）写监理

书写"房漏与防漏"的专题，其实本书重点是在写监理，用监理的视角看工程隐患，用监理的视角看"房漏与防漏"的方方面面。在书中，我们对项目参建各方说了许多，详见书中各章节。

经验提示：房漏与防漏的经历

综上，从 1993 年起，开始了我监理、房漏与防漏的经历：（1）监理经历：我学习、取证、总监、查验，直到我写出总结文字。（2）房漏经历：我家住过的两幢楼都漏，年年修补年年漏，直到我写出这本书。

1.4　常用语

1. "监理监控"与"规范操作"

（1）房屋建设期，"监理监控"是指监理工程师根据国家规范执行质量控制等行为，施工方应尊重监理意见和建议；建设方应支持监理业务，监理单位应在业务中不断提高技术水平，总结经验，改进工作。

（2）房屋使用期，进行房屋修补时，应委托专业人员进行"监控"，否则，会发生因修补不专业、不到位而产生新的隐患，或导致"年年修补年年漏"现象。

（3）家庭装修建议参照上述做法，否则有后患。

（4）"规范操作"是指保证施工质量关键在操作，监理监控的关键是工序操作上的监控，说空话是没用的。例如，防水层的粘贴，只要有一个小小的张口，雨水就会浸入。

2. "屋面排水"与"平坡屋面"

(1) 平屋面，依靠较小的坡度，将雨水集中至排水口，经雨落管排下。缺点是，一旦发生堵塞，雨水在屋面上积而不泄，在大量雨水的浸泡下，只要防水层有微小孔洞，即发生雨水渗漏至室内。

(2) 坡屋面，雨水能顺畅流下，不易发生雨水因聚积而浸入室内现象。当然，平或坡的选择，建设单位和设计单位在立项时就应有所策划了。

3. "防水开裂"与"周边渗透"

(1) "防水开裂"指屋面防水层平面及边角、洞口边缘的破裂或开裂，取决于防水层的施工操作质量，以及防水材料的质量或寿命。

(2) "周边渗透"是指防水层周边的墙体（女儿墙、电梯间墙等）因存在微细裂缝而被雨水浸入，往往屋面防水层完好，雨水还是进入室内，就是防水层周边渗漏的结果。

4. "阳台漏水"与"阳台改造"

(1) 敞开式阳台，"阳台漏水"表现为阳台地面积水倒流至室内。治理方法为阳台地面坡度要坡向地漏，使之排水顺畅。

(2) 外包式阳台，或用户"阳台改造"而成，均有阳台窗围挡，此时阳台漏水表现为，窗框缝漏雨，窗台缝漏雨，窗扇缝漏雨。治理阳台进水的措施取决于窗户质量及控制窗洞尺寸的准确性。

5. "地面找坡"与"地面找平"

(1) "地面找坡"指卫生间或厨房地面坡向地漏，有足够的坡度才能不积水。

(2) "地面找平"指各居室等房间的地面习惯上要保持在同一水平面上。确定楼地面的合理标高。应当指出，居室地面装修时，应尽量减小楼地面荷载，有利于楼板结构的抗裂性能。

6. "结构开裂"与"开裂原因"

(1) "结构开裂"中的结构，是指房屋为混凝土基础、梁、板、柱、墙等组成的主体结构，其中，楼板开裂、墙开裂等导致雨水渗漏至室内。

(2) 结构"开裂原因"比较复杂：

1) 设计图纸表达的钢筋配置，以及结构尺寸设计的合理性。

2) 在建设期，施工操作中，混凝土材料及浇筑的密实性。施工管理中，模板拆除及养护的科学性。

3) 在使用期，装修荷载、装修改造等无序操作。

由于这些原因，导致结构开裂，雨水浸入室内，其如何治理为书中重点。

7. "承重结构"与"钻孔砸墙"

（1）"承重结构"是指房屋为混凝土基础、梁、板、柱、墙等各部位，承重结构开裂会给房屋建筑的安全和抗裂性能带来不利影响。

（2）"钻孔砸墙"常发生在房屋使用期，没有技术依据的无序操作，会给房屋建筑的安全和抗裂性能带来不利影响。如，吊顶时楼板钻孔，随意砸墙等行为均不可取。

8. "物业修补"与"技术监督"

（1）"物业修补"屋面防水时，要有"技术监督"，不是哪里漏就在哪里补，哪里裂就在哪里抹，雨水在结构层内串动，补了这家，邻家又漏了，要依据图纸建筑节点构造进行修补。

（2）"物业修补"是体力活，是麻烦活，是个科技含量很高的活，应有科学性。

第 2 章　房漏之用户反映

2.1　概述

本章中，"用户反映"是我们专门收集了媒体报载有关房漏与防漏的基层报道，反映了用户的反馈信息，反映了报纸记者笔下的描述，反映了曾经在施工企业工作过的当事人的说法。本章内容涉及房屋建设阶段和使用阶段的方方面面，非常值得各界关注。

（1）用户反映的房屋渗漏问题，涉及了施工企业当前施工质量、施工技术、施工验收及施工管理等问题，用户反映的问题值得施工企业深思。

（2）用户反映的房漏治理问题，涉及了当前监理行业的监控实效，值得深思。

（3）用户反映的房漏治理问题，涉及了当前设计图纸改进的问题，值得深思。

（4）用户反映的房漏治理问题，涉及了当前建设开发主管的问题，值得深思。

（5）用户反映的房漏治理问题，涉及了当前物业部门如何修补的问题，值得深思。

（6）用户反映的房漏治理问题，涉及了当前建筑行业的现状，值得政府有关部门关注。

1. 对施工企业的启示

施工企业是房屋建筑建设施工的主角，从基层报道所反映的许多问题，均可看出施工企业存在的差距，值得反思。

（1）施工质量问题比较严重

基层报道反映的房漏等问题，暴露了施工企业当前建设项目的施工质量，存在比较严重的问题：

1）施工企业管理不到位，施工人员素质急待提高；

2）施工企业建筑材料管理不到位，建筑材料的购置和鉴别能力差；

3）施工企业施工技术水平不高，施工操作方法不科学、不过硬；

4）施工企业经营等其他问题。

（2）用户反馈值得施工方反思

基层报道反映的房屋渗漏等问题，反映了施工企业无视用户（使用单位）的反馈意见，施工队伍走了，留下的建筑成品，其质量反馈意见，应当是一本教材，一面镜子，施工企业应在今后的经营和管理工作中，借鉴和反思。

（3）坚持监理工程师跟踪监控

基层报道反映的房屋渗漏等问题，反映了施工企业如何接受监理工程师的监控，还有很大距离（监理单位如何提高监控水平，另文叙述），在施工工地的每道工序上，均要有监理工程师跟踪监控，施工单位的管理者和操作者，要认识到这个节点，要珍惜这个难得的节点。

（4）科学、发展、创新的理念

基层报道反映的房漏等问题，反映了施工企业缺乏科学、发展、创新的理念，无质量品牌意识。施工企业应从转变观念抓起，当前反映的房漏等问题，不只是防水施工的问题，主体结构施工问题也不少，建议施工企业全面审视一下，与建筑成品有关的各道环节，都有改进的必要。

2. 对监理单位的启示

监理单位是房屋建筑建设施工的监控单位，从基层报道所反映的许多问题，看到施工企业存在许多差距的同时，也看到监理单位监控过程中存在的差距，也非常值得监理单位反思。

（1）监控措施有待提高

基层报道反映的房漏等问题，暴露了当前建设项目的施工质量（房屋建筑缺陷、房漏，以及房屋结构的其他部位）存在比较严重的问题，以及监控措施有待进一步提高：

1）施工企业管理不到位，施工人员素质不高，监理单位要加强现场施工管理及人员的监控；

2）施工企业建筑材料管理不到位，建筑材料的购置和鉴别能力差，监理单位要加强现场建筑材料的监控；

3）施工企业施工技术水平不高，施工操作方法不科学、不过硬，监理单位要加强现场施工技术和施工操作的监控。

（2）值得监理认真研究

基层报道反映的房屋渗漏等问题，反映了用户（使用单位）的反馈意见，建筑成品的质量的若干问题，均值得监理单位认真研究，在已完的项目中予以补救，在未完的项目中予以借鉴和改进。

（3）重视监控关键节点

基层报道反映的房屋渗漏等问题，反映了监理工程师的监控业务水平还有差距，值得总结。在施工工地的每道工序上，监理工程师跟踪监控，是个重要节点，监理单位要重视这个关键的节点。

（4）监控方法有待改进

基层报道反映的房漏等问题，反映了监理单位科学、发展、创新的理念尚需加强，监理单位应从转变观念抓起，当前反映的房漏等问题，不只是装修施工的问题，主体结构施工问题也不少，建议监理单位全面审视一下，与建筑成品有关的各道环节，其监控方法有改进的必要。

3. 对建设单位（开发单位）的启示

用户（使用单位）发现用房出了问题，首先找物业管理单位，物业管理单位见到问题肯定找建设单位（开发单位）。因为，建设单位（开发单位）是房屋建筑质量的总负责。

　　从基层报道所反映的许多问题，建设单位（开发单位）看出了施工企业交出建筑成品的较大差距，此时，肯定会联想到施工、设计、监理等单位，联想到几方验收的会签时刻，于是，在建筑房屋一次又一次的修补中，思考建设开发单位如何改变现状。

　　显然，建设单位（开发单位）应当从建筑房屋的缺陷和修补的反复过程中，悟出一些比较深刻的教训。如：是否召集各方参建单位，总结出几条经验教训，各家应该如何改进。

4. 对设计单位的启示

　　（1）基层报道反映的房漏等问题，对设计单位提出了难得的参考意见，从不同方面促进了设计单位的进一步思索和改进。

　　（2）基层报道反映的房漏等问题，值得设计单位重视屋面防水设计、重视诸多建筑构造节点的防渗漏设计，以及重视主体结构的合理设计。

5. 对政府有关部门的建议

　　（1）重视基层报道反映的房漏等问题，召集施工企业、监理单位、设计单位及建设单位，研讨当前房屋建筑缺陷治理措施，从建筑行业发展入手，以科学的态度，下大力气改变面貌，提高房屋建筑成品的质量。

　　（2）重视基层报道反映的房漏等问题，召集设计工程师、建造工程师、监理工程师及造价工程师等行业技术骨干，研讨当前房屋建筑缺陷治理的技术措施，从技术措施入手，加大技术创新力度，改变当前不太正常的现状，用优质的房屋建筑成品，给用户（使用单位）一个满意的回答。

6. 说出我们的观点和看法

　　房屋渗漏这件事，经过媒体基层报道，议论的范围很广。

　　房屋渗漏，用户在说，记者在说，知情者在说，众说纷纭，各抒己见。

　　房屋渗漏，因为直接关系用户的利益，所以话题很沉重，也很期望。

　　房屋渗漏，因为"年年报修年年漏"，所以建筑行业有太大的担当。

　　房屋渗漏这种现状，本书期望通过讨论，加深认识，付诸行动。

　　（1）观点和建议

　　摘录基层报道的同时，经过理性梳理，说出了我们的观点和建议。

　　本章所述基层报道中，反映了房屋建筑房漏等质量隐患和质量缺陷问题的点点滴滴，通过对报道内容的点评和剖析，同时表达了我们的观点和建议，可供参与房屋建筑建设和使用的各界参考。

　　（2）评说和分析

　　摘录基层报道的同时，也随机说出了我们的评说和分析，仅供参考。

　　在下述基层报道中，反映了房屋建筑房漏等问题的一部分现状，报道中对房漏原因的分析并不尽全面，其房屋渗漏根源的分析，也显粗糙，也不尽确切，我们在书中的评说和分析，以及对报道中所反映的诸多问题，尚待根据各单位的实际经验做出更确切的回答，以便对症下药，根治隐患。

（3）本书在细说

1）用户反映说的是房屋使用阶段的工程缺陷，而房屋的建设阶段，施工单位是如何操作的？工程隐患在哪里？请看本书"第 4 章防漏之施工职责"，是监理工程师以深入观察的视角在细说，客观地分析建筑行业发展中的施工企业现状，以及施工隐患与房屋渗漏的关系。

2）用户反映说的是房屋使用阶段的工程缺陷，而房屋的建设阶段，监理单位是如何监控的？问题出在哪里？请看本书"第 5 章防漏之监理监控"，是监理工程师以深入探索的视角在细说，监理制度实施以来，有多少监控手段能发现施工隐患，以及监理监控与房屋渗漏的关系。

3）用户反映说的是房屋使用阶段的工程缺陷，而房屋的建设阶段，设计单位提供的图纸是如何表达的？房漏与设计的关系在哪里？请看本书"第 6 章防漏之设计改进"，是监理工程师以总结经验的视角在细说，设计图纸的细部构造，以及建筑节点的合理性与房屋渗漏的关系。

4）用户反映说的是房屋使用阶段的工程缺陷，而房屋的建设阶段，建设开发单位是如何主管的？问题出在哪里？请看本书"第 7 章防漏之甲方主管"，是监理工程师以创新和发展的视角在细说，诚恳地指出，甲方主管的工作重点应当转移到治理房屋渗漏上来。

5）用户反映说的是房屋使用阶段的工程缺陷，而政府建筑行业主管部门是如何对待的？如何组织和协调相关行业实施综合治理的？房漏问题何时止？结合当前建筑市场的现状和展望，确切地说，还要走相当漫长的路。

经验提示：用户反映的思考	综上，本章开始了一个沉重的话题：因为用户房漏、用户反映、用户投诉及用户评论等，暴露了建筑行业成品的缺陷，引起了设计、施工、监理、建设开发、物业等部门的思考，思考工程隐患的根源在哪里，思考如何开展房漏治理。

2.2 反映(1) 报摘：每隔 8 秒滴下一滴水珠（报道 3 组）

（1）本报道内容涉及施工、监理等多家参建单位，值得关注。

（2）报道中，反映屋顶施工存在隐患导致房漏，施工单位屋面防水及主体结构施工中存在的问题值得关注。

（3）报道中，反映屋顶施工存在隐患导致房漏，监理单位屋面防水及主体结构监控中存在的问题值得关注。

（4）至于设计图纸、建设开发主管、物业部门修补等环节也存在许多值得关注的问题。

【报道 1】 房顶漏雨

报纸摘录见表 2-1。

【报道 1】"每隔 8 秒滴下一滴水珠"之一 表 2-1

【报载标题】××园北里 6 号楼屋顶越补越漏，每隔 8 秒滴下一滴水珠

【报载摘录】"您数 8 秒，就会滴下一滴"。昨天，在××园 6 号楼顶层某先生的家中，记者数着每隔 8 秒钟，从房顶的灯座里就会滴落一滴雨水。自从 1996 年入住以来，就出现了漏雨的情况，每次居民都找物业来修，可是这漏雨的情况越发严重。为此，忍无可忍的居民将此情况反映给了市非紧急救助服务中心 12 345。

尽管大雨过后已经有 10 多天的时间，可居住在 6 号楼顶层的 28 户居民家中仍摆着脸盆，用来接从房顶渗漏下来的雨水。某先生一脸郁闷地告诉记者，因为这次雨水是从吊灯灯座里流出的，担心漏电，他只好把灯泡拧下来。

"以前我家是走廊和厨房漏雨，现在连卧室也漏了。"一位居民说，她刚搬来的那年夏天，就发现屋里有漏雨的问题。因为墙壁长出了黑色的霉斑，她不得不重新粉刷了两次。除了屋里漏雨，居民们说，楼道里也严重漏雨。"像上次的那场大雨，外面哗哗地下，这楼道里也漏满了雨水，我们回家还得蹚着水走。"

让居民们不解的是，每次找物业，物业也派人来修，可漏雨却迟迟没有彻底解决。对于居民的抱怨，物业的一位负责人解释说，今年 5 月起，物业就开始着手汛期的房屋漏雨修缮工作。"7 月 29 那场大雨，我们北里小区就接到了 100 多个漏雨报修的电话。"物业的一位维修工人说，这些日子以来，他们的维修工没有歇息的时候，都在四处查找漏雨点，上楼顶维修。有的工人因为天气炎热，还中暑。

对于物业方面的解释，居民们告诉记者："每次都说来修，态度都特别好，但是我们却没有看到人啊。"一位居民说，前一阵因为漏雨她找物业来修，约好了上门的时间，还熬了绿豆汤在家等。一直等到了中午 12 点，人也没来，打电话问物业，说工人已经直接上房顶修完了，但是 7 月 29 日的那场大雨，家里还是小雨不断。

【引自北京某报/2011.08.03】

反映的房漏问题：①每隔 8 秒钟，房顶灯座滴落一滴雨水；②雨后 10 多天，家中仍摆着脸盆，还担心漏电；③走廊、楼道和厨房漏雨，回家还得蹚着水走；④物业 100 多个报修电话，上楼顶维修工人天热中暑。

（1）标题

报纸的标题为：某小区 6 号楼屋顶越补越漏，每隔 8 秒滴下一滴水珠

（2）报摘

报纸摘录的主要内容为：

① 每隔 8 秒钟，房顶灯座滴落一滴雨水

某小区 6 号楼顶层住户家中，记者数着每隔 8 秒钟，从房顶的灯座里就会滴落一滴雨水。自从 1996 年入住以来，就出现了漏雨的情况，每次居民都找物业来修，可是这漏雨的情况越发严重。为此，忍无可忍的居民将此情况反映给了市非紧急救助服务中心 12345。

② 雨后 10 多天，家中仍摆着脸盆，还担心漏电

尽管大雨过后已经有 10 多天的时间，可居住在 6 号楼顶层的 28 户居民家中仍摆着脸盆，用来接从房顶渗漏下来的雨水。业主一脸郁闷地告诉记者，因为这次雨水是从吊灯灯座里流出的，担心漏电，他只好把灯泡拧下来。

③ 走廊、楼道和厨房漏雨，回家还得蹚着水走

"以前我家是走廊和厨房漏雨，现在连卧室也漏了。"一位居民说，她刚搬来的那年夏天，就发现屋里有漏雨的问题。因为墙壁长出了黑色的霉斑，她不得不重新粉刷了两次。除了屋里漏雨，居民们说，楼道里也严重漏雨。"像上次的那场大雨，外面哗哗地下，这楼道里也漏满了雨水，我们回家还得蹚着水走。"

④ 物业 100 多个报修电话，上楼顶维修工人天热中暑

让居民们不解的是，每次找物业，物业也派人来修，可漏雨却迟迟没有彻底解决。对于居民的抱怨，物业的一位负责人解释说，今年 5 月起，物业就开始着手汛期的房屋漏雨修缮工作。"那场大雨，北里小区就接到了 100 多个漏雨报修的电话"。物业的一位维修工人说，这些日子以来，他们的维修工没有歇息的时候，都在四处查找漏雨点，上楼顶维修。有的工人因为天气炎热，还中了暑。

对于物业方面的解释，居民们告诉记者："每次都说来修，态度都特别好，但是我们却没有看到人啊。"打电话问物业，说工人已经直接上房顶修完了，但是那场大雨后，家里还是小雨不断。

（3）评说

1）综上，报载用户反映：走廊、厨房、楼道漏雨，从房顶灯座滴雨水，且担心漏电。经上楼顶维修，雨后还是小雨不断。房漏有多处，居民很郁闷，修了还漏。

2）思考与建议

① 思考

上述评说之房漏与防漏，看法和分析点滴：

走廊、厨房、楼道漏雨——混凝土楼板浇筑不密实，多处开裂，导致雨水从多处漏点流下。

从房顶灯座滴雨水——混凝土楼板浇筑时，压坏了预埋的电线管。

修了还漏——修补的方法，比较复杂，包括防水层及结构层。

② 建议

建议施工、监理、设计、建设等单位，共同关注房屋建筑的整体施工和使用过程，屋顶漏雨原因是多方面的，亟待共同治理。

【报道 2】 地下渗水

报纸摘录见表 2-2。

【报道 2】"每隔 8 秒滴下一滴水珠"之二   表 2-2

【报载标题】××园北里 6 号楼屋顶越补越漏，每隔 8 秒滴下一滴水珠
【报载摘录】地下渗水楼顶漏雨 一栋楼两头湿
××园小区业主们发现，他们精装修的新房刚交付不久，有的甚至还没入住，就出现了漏雨的情况，有的半地下的房屋内甚至积了 20 多厘米深水。
昨天，记者在该小区内看到，12 号楼西侧外侧墙边挖开了一个 3 米多深、10 米多长的大坑，工人正在进行填实。工人称，12 号楼半地下室的业主家漏水，他们将楼体处的地面刨开，发现防水没做好，导致地下渗水、楼顶也漏雨。有的业主说，因为渗水，他家半地下的房子一下积了 20 多厘米深的水，屋里的门也都被泡坏了。"我们那个单元因为渗水，电梯都停了半个月。"一名女业主说。
管理××园小区的某物业管理有限责任公司工作人员说，小区是单位集资建房，目前，他们接到了 60 多户业主反映家中有渗水、漏雨的问题。"部分业主存在封阳台、加护栏等不当装修行为，具体原因还在调查中。"但业主们认为是房屋建筑质量的问题。目前，物业已联系开发商，逐户进门修理。
反映的问题：①防水没做好，地下渗水、楼顶也漏雨；②半地下房子积水 20 厘米，电梯都停了；③60 多户业主反映有渗水、漏雨的问题。

（1）标题

报纸的标题为：

①某小区 6 号楼屋顶越补越漏，每隔 8 秒滴下一滴水珠

②地下渗水楼顶漏雨 一栋楼两头湿

（2）报摘

报纸摘录的主要内容为：

①防水没做好，地下渗水、楼顶也漏雨

某小区业主们发现，他们精装修的新房刚交付不久，有的甚至还没入住，就出现了漏雨的情况，有的半地下的房屋内甚至积了 20 多厘米深水。

昨天，记者在该小区内看到，12 号楼西侧外侧墙边挖开了一个 3 米多深、10 米多长的大坑，工人正在进行填实。工人称，12 号楼半地下室的业主家漏水，他们将楼体处的地面刨开，发现防水没做好，导致地下渗水、楼顶也漏雨。

②半地下房子积水 20 厘米，电梯都停了

有的业主说，因为渗水，他家半地下的房子一下积了 20 多厘米深的水，屋里的门也都被泡坏了。"我们那个单元因为渗水，电梯都停了半个月。"

③ 60 多户业主反映有渗水、漏雨的问题

管理该小区的 XX 物业管理有限责任公司工作人员说，小区是单位集资建房，目前，他们接到了 60 多户业主反映家中有渗水、漏雨的问题。"部分业主存在封阳台、加护栏等不当装修行为，具体原因还在调查中。"但业主们认为是房屋建筑质量的问题。目前，物

业已联系开发商，逐户进门修理。

（3）评说

1）综上，报载用户反映：地下渗水、楼顶漏雨、电梯停用。有用户装修原因，有房漏隐患。

2）思考与建议

① 思考

地下渗水——地下室防水层破裂，地下防水层施工不到位，或防水层保护层施工不到位，修补工程很复杂。

楼顶漏雨——屋顶防水层破裂，结构层（楼板）有裂缝。屋顶层楼板混凝土浇筑不密实。

电梯停用——地下渗水造成的后果。

② 建议

建议施工、监理、设计、建设等单位，认真研究地下室及基础防水施工质量，涉及如何保证房屋基础工程的整体质量，含：地基基础地质状态的验证，地下防水工程的合格交付，地基基础回填土的规范操作，庭院道路的合理排水，楼体散水宽度和坡度的合理设计和施工。

【报道 3】　雨泡楼基

报纸摘录见表 2-3。

【报道 3】"每隔几秒滴下一滴水珠"之三　　　　　　　　　　　　　表 2-3

【报载标题】××园北里 6 号楼屋顶越补越漏，每隔 8 秒滴下一滴水珠

【报载摘录】雨泡楼基　楼压水管　水涌坑陷　墙基裂大缝

今天上午，××园 5 里 18 号楼居民们仍然忧心忡忡。6 月 23 日大雨后，这栋楼四周的地面塌陷出好几个大坑，最深处约有 2 米。工人来维修时，挖开地面，发现该楼墙体和地基之间竟已出现 15 厘米左右的裂缝，大家担心楼房质量有问题。

居民某女士说，6 月 23 日的暴雨后，18 号楼北侧的地面塌陷了 10 多个大坑，有的 1 米深，有的 2 米深。因为塌陷，楼内的自来水管线被压坏了，涌出的自来水又加剧了地面塌陷。面对突然出现的大坑，居民们只能找物业、找开发商来抢修。7 月 5 日，开发商派来了抢修工人。当工人们把地面挖开有 2 米多深时，居民们震惊地看到地下的墙体与地基之间竟出现 15 厘米左右的裂缝，最深处约有 20 厘米。工人们原本想往裂缝里浇水泥，然后把大坑都回填上，但被居民们制止了。"我们每家好不容易有这房子，要给我们鉴定这楼到底有无质量问题。"居民们说。

昨天下午，记者在 18 号楼前挖开的大坑里看到，从楼内伸出的污水管道已经断裂，大量污水积在坑里。"要不是这次塌陷挖开抢修，谁也不知道这些管道已全都断了。"某女士说。目前，开发商已同意居民们的意见，不着急回填，先找独立的鉴定机构作为第三方，对 18 号楼进行安全鉴定。再根据鉴定出的问题进行整改。

反映的问题：①墙体与地基之间出现裂缝；②塌陷引起自来水、污水管压裂。

(1) 标题

报纸的标题为：

①某小区楼屋顶越补越漏，每隔 8 秒滴下一滴水珠

②雨泡楼基 楼压水管 水涌坑陷 墙基裂大缝

(2) 报摘

①墙体与地基之间出现裂缝

某小区 18 号楼居民们仍然忧心忡忡。大雨过后，这栋楼四周的地面塌陷出好几个大坑，最深处约有 2 米。工人来维修时，挖开地面，发现该楼墙体和地基之间竟已出现 15 厘米左右的裂缝，大家担心楼房质量有问题。

18 号楼北侧的地面塌陷了 10 多个大坑，有的 1 米深，有的 2 米深。因为塌陷，楼内的自来水管线被压坏了，涌出的自来水又加剧了地面塌陷。面对突然出现的大坑，居民们只能找物业、找开发商来抢修。开发商派来了抢修工人。当工人们把地面挖开有 2 米多深时，居民们震惊地看到地下的墙体与地基之间竟出现 15 厘米左右的裂缝，最深处约有 20 厘米。工人们原本想往裂缝里浇水泥，然后把大坑都回填上，但被居民们制止了。"我们每家好不容易有这房子，要给我们鉴定这楼到底有无质量问题。"

②塌陷引起自来水、污水管压裂

记者在 18 号楼前挖开的大坑里看到，从楼内伸出的污水管道已经断裂，大量污水积在坑里。"要不是这次塌陷挖开抢修，谁也不知道这些管道已全都断了。"目前，开发商已同意居民们的意见，不着急回填，先找独立的鉴定机构作为第三方，对 18 号楼进行安全鉴定。再根据鉴定出的问题进行整改。

(3) 评说

1) 综上，报载用户反映：墙体与地基之间出现裂缝，塌陷引起自来水、污水管压裂，居民震惊，要求鉴定房屋质量。

2) 思考与建议

① 思考

上述评说之房漏与防漏，看法和分析点滴：

墙体与地基之间出现裂缝——其一，地基基础回填土方不实，导致雨后楼四周地面塌陷。其二，楼体地基沉陷，导致楼体地基与墙之间拉裂。其三，小区庭院内无组织排放雨水，导致楼体四周积水。

自来水、污水管压裂——地基塌陷引起。

② 建议

建议施工、监理、设计、建设等单位，共同关注房屋建筑的整体施工质量，质量控制应从地基基础抓起，基础沉陷出了问题，比较难于处理，治理该项缺陷需要有关方面做出比较深入的工作。

分析提示：房漏表现及原因

综上，这 3 组报道表明：（1）房漏表现：雨水从室内顶棚漏下；地下室下渗上漏造成积水；墙体与地基开裂，导致管线压裂。（2）渗漏原因：施工隐患等原因，导致结构开裂及地基沉陷，引起房屋强度及渗漏均出现问题。

2.3　反映(2)　报摘：除了一层每层都漏（报道 5 组）

（1）本报道内容涉及施工、监理等多家参建单位，值得关注。

（2）报道中，反映楼体施工存在隐患导致房漏，施工单位承建项目施工中存在的问题值得关注。

（3）报道中，反映楼体施工存在隐患导致房漏，监理单位在施工过程监控中存在的问题值得关注。

（4）至于设计图纸、建设开发主管、物业部门修补等环节也存在许多值得关注的问题。

【报道 4】　在家接雨

报纸摘录见表 2-4。

【报道 4】 "除了一层每层都漏" 之一	表 2-4

【报载标题】除了一层每层都漏

××园 180 多户漏的有点怪

【报载摘录】"今天天气预报说有雨，不能外出，得在家接雨"。7 月 24 日，面对朋友的相约，××园业主某先生只能无奈地这样回复。

近日来，暴雨袭击京城，在人们热议城市排水管网脆弱、基础设施滞后的同时，一个更为切实的问题凸显：屋外大雨倾盆，屋内小雨连绵。10 多个小区都有业主反映，家里被雨"洗刷刷"，其中，××园就有 180 多户。继"楼倒倒"、"楼歪歪"、"楼脆脆"之后，"楼漏漏"又成为房屋质量的一大弊病。

【引自北京某报/2011.08.03】

（1）标题

报纸的标题为：

①除了一层每层都漏

②某小区180多户漏的有点怪

（2）报摘

报纸摘录的主要内容为：

屋外大雨倾盆，屋内小雨连绵。

"今天天气预报说有雨，不能外出，得在家接雨。"面对朋友的相约，某小区的一位业主只能无奈地这样回复。

近日来，暴雨袭击京城，在人们热议城市排水管网脆弱、基础设施滞后的同时，一个更为切实的问题凸显：屋外大雨倾盆，屋内小雨连绵。10多个小区都有业主反映，家里被雨"洗刷刷"，其中，××园就有180多户。继"楼倒倒"、"楼歪歪"、"楼脆脆"之后，"楼漏漏"又成为房屋质量的一大弊病。

（3）评说

这段是此则报道的开头，评说在后文中展开。

【报道5】 卧室支帐篷

报纸摘录见表2-5。

【报道5】"除了一层每层都漏"之二   表2-5

【报载标题】下雨天卧室支帐篷，小区180多户家中逢雨必漏

【报载摘录】过去的三周，北京的晴天只有一两天，其余全是雷雨天，××园27号楼2层业主某先生饱受漏雨之苦。客厅一角，他准备了大功率探照灯、大盆、带支架的蚊帐、毛巾等防漏雨设备。

"一下雨，天比较黑，阳台上哪儿有漏雨点都看不清楚，大功率探照灯是用来找漏雨点的；大盆是用来接雨的，目前我家里有6个漏雨点，就准备了6个大盆，在这个小区住，家里最不缺的就是大盆了。"

"我们家主卧客厅、儿童房3个房间漏雨，最严重的是主卧，一下雨，屋顶一层水珠，滴答滴答地往下掉，用盆接，响声大不说，还容易溅到身上。怎么办呢？室外露营不是有防雨帐篷嘛，我们做了变通，买了一个带支架的蚊帐当'帐篷'，'帐篷'上面铺一层毛巾，毛巾湿透了，换毛巾，挺麻烦的，但至少能让我们睡着。"某先生一一详细地介绍了他家独创的防漏设备。

7月24日下午，记者在某先生家看到，主卧的阳台内，放着两个大盆，每个盆里都有半盆泥水，阳台的墙面湿漉漉的，主卧的顶灯周围，有一片明显水痕，下面"帐篷"也支着。"房顶的水，应该是顺着楼板从阳台渗进来的。下雨天就不敢开灯，怕漏电。"某先生补充道。

某先生说，漏雨问题在他们小区很普遍，他所住的这栋楼4层8户，除一楼有两户不漏外，其余6家都漏，随后，记者走访了该小区27号楼3层、30号楼3层、7号楼8层等多户家庭，均看到了屋顶水痕阳台窗起鼓，踢脚线被泡等漏雨留下的痕迹。其中，27号楼3层某女士的家里，不下雨时，雨水还顺着阳台里窗滴滴答答地流成串儿。据业主们不完全统计，仅今年以来，因漏雨到物业报修的就有180多户。

反映的问题：①主卧、客厅、儿童房3个房间漏雨；②房顶的水，是顺着楼板从阳台渗进来的。

（1）标题

报纸的标题为：

①除了一层每层都漏

②下雨天卧室支帐篷，小区 180 多户家中逢雨必漏

（2）报摘

报纸摘录的主要内容为：

①主卧、客厅、儿童房 3 个房间漏雨

过去的三周，北京的晴天只有一两天，其余全是雷雨天，××园 27 号楼 2 层业主饱受漏雨之苦。客厅一角，他准备了大功率探照灯、大盆、带支架的蚊帐、毛巾等防漏雨设备。

"一下雨，天比较黑，阳台上哪儿有漏雨点都看不清楚，大功率探照灯是用来找漏雨点的；大盆是用来接雨的，目前我家里有 6 个漏雨点，就准备了 6 个大盆，在这个小区住，家里最不缺的就是大盆了。"

"我家主卧、客厅、儿童房 3 个房间漏雨，最严重的是主卧，一下雨，屋顶一层水珠，滴答滴答地往下掉，用盆接，响声大不说，还容易溅到身上。怎么办呢？室外露营不是有防雨帐篷嘛，我们做了变通，买了一个带支架的蚊帐当'帐篷'，'帐篷'上面铺一层毛巾，毛巾湿透了，换毛巾，挺麻烦的，但至少能让我们睡着"。

② 房顶的水，是顺着楼板从阳台渗进来的

记者看到，主卧的阳台内，放着两个大盆，每个盆里都有半盆泥水，阳台的墙面湿漉漉的，主卧的顶灯周围，有一片明显水痕，下面"帐篷"也支着。

"房顶的水，应该是顺着楼板从阳台渗进来的。下雨天就不敢开灯，怕漏电。"业主说。漏雨问题在他们小区很普遍，他所住的这栋楼 4 层 8 户，除一楼有两户不漏外，其余 6 家都漏，随后，记者走访了该小区 27 号楼 3 层、30 号楼 3 层、7 号楼 8 层等多户家庭，均看到了屋顶水痕，阳台窗起鼓，踢脚线被泡等漏雨留下的痕迹。其中，27 号楼 3 层业主的家里，不下雨时，雨水还顺着阳台里窗滴答滴答地流成串儿。据业主们不完全统计，仅今年以来，因漏雨到物业报修的就有 180 多户。

（3）评说

1）综上，报载用户反映：主卧、客厅、儿童房 3 个房间漏雨，房顶的水，是顺着楼板从阳台渗进来的。下雨天就不敢开灯，怕漏电。

2）思考与建议

上述评说之房漏与防漏，看法和分析点滴：

楼板——雨水从阳台板横串过来，楼板和阳台混凝土均未浇筑密实。

阳台——雨水渗入阳台板，阳台板混凝土未浇筑密实。

墙——雨水渗入墙体，再渗入阳台板和楼板，墙体混凝土未浇筑密实。

【报道 6】　年年报修年年漏

报纸摘录见表 2-6。

（1）标题

报纸的标题为：

① 除了一层每层都漏

【报道 6】"除了一层每层都漏"之三　　　　　　　　　　　　　　表 2-6

【报载标题】报修 5 年没解决，业主自己修了两三年后还漏

【报载摘录】"这 180 多户肯定是相对漏得比较严重的，如果小小不言的，好多业主都不报修了，报了也解决不了。"某先生懊恼地说。

××园是 2006 年 5 月入住的，"我知道顶层容易漏雨，选房时避开了，谁想到要的 2 层，也会漏雨呀。"对于大面积漏雨，某先生至今都觉得诧异。

之后，某先生就开始了长达 5 年的报修之路："装完房子还没住进来时，一次，就发现客厅楼顶湿了大片，赶紧给物业打电话报修，物业的人来了，说回去向领导和开发商汇报，但之后就没音。后来有两年我没住这儿，一下雨，就赶紧往这儿跑，每年都向物业报修四五次，但 5 年了也没解决。"

这 5 年中，受漏雨问题困扰的××园业主，有的找开发商和物业给修了，有的折腾不起，自己花钱修了，但大部分人还处在找物业、找开发商报修的过程中。"为什么呢，我自己根本不知道谈怎么修。我听说有的业主修完之后，过两三年又漏了。我看见过他们修，就是用透明胶把漏水点堵上，透明胶一老化、开裂，就又漏了，不解决根本问题。"某先生说。27 号楼 3 层的某女士家的阳台就是这样，修之前，漏得哗哗的，跟水帘洞似的，自己花钱修了之后，也还是有点漏。

"我们小区现在房屋出现漏雨的业主都愁死啦，5 年啦，很多业主年年报修年年漏，屋外大雨，屋内小雨，脸盆接水，拖布擦地，夜里下雨，一夜无眠，白天下雨，担心回家'看海'，上班都不安心。我是收房时就发现漏雨了，客厅、卧室、厨房都漏，找开发商修了半年，为了试水，我们家专门买了一根 10 米长的水管子。修完之后，好一些了，但现在还有地方漏。"30 号楼 4 层业主也无奈地说。

反映的问题：①2 层也漏，报修四五次，5 年没解决；②阳台修之前，漏似水帘洞，修后还漏；③5 年了，年年报修年年漏，屋外大雨，屋内小雨。

② 报修 5 年没解决，业主自己修了，两三年后还漏

（2）报摘

报纸摘录的主要内容为：

① 2 层也漏，报修四五次，5 年没解决

"这 180 多户肯定是相对漏得比较严重的，如果小小不言的，好多业主都不报修了，报了也解决不了。"业主懊恼地说。

该小区一期是 2006 年 5 月入住的，"我知道顶层容易漏雨，选房时避开了，谁想到要的 2 层，也会漏雨呀。"对于大面积漏雨，住户至今都觉得诧异。

之后，住户就开始了长达 5 年的报修之路："装完房子还没住进来时，一次，就发现客厅楼顶湿了大片，赶紧给物业打电话报修，物业的人来了，说回去向领导和开发商汇报，但之后就没音了。后来有两年我没住这儿，一下雨，就赶紧往这儿跑，每年都向物业报修四五次，但 5 年了也没解决。"

② 阳台修之前，漏似水帘洞，修后还漏

这 5 年中，受漏雨问题困扰的业主，有的找开发商和物业给修了，有的折腾不起，自己花钱修了，但大部分人还处在找物业、找开发商报修的过程中。"为什么呢，我自己根本不知道谈怎么修。我听说有的业主修完之后，过两三年又漏了。我看见过他们修，就是用透明胶把漏水点堵上，透明胶一老化、开裂，就又漏了，不解决根本问题。"住户说。27 号楼 3 层的住户阳台就是这样，修之前，漏得哗哗的，跟水帘洞似的，自己花钱修了之后，也还是有点漏。

③ 5 年了，年年报修年年漏，屋外大雨，屋内小雨

"我们小区现在房屋出现漏雨的业主都愁死啦，5 年啦，很多业主年年报修年年漏，屋外大雨，屋内小雨，脸盆接水，拖布擦地，夜里下雨，一夜无眠，白天下雨，担心回家'看海'，上班都不安心。我是收房时就发现漏雨了，客厅、卧室、厨房都漏，找开发商修了半年，为了试水，我们家专门买了一根 10 米长的水管子。修完之后，好一些了，但现在还有地方漏。"30 号楼 4 层业主也无奈地说。

（3）评说

1）综上，报载住户反映：2 层也漏，报修四五次，5 年没解决。阳台修之前，漏似水帘洞，修后还漏。5 年报修年年漏，屋外大雨，屋内小雨。由于房屋漏雨，给住户带来很无奈。

2）思考与建议

①思考

上述评说之房漏与防漏，看法和分析点滴：

2 层漏——雨水从阳台板及墙横串过来，楼板、阳台及墙混凝土均未浇筑密实。

阳台漏——雨水渗入阳台板，或阳台窗户漏雨，阳台板混凝土未浇筑密实，以及阳台窗户安装缝隙大，或防水条开裂。

房屋漏——综合原因，导致室内多处进雨水。

②建议

建议施工、监理、设计、建设等单位，共同关注房屋建筑防渗漏的整体构造，从多方面查找原因，制订房屋建筑防漏的具体措施。

【报道 7】 墙体及窗渗漏

报纸摘录见表 2-7。

（1）标题

报纸的标题为：

① 除了一层每层都漏

② 根治办法找不到 "一到下雨，就找不到开发商了"

（2）报摘

报纸摘录的主要内容为：

① A 处渗进雨水，在 B 处渗漏出来

"我们小区的房子，从外面看很漂亮，房间空间的设计利用也比较合理，但美中不足是，听说当初这房子是某大学的学生设计的，有一些重要的细节没注意，比如房屋阳台、露台的防水问题。后来建筑商在施工时发现这个问题了，但他们本着能省就省的原则，也

装聋作哑不吭声。再加上我们的墙体砖是那种节能环保的空心砖，这种砖冬暖夏凉，但对施工的要求较严，如果不严格按照要求施工，就很可能在 A 处渗进雨水，在 B 处渗漏出来，比如在顶楼渗进雨水，顶楼施工较到位，顶楼不漏，雨水就顺着空心砖向下流淌，流到那些施工不到位的地方，就开始向那些地方渗漏，比如 3 楼、1 楼都有可能出现渗漏，并沿着楼板向屋里渗，这样就给以后的维修造成了很大的麻烦。"住户在介绍×××园房子普遍漏雨原因时说，但她强调这个说法还没有得到物业公司和开发商的证实。

【报道7】"除了一层每层都漏"之四 　　　　　　表 2-7

【报载标题】根治办法找不到 "一到下雨就找不到开发商了"

【报载摘录】"我们小区的房子，从外面看很漂亮，房间空间的设计利用也比较合理，但美中不足是，听说当初这房子是××大学的学生设计的，有一些重要的细节没注意，比如房屋阳台、露台的防水问题。后来建筑商在施工时发现这个问题了，但他们本着能省就省的原则，也装聋作哑不吭声。再加上我们的墙体砖是那种节能环保的空心砖，这种砖冬暖夏凉，但对施工的要求较严，如果不严格按照要求施工，就很可能在 A 处渗进雨水，在 B 处渗漏出来，比如在顶楼渗进雨水，顶楼施工较到位，顶楼不漏，雨水就顺着空心砖向下流淌，流到那些施工不到位的地方，就开始向那些地方渗漏，比如 3 楼、1 楼都有可能出现渗漏，并沿着楼板向屋里渗，这样就给以后的维修造成了很大的麻烦。"房主在介绍××园房子普遍漏雨原因时说，但她强调这个说法还没有得到物业公司和开发商的证实。

7 月 24 日下午，记者来到小区的物业办公室，一上 2 楼，就看到公告栏的 7 月工作计划上，其中重要一条就是协助业主修缮漏雨房屋；再往里走，门口摆着一只红色水桶，从上面漏的水滴答答地落进桶里。

"我们这里也漏雨。"负责小区物业的相关负责人说。他承认接到了不少漏雨报修电话，其中大部分是从飘窗、阳台渗进房间的。遇到这种问题，不严重的物业可以帮助修补，严重的他们也解决不了，只能反馈给开发商。随后记者又来到与物业公司同一层的开发商办公室，办公室没人，办公电话也一直没有人接。有业主说："只要一下雨，就找不到开发商的人。"

反映的问题：①A 处渗进雨水，在 B 处渗漏出来；②雨水从飘窗、阳台渗进房间。

② 雨水从飘窗、阳台渗进房间

记者来到小区的物业办公室，一上 2 楼，就看到公告栏的 7 月工作计划上，其中重要一条就是协助业主修缮漏雨房屋；再往里走，门口摆着一只红色水桶，从上面漏的水滴答滴答地落进桶里。

"我们这里也漏雨。"负责小区物业的相关负责人说。他承认接到了不少漏雨报修电话，其中大部分是从飘窗、阳台渗进房间的。遇到这种问题，不严重的物业可以帮助修补，严重的他们也解决不了，只能反馈给开发商。随后记者又来到与物业公司同一层的开发商办公室，办公室没人，办公电话也一直没有人接。有业主说："只要一下雨，就找不到开发商的人。"

（3）评说

1）综上，报载住户反映：设计采用空心砖墙，雨水顺着空心砖向下流淌，并渗到各层房间。雨水还从飘窗、阳台渗进房间。提醒设计者、施工者注意此项隐患。

2）思考与建议

① 思考

上述评说之房漏与防漏，看法和分析点滴：

空心砖墙——雨水顺着空心砖向下流淌，并渗到各层房间。施工单位应改进空心砖墙的砌筑质量，挡住雨水浸入。

飘窗——安装缝隙、安装防水构造均需改进。同时，设计也应采取构造措施。

阳台——阳台板漏雨，或阳台窗进雨水，都是施工方应注意的部位。

② 建议

建议施工、监理、设计、建设等单位，共同关注房屋建筑的整体施工和使用过程，关注房漏与防漏问题。

【报道 8】　封阳台渗漏

报纸摘录见表 2-8。

【报道 8】"除了一层每层都漏"之五　　　　　　　　　　　表 2-8

【报载标题】外墙漏雨点难找大面积漏水，不是质量问题？

【报载摘录】在××园许多业主看来。小区的漏雨问题应该是工程质量问题，但确认这个说法. 远没那么简单。

××园 7 号楼住户，2006 年收房后对房屋进行了装修，2007 年 7 月准备入住时，一进屋就傻眼了："南侧书房的屋顶花了，新铺的地板也泡了。"住户不得不临时在外面租了房子，去找物业和开发商"讨说法"。物业公司的人来看了下，说是楼上邻居封阳台导致的，应该找楼上邻居。负责楼上阳台封闭的装修公司出示了安装示意图，并在文字说明中称，没有对房屋的墙体及阳台地面进行任何破坏，没有任何安装孔。住户也认为，如果是楼上邻居封阳台造成的，不会渗到房间那么深的位置。于是，他们又给区建委写信投诉。区建委回复：开发商、施工单位认为您的房屋漏水是由于您楼上封闭阳台所致，因楼上封阳台时与物业有一协议，发生的一切后果均由本人承担，故开发商、施工单位、物业公司认为不对您的房屋渗水负责。回复的后面还附有楼上住户自愿封阳台的承诺书。

××园的漏雨是不是质量不合格导致的？某负责人说："楼房漏雨的原因很多，特别是装修过的房子，有工程质量问题，也有业主装修时破坏防水造成的，没到现场，很难断定。"但抛开××园的个案，某负责人提到："除了楼房顶层容易漏，现在有的楼盘阳台也有类似问题。阳台以前是敞开的，执行的是一种设计标准，开发商做成封闭的之后，还按这个设计做，就有问题了。另外，现在飘窗的设计也很多，飘窗对施工的要求高一些，施工不到位，也容易从外往里渗雨。"

××园有业主表示，即使是质量问题，如果能找到漏雨点，自己也花钱修了。但一家监理公司的经理介绍，楼体外墙的漏水点很难找，如果找到，修理也不是太难的事。

这位经理还介绍，在房屋验收时，开发商和有关部门比较关注的是屋面防水，比如楼顶、卫生间等，都做闭水试验，但针对楼体外墙的防水，就没什么规定，因为楼体外墙存不住水，如果验收时不是雨季，很难发现问题。另外，相对于其他房屋质量问题，楼体外墙漏雨多由防水、局部水泥配比不合理等原因造成，不是主体结构问题，开发商和相关部门重视程度不够。

用户反映的问题：①封阳台，雨水不会渗到房间那么深的位置；②飘窗施工要求高，也容易从外往里渗雨；③楼体外墙的漏水点很难找。

（1）标题

报纸的标题为：

① 除了一层每层都漏

② 外墙漏雨点难找，大面积漏水不是质量问题？

（2）报摘

报纸摘录的主要内容为：

① 封阳台，雨水不会渗到房间那么深的位置

某小区 7 号楼业主，2006 年收房后对房屋进行了装修，2007 年 7 月准备入住时，一进屋就傻眼了："南侧书房的屋顶花了，新铺的地板也泡了。"业主不得不临时在外面租了房子，去找物业和开发商"讨说法"。物业公司的人来看了下，说是楼上邻居封阳台导致的，应该找楼上邻居。负责楼上阳台封闭的装修公司出示了安装示意图，并在文字说明中称，没有对房屋的墙体及阳台地面进行任何破坏，没有任何安装孔。业主认为，如果是楼上邻居封阳台造成的，不会渗到房间那么深的位置。于是，他们又给区建委写信投诉。区建委回复：开发商、施工单位认为您的房屋漏水是由于您楼上封闭阳台所致，因楼上封阳台时与物业有一协议，发生的一切后果均由本人承担，故开发商、施工单位、物业公司认为不对您的房屋漏水负责。回复的后面还附有楼上住户自愿封阳台的承诺书。

② 飘窗施工要求高，也容易从外往里渗雨

×××园的漏雨是不是质量不合格导致的？工程质量协会会长说："楼房漏雨的原因很多，特别是装修过的房子，有工程质量问题，也有业主装修时破坏防水造成的，没到现场，很难断定。"但抛开×××园的个案，"除了楼房顶层容易漏，现在有的楼盘阳台也有类似问题。阳台以前是敞开的，执行的是一种设计标准，开发商做成封闭的之后，还按这个设计做，就有问题了。另外，现在飘窗的设计也很多，飘窗对施工的要求高一些，施工不到位，也容易从外往里渗雨。"

③ 楼体外墙的漏水点很难找

×××园有业主表示，即使是质量问题，如果能找到漏雨点，自己也花钱修了。但一家监理公司的经理介绍，楼体外墙的漏水点很难找，如果找到，修理也不是太难的事。

这位经理还介绍，在房屋验收时，开发商和有关部门比较关注的是屋面防水，比如楼顶、卫生间等，都做闭水试验，但针对楼体外墙的防水，就没什么规定，因为楼体外墙存不住水，如果验收时不是雨季，很难发现问题。另外，相对于其他房屋质量问题，楼体外墙漏雨多由防水、局部水泥配比不合理等原因造成，不是主体结构问题，开发商和相关部门重视程度不够。

（3）评说

1）综上，报载住户反映：阳台漏雨、飘窗渗雨、外墙渗水等问题，值得深思。

2）思考与建议

① 思考

上述评说之房漏与防漏，看法和分析点滴：

阳台漏雨——阳台板混凝土浇筑时有开裂，阳台窗安装有缝隙，导致漏雨。

飘窗渗雨——飘窗、窗框、窗洞尺寸不吻合，窗缝填充料不实，导致渗雨。

外墙渗水——外墙混凝土浇筑时有开裂，导致雨水渗入。

② 建议

建议施工、监理、设计、建设等单位，共同关注房屋建筑的整体施工和使用过程，关注阳台漏雨、飘窗渗雨及外墙渗水问题。

分析提示：房漏表现及原因	综上，这 5 组报道表明： （1）房漏表现：雨水从顶棚、雨篷、阳台板及楼板渗漏至室内；雨水从墙及飘窗的缝隙中飘到室内；（2）渗漏原因：施工隐患等原因，导致结构开裂、墙不实及窗不严。

2.4　反映（3）　报摘：还没听说哪个小区不漏（共 5 组）

（1）本报道内容涉及施工、监理等多家参建单位，值得关注。

（2）报道中，反映楼体施工存在隐患导致房漏，施工单位承建项目施工中存在的问题值得关注。

（3）报道中，反映楼体施工存在隐患导致房漏，监理单位在施工过程监控中存在的问题值得关注。

（4）至于设计图纸、建设开发主管、物业部门修补等环节也存在许多值得关注的问题。

【报道9】　房子漏雨原因复杂

报纸摘录见表 2-9。

（1）标题

报纸的标题为：

① "还没听说哪个小区不漏"

② 原因：设计没头脑、施工活太糙、材料图省钱、装修忒野蛮

（2）报摘

报纸摘录的主要内容为：

① 裂缝、渗漏是行业通病，还没听说哪个小区不漏

一个小区，180 户漏雨，有人对此感到很吃惊，但对于一名有着十几年施工现场管理经验的项目主管说，并没什么好奇怪的，"裂缝、渗漏是行业通病，我在这个行业这么多年了，还没听说哪个小区的房子有不漏的呢，多多少少、大大小小都有点儿，不过往年不明显，今年雨量大，就集中爆发了，我听说有一个小区，今年漏了 300 多户，没漏的业主跟中彩票一样高兴。"

② 为什么这么多房子漏雨？原因？谁负责？

除了××园，几十户以上的大规模漏雨现象，漏雨户数甚至达到三分之一以上，漏雨已成为一种普遍现象。在办公室、饭桌上、小区的业主论坛上，许多人都在问：你家房子

漏雨了吗？不光保障房、普通住宅漏雨，高档小区也漏雨，漏雨不说，维修还排不上队。为什么会有这么多房子漏雨？是什么原因造成的？该由谁负责？能否彻底解决？"房子漏雨，成因确实很复杂，从工序上讲，可以归结为 4 类。"作为专业人士，痼疾揭露出来。

【报道 9】"还没听说哪个小区不漏"之一　　　　　　　　　　　　　　　　表 2-9

【报载标题】"还没听说哪个小区不漏"
原因：设计没头脑 施工活太糙 材料图省钱 装修忒野蛮

【报载摘录】一个小区，180 户漏雨，有人对此感到很吃惊，但对于一名有着十几年施工现场管理经验的项目主管××来说，并没什么好奇怪的，"裂缝、渗漏是行业通病，我在这个行业这么多年了，还没听说哪个小区的房子有不漏的呢，多多少少、大大小小都有点儿，不过往年不明显，今年雨量大，就集中爆发了，我听说有一个小区，今年漏了 300 多户，没漏的业主跟中彩票一样高兴。"××苦笑着说。

除了××园，几十户以上的大规模漏雨现象，漏雨户数甚至达到三分之一以上，漏雨已成为一种普遍现象。在办公室、饭桌上、小区的业主论坛上，许多人都在问：你家房子漏雨了吗？不光保障房、普通住宅漏雨，高档小区也漏雨，漏雨不说，维修还排不上队。

为什么会有这么多房子漏雨？是什么原因造成的？该由谁负责？能否彻底解决……

"房子漏雨，成因确实很复杂，从工序上讲，可以归结为 4 类。"作为专业人士，××痼疾揭露出来。

【引自北京某报/2011.08.03】

反映的问题：①裂缝、渗漏是行业通病，还没听说哪个小区不漏；②为什么这么多房子漏雨？原因？谁负责？

（3）评说

本节报道的 5 组事例，值得我们深思，建议施工、监理、设计、建设等单位应深入了解房屋建筑渗漏状况，共同研究解决办法。

【报道 10】　房屋设计先天不足

报纸摘录见表 2-10。

（1）标题

报纸的标题为：

①"还没听说哪个小区不漏"

②房屋设计先天不足，屋檐上方挂"水箱"

（2）报摘

报纸摘录的主要内容为：

① 设计者没有现场施工经验，不知道哪里是施工难点

"建筑的头一步就是设计，现在，大部分项目的设计师都很年轻，有的是大学刚毕业的，有的还没毕业呢。设计时他们喜欢做一些时尚的造型，但往往忽略了施工难点，因为他们没有现场施工经验，也不知道哪里是施工难点，这就给施工带来了很多不可控因素，你想想，摸索着干，出问题的几率能不大吗？"

② 可供设计师发挥的外立面、顶层、一层等，恰是漏雨的施工难点

"开发商都有审图部门，一般应该能审出来，但有的开发商没经验，有的开发商见房子有点儿特色，就接受了这些造型。住宅与公建不一样，设计上发挥的空间不大，可供设计师发挥的，就外立面、顶层、一层等部位，而这些部位恰恰是容易漏雨的施工难点，当我们发现了问题给开发商、设计方提意见时，他们不接受，我们施工方也没办法，另外，因为开发商给的工期都很短，我们也没时间在这些问题上和他们纠缠。"

【报道 10】"还没听说哪个小区不漏"之二 表 2-10

【报载标题】"还没听说哪个小区不漏"——房屋设计先天不足屋檐上方挂"水箱"（致漏比例 20%）
【报载摘录】"建筑的头一步就是设计，现在，大部分项目的设计师都很年轻，有的是大学刚毕业的，有的还没毕业呢。设计时他们喜欢做一些时尚的造型，但往往忽略了施工难点，因为他们没有现场施工经验，也不知道哪里是施工难点，这就给施工带来了很多不可控因素，你想想，摸索着干，出问题的几率能不大吗？"某主管一上来就抱怨设计的问题。
某主管接着介绍："开发商都有审图部门，一般应该能审出来，但有的开发商没经验，有的开发商见房子有点儿特色，就接受了这些造型。住宅与公建不一样，设计上发挥的空间不大，可供设计师发挥的，就外立面、顶层、一层等部位，而这些部位恰恰是容易漏雨的施工难点，当我们发现了问题给开发商、设计方提意见时，他们不接受，我们施工方也没办法，另外，因为开发商给的工期都很短，我们也没时间在这些问题上和他们纠缠。"
"这样的设计是有瑕疵的，但现实中比比皆是，成为房屋漏雨的一大原因。"某主管粗粗估算，这种原因在漏雨项目中占到 2 成左右。某主管还说，以前常见的平屋顶，不算是设计缺陷，但这种设计容易漏雨，现在都改成坡屋顶了。
反映的问题：①设计者没有现场施工经验，不知道哪里是施工难点；②可供设计师发挥的外立面、顶层、一层等，恰是漏雨的施工难点；③平屋顶设计容易漏雨，现在都改成坡屋顶了。

③平屋顶设计容易漏雨，现在都改成坡屋顶了

"这样的设计是有瑕疵的，但现实中比比皆是，成为房屋漏雨的一大原因。"粗粗估算，这种原因在漏雨项目中占到 2 成左右。以前常见的平屋顶，不算是设计缺陷，但这种设计容易漏雨，现在都改成坡屋顶了。

（3）评说

1）综上，报载评说：设计者现场施工经验不足，不知道哪里是施工难点。可供设计师发挥的外立面、顶层、一层等部位，恰是容易漏雨的施工难点。平屋顶设计容易漏雨，宜改成坡屋顶。诸多说法，值得深思。

2) 思考与建议

① 思考

上述评说之房漏与防漏,看法和分析点滴:

设计者与施工经验——房漏与防漏当务之急,设计者应努力汲取现场施工经验,构筑一个比较完善的思维。

设计者与施工难点——设计者要知道哪里是施工难点,施工难点恰恰是容易发生房漏之处,设计交底时多听一下施工方的意见,能完善设计意图和思维。

设计者与设计发挥——可供建筑师发挥特点的部位,外立面、顶层、一层等部位,恰恰是容易漏雨的施工难点。

设计者与平坡屋顶——平屋顶设计容易漏雨,宜改成坡屋顶。点评者说出了问题的要害,平者积雨水,坡者雨水难停留。

设计施工图纸中,建筑图应确保建筑成品使用功能的合理性,结构图应确保建筑成品使用过程中的安全性和可靠性,设计图纸到工地,要充分考虑施工制作和安装的可操作性。在当前房漏与防漏成为当务之急的时候,期望设计单位能从多方面思考、创新和发展。

② 建议

建议施工、监理、设计、建设等单位,共同关注房屋建筑的整体施工和使用过程,特别是关注一下设计单位的图纸与施工现场的结合,与防漏措施的结合,与时代发展的建筑理念相结合。

【报道11】 材料低价选购

报纸摘录见表 2-11。

(1) 标题

报纸的标题为:

① "还没听说哪个小区不漏"

② 材料大打擦边球 50 家中选最低

(2) 报摘

报纸摘录的主要内容为:

① 开发商卡着国家标准的边沿选,越便宜越好

"建筑材料对于房屋的工程质量很重要,现在建筑材料的品牌成千上万,开发商怎么选呢,基本都是走招投标,招投标的原则,就是在符合国家规范的基础上,价低者得。什么叫国家规范?有些人可能收房时都有感触,开发商提供的卫生间的马桶、厨房的灶台,都是符合国家规范的,但装修时,多数业主都给换了,因为东西太次了。这还是业主看得见的,看不见的就更是如此了。除非能当卖点的,开发商基本都是卡着国家标准的边沿选,越便宜越好。"

② 从 50 家中,选价格最低的,难免偷工减料

"我曾经在一个知名开发商的项目做过项目经理。以前,我就听说过他们的成本控制做得非常好,但还是百闻不如一见。如果说 60 分及格,他们选择材料真是有 60 分的,就不用 61 分及格,即使是 60 分的,也把价格压得特别低,因为他们项目多,有资本往下

压。虽然都是符合规范的，10 块钱一平方米的防水材料和 30 块钱一平方米的能一样吗？他们工程部的人说，有的材料，他们是从 50 家厂商中，选择出来价格最低的。"据记者了解，这样的"抠门"开发商并不是少数。价格摆在这儿，有些厂商为了赚钱，难免就有偷工减料的行为。"拿隔墙来说，你也看不出来。隔墙厚的，下雨时，水就渗不进来；隔墙薄的，雨大，就渗进来了。再比如防水，达到要求的防水材料成本一平方米就需要 30 元，开发商用了 10 多元钱一平方米的材料，还说符合标准，你信吗？不管你信不信，反正，我不信。"用了这种材料，有些房子即使在竣工之初不漏雨，几年之后，没到材料的使用寿命，可能也漏了。

【报道 11】"还没听说哪个小区不漏"之三　　　　表 2-11

【报载标题】"还没听说哪个小区不漏"——材料大打擦边球 50 家中选最低（致漏比例 20%）

【报载摘录】"建筑材料对于房屋的工程质量很重要，现在建筑材料的品牌成千上万，开发商怎么选呢，基本都是走招投标，招投标的原则，就是在符合国家规范的基础上，价低者得。什么叫国家规范？有些人可能收房时都有感触，开发商提供的卫生间的马桶、厨房的灶台，都是符合国家规范的，但装修时，多数业主都给换了，因为东西太次了。这还是业主看得见的，看不见的就更是如此了。除非能当卖点的，开发商基本都是卡着国家标准的边沿选，越便宜越好。"某主管的一席话揭开了这个行业的一个潜规则。

"我曾经在一个知名开发商的项目做过项目经理。以前，我就听说过他们的成本控制做得非常好，但还是百闻不如一见。如果说 60 分及格，他们选择材料真是有 60 分的，就不用 61 分及格，即使是 60 分的，也把价格压得特别低，因为他们项目多，有资本往下压。虽然都是符合规范的，10 块钱一平方米的防水材料和 30 块钱一平方米的能一样吗？他们工程部的人和我说，有的材料，他们是从 50 家厂商中，选择出来价格最低的，我真服了他们了。"据记者了解，这样的"抠门"开发商并不是少数。价格摆在这儿，有些厂商为了赚钱，难免就有偷工减料的行为。某主管举例"拿隔墙来说，你也看不出来。隔墙厚的，下雨时，水就渗不进来；隔墙薄的，雨大，就渗进来了。再比如防水，达到要求的防水材料成本一平方米就需要 30 元，开发商用了 10 多元钱一平方米的材料，还说符合标准，你信吗？不管你信不信，反正，我不信。"用了这种材料，有些房子即使在竣工之初不漏雨，几年之后，没到材料的使用寿命，可能也漏了。某主管说，这种原因导致漏雨的，也占 2 成左右。

反映的问题：①开发商卡着国家标准的边沿选，越便宜越好；②从 50 家中，选价格最低的，难免偷工减料。

（3）评说

1）综上，报载评说：开发商卡着国家标准的边沿选，越便宜越好。从 50 家中，选价格最低的，难免偷工减料。用了这种材料，房子不漏雨就奇怪了。

2）思考与建议

①思考

上述评说选择建筑材料之房漏与防漏，看法和分析点滴：

材料标准选最低的——材料主管并不违法，但缺乏一点道德修养。

材料价格选最低的——材料主管想省造价，但考虑房漏修补的造价，并不省。

材料主管偷工减料——下一步，就滑到违法的边缘了。

别在建筑材料上打主意，其实没必要，豆腐渣工程的材料，迟早要暴露。

② 建议

建议施工、监理、设计、建设等单位，共同关注建筑材料的购置和使用，杜绝次品、劣质品进入工地，分析房屋建筑渗漏原因，并制订防漏措施。

【报道 12】 施工管理不严活太糙

报纸摘录见表 2-12。

【报道 12】"还没听说哪个小区不漏"之四　　　　　　　　　表 2-12

【报载标题】"还没听说哪个小区不漏"——管理不严活太糙 窗户边上长蘑菇（致漏比例 40％以上）

【报载摘录】对于房屋质量，最重要的就是施工了。现在，房屋主体结构发生质量问题的并不多见，大量发生的是非主体结构问题，比如漏雨，这是因为很多非主体结构都是人工施工的，不好控制，而像防水的施工，又要求施工人员有很强的敬业精神，操作一点都不能马虎。因此，某主管认为，施工不专业，或者施工不精心，马虎、潦草，不完全按照严格的工序来施工，人为减少施工步骤，是导致房屋出现渗漏现象的最大原因，比重能占到 4 成以上。

"我作为项目经理，一天在工地上待十几个小时，一周就回家一天，平时晚上也在工地盯着，我们施工的房子我都不敢保证不漏，其他就更不敢说了，但有的项目外墙漏雨，找不到漏雨点，肯定和施工质量有关系。"某主管对这一点判断非常坚决。

某主管还介绍楼房的防水效果取决于工人的现场施工水平，开发商选择的材料质量再好、价格再高，如果工人现场施工质量太差，也会导致日后渗漏的发生。这也是为什么高档小区也漏雨的原因。具体说来，比如防水材料在转角部位搭接不牢，窗体与墙体之间的防水施工太糙，都有可能成为漏雨的隐患。某主管强调："防水施工不是什么高技术的活儿，但经验、手艺和耐心还是相当重要的，目前施工人员水平、责任心参差不齐，有些项目施工的活儿比较糙。"

近几年，除了屋顶漏雨，飘窗因为空间感好、视野好而比较流行，但飘窗对施工工艺的要求很高，窗框与墙体有一点儿密封不严，就会漏雨，所以，飘窗漏雨的现象也比较多。某主管这两天听说这样一件事儿，有个小区的业主 7 月 17 日下班那天，发现家里有两扇窗户漏水，立刻通知了物业。物业告知，很多家都漏水，下周统一修。于是他就等着，等呀等却一直没修；7 月 26 日，也就是第一次报修 10 天后，他突然在窗户和墙的壁纸夹缝中发现了茁壮生长出的蘑菇。某管主一听就明白了；这肯定是窗户安装时密封不到位或材料不合格。

有朋友曾问某主管："我买房时，考虑到施工单位了，也知道是大公司施工的，怎么施工质量还是那么差，房子还漏啊？"某主管告诉他："有时候，选择大的施工单位没用，一是因为有可能实际的施工单位是挂靠在大单位下面的，每年上交一部分管理费；二是因为施工中的一些活儿，除了主体结构，都是分包出去的：屋顶防水外包给一家公司、窗户外包给一家公司、外立面装饰外包给一家公司……施工单位虽然名气大，但这些分包公司不一定好。还因为有交叉作业，也容易出问题。"

反映的问题：①主体结构与非主体结构质量控制；②防水施工不专业，不按工序，盯着也难保证不漏；③屋面防水、外墙防水、窗体防水等施工活太糙；④飘窗漏雨是工艺要求高，除了主体结构，都是分包。

（1）标题

报纸的标题为：

①"还没听说哪个小区不漏"

② 管理不严活太糙 窗户边上长蘑菇

（2）报摘

报纸摘录的主要内容为：

① 主体结构与非主体结构质量控制

对于房屋质量，最重要的就是施工了。现在，房屋主体结构发生质量问题的并不多见，大量发生的是非主体结构问题。

比如漏雨，这是因为很多非主体结构都是人工施工的，不好控制，而像防水的施工，又要求施工人员有很强的敬业精神，操作一点都不能马虎。

② 防水施工不专业，不按工序，盯着也难保证不漏

因此，防水施工不专业，或者施工不精心，马虎、潦草，不完全按照严格的工序来施工，人为减少施工步骤，是导致房屋出现渗漏现象的最大原因。"我作为项目经理，一天在工地上待十几个小时，一周就回家一天，平时晚上也在工地盯着，我们施工的房子我都不敢保证不漏，其他就更不敢说了"。

③ 屋面防水、外墙防水、窗体防水等施工活太糙

但有的项目外墙漏雨，找不到漏雨点，肯定和施工质量有关系。

楼房的防水效果取决于工人的现场施工水平，开发商选择的材料质量再好、价格再高，如果工人现场施工质量太差，也会导致日后渗漏的发生。具体说来，比如防水材料在转角部位搭接不牢，窗体与墙体之间的防水施工太糙，都有可能成为漏雨的隐患。"防水施工不是什么高技术的活儿，但经验、手艺和耐心还是相当重要的，目前施工人员水平、责任心参差不齐，有些项目施工的活儿比较糙。"

④ 飘窗漏雨是工艺要求高，除了主体结构，都是分包

近几年，除了屋顶漏雨，飘窗因为空间感好、视野好而比较流行，但飘窗对施工工艺的要求很高，窗框与墙体有一点儿密封不严，就会漏雨，所以，飘窗漏雨的现象也比较多。

"有时候，选择大的施工单位没用，一是因为有可能实际的施工单位是挂靠在大单位下面的，每年上交一部分管理费；二是因为施工中的一些活儿，除了主体结构，都是分包出去的：屋顶防水外包给一家公司、窗户外包给一家公司、外立面装饰外包给一家公司……施工单位虽然名气大，但这些分包公司不一定好。还因为有交叉作业，也容易出问题。"

（3）评说

1）综上，报载评说的施工过程中的诸多问题，概括为施工管理和施工操作的问题，其观点值得我们反复思考。

2）思考与建议

① 思考

上述评说施工管理和施工操作，是施工过程的问题，有质量保证体系的施工企业，上

述诸多问题，都不应该是问题：

主体结构——工序最复杂，发生质量问题最多，房漏与防漏应是主角。

非主体结构——指防水工程、门窗工程等，工序复杂程度一般，发生质量问题较多，房漏防漏的头绪较多，施工企业应当完善质量控制体系。

防水施工——要精心，不能潦草，要按工序施工，要有敬业精神，要实施质量控制体系。

施工时盯着——不只是盯着，要有完善的质量控制体系，这是施工企业的根本。

外墙漏雨——混凝土墙是主体结构，砌块墙是砌体结构，防漏措施比较明确。

防水材料转角搭接——是防水施工的敏感部位。

飘窗施工——施工工艺要求比较高，要制订专门的操作细则。

施工分包——是不能回避的现状，关键是总包要专人管理，对分包施工队，合格者上岗，不合格者清退。

以上都是确保施工质量的原则问题，不可有半点马虎。

② 建议

建议施工、监理、设计、建设等单位，共同关注主体结构及防水工程等分项工程的施工质量。

治理房屋建筑渗漏隐患，从施工企业现场管理抓起，从施工工人操作水平抓起，从监理加强施工工序监控抓起，并制订具体的防漏措施。

【报道13】 装修破坏了防水

报纸摘录见表2-13。

（1）标题

报纸的标题为：

① "还没听说哪个小区不漏"

② 装修破坏了防水 浇花泡了一柜书

（2）报摘

报纸摘录的主要内容为：

① 在露台外沿打孔，破坏了露台防水

在实际生活中，野蛮装修导致的漏雨尽管很少，但因为业主对房屋进行装修改造时，缺乏相关知识，破坏了防水层，或者装修中对防水层的修补不当，导致水淹楼下的情况还是有。"今年的漏雨情况中，有一户业主，他家的南侧露台本来是露天的，但他嫌露天容易脏，就装了个玻璃罩，放了一个中式圆桌和茶具，又放了几盆花儿，午后坐在这里喝喝茶，感觉很惬意，但装修时，他找的不是正规的装修公司，在安装玻璃罩时，为了固定，在露台的外沿打了2个孔，破坏了露台的防水。一下雨，雨水顺着露台下面的楼板往里渗，把楼下淹了，楼下的房间是人家的书房，把柜子里的书都弄湿了。"

② 开发商在竣工后不加以维护，导致房屋渗漏

还有一些漏雨的原因，比如开发商在竣工后不加以维护，或维护不及时等，也会在一定程度上导致房屋出现渗漏，尤其是建造了一定年份的房屋。实际上，造成漏雨的原因往

往不是孤立的，有的房子漏雨，这几个原因都占上了，比如阳台渗水，可能防水设计、保温材料、施工工艺都有问题，查找原因难、维修起来更难。

据北京市相关规定，防水工程有 5 年的保质期，5 年之内由开发商负责；5 年之后的公共部位，维修费用由公共维修资金来出。从目前漏雨的实际情况看，大多数业主面对的主要还是开发商，因此建议开发商应该提高对工程质量的重视，为业主把好这道关。否则，漏雨虽然不像一些主体结构出问题造成的后果那么严重，但却像慢性血液病似的，常年困扰业主，让业主痛苦不堪。

【报道 13】"还没听说哪个小区不漏"之五　　　　　　　　表 2-13

【报载标题】装修破坏了防水　浇花泡了一柜书（致漏比例：5%）

【报载摘录】在实际生活中，野蛮装修导致的漏雨尽管很少，所占比例也就 5% 左右，但因为业主对房屋进行装修改造时，缺乏相关知识，破坏了防水层，或者装修中对防水层的修补不当，导致水淹楼下的情况还是有。"今年的漏雨情况中，有一户业主，他家的南侧露台本来是露天的，但他嫌露天容易脏，就装了个玻璃罩，放了一个中式圆桌和茶具，又放了几盆花儿，午后坐在这里喝喝茶，感觉很惬意，但装修时，他找到不是正规的装修公司，在安装玻璃罩时，为了固定，在露台的外沿打了 2 个孔，破坏了露台的防水。一下雨，雨水顺着露台下面的楼板往里渗，把楼下淹了，楼下的房间是人家的书房，把柜子里的书都弄湿了。"

还有一些漏雨的原因，比如开发商在竣工后不加以维护，或维护不及时等，也会在一定程度上导致房屋出现渗漏，尤其是建造了一定年份的房屋，但这种情况在漏雨中只占很小的比例。某主管说，实际上，造成漏雨的原因往往不是孤立的，有的房子漏雨，这几个原因都占上了，比如阳台渗水，可能防水设计、保温材料、施工工艺都有问题，查找原因难、维修起来更难。

据市相关规定，防水工程有 5 年的保质期，5 年之内由开发商负责；5 年之后的公共部位，维修费用由公共维修资金来出。从目前漏雨的实际情况看，大多数业主面对的主要还是开发商，因此某主管建议开发商应该提高对工程质量的重视，为业主把好这道关。否则，漏雨虽然不像一些主体结构出问题造成的后果那么严重，但却像慢性血液病似的，常年困扰业主，让业主痛苦不堪。

反映的问题：①在露台外沿打孔，破坏了防水；②开发商在竣工后不加以维护，导致房屋渗漏。

（3）评说

1）综上，报载评说：在露台外沿打孔，破坏了露台防水。开发商在竣工后不加以维护，导致房屋渗漏。

2）思考与建议

① 思考

上述评说打孔破坏露台防水及竣工后维护问题，看法和分析点滴：

露台打孔破坏防水——雨水漏入顶层住户，说明防水层有孔必进雨水，雨水很快漏入房间，屋面防水层（包括结构层）很脆弱，施工单位应当认识屋面结构的这一薄弱环节，精心采取防漏措施。

竣工后维护——相关部门要认识渗漏根源，并主动采取防漏措施。

② 建议

建议施工、监理、设计、建设等单位，共同关注房屋建筑的整体施工和使用过程，屋面防水层不能破坏，要维护，要珍惜建筑房屋成品，要有防渗漏知识。

分析提示：房漏表现及原因	综上，这 5 组报道表明：(1) 房漏表现：渗漏是通病；设计者没有现场施工经验；屋顶应平改坡；材料选低价；防水施工不专业活太糙；飘窗都是分包；开发商竣工后不维护；(2) 渗漏原因：施工、设计隐患等原因，导致房屋渗漏。

2.5 反映(4) 报摘：质量通病背后有玄机 (共 5 组)

(1) 本报道内容涉及施工、监理等多家参建单位，值得关注。

(2) 报道中，反映施工质量通病导致房屋渗漏，施工单位承建项目施工中存在的问题值得关注。

(3) 报道中，反映施工质量通病导致房屋渗漏，监理单位在施工过程监控中存在的问题值得关注。

(4) 至于设计图纸、建设开发主管、物业部门修补等环节也存在许多值得关注的问题。

【报道 14】 质量通病致漏雨

报纸摘录见表 2-14。

(1) 标题

报纸的标题为：

质量通病背后有玄机

(2) 报摘

报纸摘录的主要内容为：

① 漏雨、设计缺陷、墙体开裂质量通病多

这几年，房价涨了四五倍，但房屋质量却没有跟着同比例提高。最近，焦点房地产网的一项调查显示：超越房价问题，房屋质量已经成为人们对房地产市场最不满意的因素。其中，对漏雨、设计缺陷、墙体开裂等建筑质量通病怨言最多。优嘉优筑第三方验房机构副总经理说，现在，在验收中，质量问题 80% 为影响感官和使用的建筑质量"通病"。

② 能否根治质量通病频发

通病就像房屋质量的牛皮癣困扰着业主的使用与心情，并且久治不愈。那么为什么质量通病频频发生？能否根治？背后有什么利益牵绊？它的病根又在哪里？目前，有业内人士向记者道出了其中的玄机。

(3) 评说

1) 综上，报载评说的开头，指出了主要质量通病：漏雨、设计缺陷、墙体开裂。同时，指出了质量通病如何根治。

【报道 14】"质量通病背后有玄机"之一　　　　　　　　　　　表 2-14

【报载标题】 质量通病背后有玄机
【报载摘录】 这几年，房价涨了四五倍，但房屋质量却没有跟着同比例提高。最近，焦点房地产网的一项调查显示：超越房价问题，房屋质量已经成为人们对房地产市场最不满意的因素。其中，对漏雨、设计缺陷、墙体开裂等建筑质量通病怨言最多。某验房机构负责人说，现在，在验收中，质量问题 80% 为影响感官和使用的建筑质量"通病"。
通病就像房屋质量的牛皮癣困扰着业主的使用与心情，并且久治不愈。那么为什么质量通病频频发生？能否根治？背后有什么利益牵绊？它的病根又在哪里？日前，有业内人士向记者道出了其中的玄机。
【引自北京某报/2011.08.03】

反映的问题：①漏雨、设计缺陷、墙体开裂质量通病多；②能否根治质量通病频发。

2) 思考与建议

① 思考

上述评说的质量通病，看法和分析点滴：

漏雨——指雨水从屋面、墙面浸入室内。从分析原因到根治隐患，要花相当大的力气。

设计缺陷——指设计中存在的问题，是讨论房漏与防漏的第一步，期望设计师开拓新的思路。

墙体开裂——因素很多，在建筑楼体的垂直墙面上，雨水是怎样浸入室内的，应当综合分析，综合治理。

质量通病如何根治——先发现问题，再研究如何根治，需要参加建设项目的各方共同努力。

② 建议

建议施工、监理、设计、建设等单位，共同关注房屋建筑的整体施工和使用过程，共同治理质量通病。

【报道 15】　建筑质量通病缘何多

报纸摘录见表 2-15。

【报道15】"质量通病背后有玄机"之二　　　　　　　　　　　　表 2-15

【报载标题】质量通病背后有玄机，建筑质量通病缘何多

【报载摘录】某主管是一家房地产公司施工的副总。对于目前的建筑质量"通病"频发现象，某主管说："本质上，任何一方都不希望有质量问题，但在种种利益、潜规则、技术水平面前，许多开发商、施工单位的态度都是在守住'主体结构'不出问题这个底线的前提下，对其他问题睁一只眼闭一只眼，种种建筑质量通病就都出来了。"

某主管说，最容易造成质量问题的就是赶工期。大家都知道，在房地产市场比较火的时候，开发商都希望"快销快建"，提高开发速度，多拿地多赚钱，于是就把建设周期压缩得能短就短。在施工中，承建商为了赶工，常常强行改变工程节点，减少施工工艺，"萝卜快了不洗泥"，这是建筑质量通病产生，而且还是集体性问题的主要原因。

"开发商或者施工方为了节约成本而在建筑材料上以次充好，是引发建筑质量问题的另一个重要原因。"王总透露说。据他介绍，现在建筑材料的品牌成千上万，开发商怎么选呢，基本都是走招投标，而招投标的原则，就是在符合国家规范的基础上，价低者得。什么叫国家规范？有些人可能收房时都有感触，开发商提供的卫生间的马桶、厨房的灶台，都是符合国家规范的，但档次太低，装修时，多数业主都给换了。同样是符合规范的，10 元/m² 的材料和 30 元/m² 的肯定不一样。除非以此为卖点的，开发商基本部是卡着国家标准的边儿选，越便宜越好，这已经是这个行业的潜规则了。

作为"圈里人"，某主管常常为此而感到"良心不安"，但身侵其中，他也往往身不由己。不过，他也为开发商开脱说："有些建筑质量问题也是开发商不能左右的。有些开发商，特别是品牌开发商，不愿意在'建筑质量'这一项上失分，因为和品牌的价值相比，会因小失大。但为什么也会频频出现问题呢，这跟目前的施工程序和工人的素质有关系。"

某主管解释说，施工中的一些活儿，除了主体结构，都是分包、转包出去的。屋顶防水外包给一家公司、窗户外包给一家公司、外立面装饰外包给一家公司……一方面，这些外包公司的水平参差不齐，另一方面各个工种有交叉作业。本身就容易出质量问题。

另外，在我国，房地产属劳动密集型工作，基层施工人员全部是农民工。因为培训跟不上，他们可能今天还在种地，明天就被老乡接到城里盖楼去了。漏水、地面不平整、浇注水泥板厚度不够等问题，就无法避免了。

反映的问题：①守住"主体结构"不出问题为前提；②造成质量问题是赶工期"萝卜快了不洗泥"；③建筑材料以次充好，引发质量问题；④除了主体结构都是分包，工人培训跟不上。

（1）标题

报纸的标题为：

质量通病背后有玄机，建筑质量通病缘何多

（2）报摘

报纸摘录的主要内容为：

① 守住'主体结构'不出问题为前提

对于目前的建筑质量"通病"频发现象，某房地产公司主管说："本质上，任何一方都不希望有质量问题，但在种种利益、潜规则、技术水平面前，许多开发商、施工单位的态度都是在守住'主体结构'不出问题这个底线的前提下，对其他问题睁一只眼闭一只

眼，种种建筑质量通病就都出来了。"

② 造成质量问题是赶工期"萝卜快了不洗泥"

最容易造成质量问题的就是赶工期。大家都知道，在房地产市场比较火的时候，开发商都希望"快销快建"，提高开发速度，多拿地多赚钱，于是就把建设周期压缩得能短就短。在施工中，承建商为了赶工，常常强行改变工程节点，减少施工工艺，"萝卜快了不洗泥"，这是建筑质量通病产生，而且还是集体性问题的主要原因。

③ 建筑材料以次充好，引发质量问题

"开发商或者施工方为了节约成本而在建筑材料上以次充好，是引发建筑质量问题的另一个重要原因。"据他介绍，现在建筑材料的品牌成千上万，开发商怎么选呢，基本都是走招投标，而招投标的原则，就是在符合国家规范的基础上，价低者得。什么叫国家规范？有些人可能收房时都有感触，开发商提供的卫生间的马桶、厨房的灶台，都是符合国家规范的，但档次太低，装修时，多数业主都给换了。同样是符合规范的，10 元/m² 的材料和 30 元/m² 的肯定不一样。除非以此为卖点的，开发商基本部是卡着国家标准的边儿选，越便宜越好，这已经是这个行业的潜规则了。

④ 除了主体结构都是分包，工人培训跟不上

作为"圈里人"，常常为此而感到"良心不安"，但身侵其中，他也往往身不由己。不过，他也为开发商开脱说："有些建筑质量问题也是开发商不能左右的。有些开发商，特别是品牌开发商，不愿意在'建筑质量'这一项上失分，因为和品牌的价值相比，会因小失大。但为什么也会频频出现问题呢，这跟目前的施工程序和工人的素质有关系。"

施工中的一些活儿，除了主体结构，都是分包、转包出去的。屋顶防水外包给一家公司、窗户外包给一家公司、外立面装饰外包给一家公司……一方面，这些外包公司的水平参差不齐，另一方面各个工种有交叉作业，本身就容易出质量问题。另外，在我国，房地产属劳动密集型工作，基层施工人员全部是农民工。因为培训跟不上，他们可能今天还在种地，明天就被老乡接到城里盖楼去了。漏水、地面不平整、浇筑水泥板厚度不够等问题，就无法避免了。

(3) 评说

1) 综上，报载评说：质量通病根源：主体结构不出问题即可，赶工期"萝卜快了不洗泥"，建筑材料以次充好，总包分包工人培训跟不上等，均说到问题的要害，既全面，又具体。

2) 思考与建议

① 思考

上述评说质量通病的根源，看法和分析点滴：

主体结构——主体结构工程有隐患，其他分部工程也有隐患，要看到问题的本质，隐患无处不在，企业主管头脑要清醒。

工期进度——有关部门在安排建设进度时，不给出合理的建设工期，这样的企业主管，不懂科技。

建筑材料——有关部门不要在建筑材料上动脑筋，以次充好者，那是奸商。治理质量

通病的重点，是建筑材料要合格。

工人素质——人人都知道的原因，企业主管应该知道施工人员素质如何提高，关注效益，归根结底是要人来完成的。

② 建议

建议施工、监理、设计、建设等单位，共同关注房屋建筑的整体施工和使用过程，共同治理质量通病。

【报道16】 验收流于形式

报纸摘录见表2-16。

【报道16】"质量通病背后有玄机"之三　　　　　　　　　　　　表2-16

【报载标题】质量通病背后有玄机，利益捆绑让验收流于形式

【报载摘录】这些造成建筑质量通病多的原因都是目前行业中的客观现实，但不是病根。病根是我们国家的房屋质量验收制度。

我国的房屋验收目前执行的是房屋竣工验收备案和监管部门抽查制。什么是验收备案制呢？简单地说，就是房屋在验收时，由政府行业质量监督部门监督，开发商、勘察、设计、施工和监理5家单位共同对房屋质量进行验收，即通常所说的5方验收，验收合格后，准备齐全建设工程竣工验收报告和规划、消防、环保等部门出具的认可文件或者准许使用文件等材料，到政府部门备案，备案后即可向业主交房。"这个验收制度是有问题的。比如说5方验收，字面上看，是有5个主体对房屋质量进行把关，可这5方中，勘察、设计、施工、监理单位都是受雇于开发商的，由开发商支付他们费用。什么逻辑呢？就是说开发商自己开发的房子自己组织人验收，而且找来的人是利益捆绑在一起的共同体。所以，即使2006年以后，北京的房屋验收执行了'一户一验'制度，但质量通病还是没有被堵住。"王总说。

"当然，这个过程是受政府质量监督部门监督的，验完后，还要接受政府质量监督部门的抽查。但既然是抽查，就有没抽查到的，就不能保证房子通过竣工验收，质量合格。"

另外，对于政府部门的质量监督和抽查验收，实际上也是勉为其难。因为对于一个只有二三十人编制的临管部门来说，监督几百万、甚至上千万平方米的在施面积，验收时做到100％监管、查验是不可能完成的事。

反映的问题：①病根是我们国家的房屋质量验收制度；②"一户一验"制度，质量通病还没堵住；③政府部门抽查验收，是勉为其难。

（1）标题

报纸的标题为：

质量通病背后有玄机，利益捆绑让验收流于形式

（2）报摘

报纸摘录的主要内容为：

① 病根是我们国家的房屋质量验收制度

这些造成建筑质量通病多的原因都是目前行业中的客观现实，但不是病根。病根是我

们国家的房屋质量验收制度。

我国的房屋验收目前执行的是房屋竣工验收备案和监管部门抽查制。什么是验收备案制呢？简单地说，就是房屋在验收时，由政府行业质量监督部门监督，开发商、勘察、设计、施工和监理 5 家单位共同对房屋质量进行验收，即通常所说的 5 方验收，验收合格后，准备齐全建设工程竣工验收报告和规划、消防、环保等部门出具的认可文件或者准许使用文件等材料，到政府部门备案，备案后即可向业主交房。

② "一户一验"制度，质量通病还没堵住

"这个验收制度是有问题的。比如说 5 方验收，字面上看，是有 5 个主体对房屋质量进行把关，可这 5 方中，勘察、设计、施工、监理单位都是受雇于开发商的，由开发商支付他们费用。什么逻辑呢？就是说开发商自己开发的房子自己组织人验收，而且找来的人是利益捆绑在一起的共同体。所以，即使 2006 年以后，北京的房屋验收执行了'一户一验'制度，但质量通病还是没有被堵住。"

③ 政府部门抽查验收，是勉为其难

"当然，这个过程是受政府质量监督部门监督的，验完后，还要接受政府质量监督部门的抽查。但既然是抽查，就有没抽查到的，就不能保证房子通过竣工验收，质量合格。"另外，对于政府部门的质量监督和抽查验收，实际上也是勉为其难。因为对于一个只有二三十人编制的临管部门来说，监督几百万、甚至上千万平方米的在施面积，验收时做到100％监管、查验是不可能完成的事。

（3）评说

1）综上，报载评说了质量通病之房屋质量验收制度，值得深思。

2）思考与建议

① 思考

上述评说房屋质量验收制度存在一些值得思考的问题，但不是质量通病根源的全部，深层次的问题在于：

国家的房屋质量验收制度——开发、勘察、设计、施工和监理等 5 方参加的验收并签字，是在短时间内各方做出的表态，应该有这一步，但不是关键的一步，关键在于施工单位施工过程中的自我保证（施工企业的质量管理体系），以及监理单位全过程的监控。建筑行业，建筑成品，无任何特殊性。有一种质量标准，叫品牌（企业中所具有的过硬本领）。有一种企业标准，叫道德（不该出现建筑成品劣质，或通病），归根结底，当今社会缺乏企业道德（做人的道德，或职业道德）。

"一户一验"制度——应坚持，促使我们把工作做细。

政府部门抽查验收——政府监管需要这一步。

② 建议

建议施工、监理、设计、建设等单位，共同关注房屋建筑的整体施工和使用过程，共同治理质量通病。

【报道 17】 开发商是责任的主体

报纸摘录见表 2-17。

【报道 17】"质量通病背后有玄机"之四

表 2-17

【报载标题】质量通病背后有玄机，"拒收"倒逼独立第三方验收

【报载摘录】病根找到了，怎么能根治呢？只有打破验收方利益捆绑，让独立的、与开发商没有任何利益关系的第三方介入，才能保证质量验收的客观、公正。举例，监理是负责监督质量问题的，但因为不独立，受雇于开发商，所以难以真正承担起"监督"的责任。

说到引入独立的第三方进行房屋验收，某律师指出，目前，在我国强制性引入房屋验收第三方还很困难。因为《建筑法》以及《建设工程质量管理条例》都明确规定了各方的责权，开发商是责任的主体，强制性引入第三方找不到法律依据。目前能做的，只能是加强政府的监管力度，或通过市场化方式解决第三方的介入问题，比如由业主和开发商协商，自己找有资质的第三方验收。

如果让开发商主动找独立的第三方监督自己，是有困难的。但目前房价下跌，激发了业主的"拒收风暴"，特别是一些业主把建筑质量通病问题当成退房的利器．应该说是倒逼开发商或政府主张独立第三方验房机构介入的好时机。如果独立的第三方介入验收，也会倒逼开发商在施工中精益求精、认真负责，赶工期，偷工减料这些问题也都会成为浮云。因为如果质量不好，入住将成为开发商难过的一道"鬼门关"。

反映的问题：①引入第三方房屋验收，无法律依据；②如第三方介入验收，会促使质量好转。

（1）标题

报纸的标题为：

质量通病背后有玄机　　"拒收"倒逼独立第三方验收

（2）报摘

报纸摘录的主要内容为：

① 引入第三方房屋验收，无法律依据

病根找到了，怎么能根治呢？只有打破验收方利益捆绑，让独立的、与开发商没有任何利益关系的第三方介入，才能保证质量验收的客观、公正。举例，监理是负责监督质量问题的，但因为不独立，受雇于开发商，所以难以真正承担起"监督"的责任。

说到引入独立的第三方进行房屋验收，某律师指出，目前，在我国强制性引入房屋验收第三方还很困难。因为《建筑法》以及《建设工程质量管理条例》都明确规定了各方的责权，开发商是责任的主体，强制性引入第三方找不到法律依据。目前能做的，只能是加强政府的监管力度，或通过市场化方式解决第三方的介入问题，比如由业主和开发商协商，自己找有资质的第三方验收。

② 如第三方介入验收，会促使质量好转

如果让开发商主动找独立的第三方监督自己，是有困难的。但目前房价下跌，激发了业主的"拒收风暴"，特别是一些业主把建筑质量通病问题当成退房的利器，应该说是倒逼开发商或政府主张独立第三方验房机构介入的好时机。如果独立的第三方介入验收，也会倒逼开发商在施工中精益求精、认真负责，赶工期，偷工减料这些问题也都会成为浮云。因为如果质量不好，入住将成为开发商难过的一道"鬼门关"。

（3）评说

1）综上，评说质量通病的根治，第三方介入验收，促使质量好转。

2）思考与建议

① 引入第三方介入验收，可以在实践中总结。

② 建议施工、监理、设计、建设等单位，共同关注房屋建筑的整体施工和使用过程，共同根治质量通病。

【报道 18】　常见质量通病

报纸摘录见表 2-18。

【报道 18】"质量通病背后有玄机"之五　　　　　　　　　　　　　　　表 2-18

【报载标题】质量通病背后有玄机，最常见 9 种质量通病

【报载摘录】

1. 楼体不稳定。表现为过了沉降期依然下沉不止，不均匀沉降导致楼体倾斜。

2. 裂缝。包括墙体裂缝及楼板裂缝。裂缝分为强度裂缝、沉降裂缝、温度裂缝、变形裂缝。产生的原因有材料强度不够，结构、墙体受力不均，抗拉、抗挤压强度不足，楼体

不均匀沉降，建筑材料质次，砌成后干燥不充分等。

3. 渗漏。由于防水不完善，防水材料质量不过关等原因，导致屋面渗漏，厨房、卫生间向外的水平渗漏，以及向楼下的垂直渗漏。垂直渗漏多见于各种管线与楼体相接合处。

4. 墙体空，墙皮脱落。墙体内部各砌块、层面之间连接不好，在压力、温差等作用下形成中空，致使墙体整体抗压能力降低，表面粉刷层易于脱落。有时由于墙表面粉刷材料质次，粉刷工艺不合要求，也会造成墙皮大面积脱落。

5. 隔声、隔热效果差。住宅楼内户与户之间，户内各厅室之间隔断墙隔声、减震效果不好，达不到私密性的要求。产生原因在于墙体、屋面隔声、隔热材料厚度不够，材料质次，或者施工工艺不合要求。

6. 门、窗密闭性差、变形。原因是选用材料质量不好，木材干燥程度不够，或在安装后受到潮湿侵袭，做工粗糙。

7. 上下水跑冒滴漏。形成的原因主要是上下水管线水平垂直设计不够合理，水龙头、抽水马桶等质量不过关。

8. 水、电、暖、气的设计位置不合理。包括水表、地漏、电源开关、电源插座、电表、暖气片、煤气灶、煤气表等设计种类不完善，设计位置与日常生活要求不符，影响家具布置。

9. 公用设施设计不合理，质量不过关。如电梯运行质量不稳定，公用照明设施不完善，消防安全设施缺乏等。

反映的问题：①基础沉降；②结构开裂；③房屋渗漏；④墙里墙外；⑤隔声隔热；⑥门窗活糙；⑦上下水管；⑧设备安装；⑨公用设施。

（1）标题

报纸的标题为：

质量通病背后有玄机，最常见 9 种质量通病

（2）报摘

报纸摘录的主要内容为：

① 基础沉降

楼体不稳定。表现为过了沉降期依然下沉不止，不均匀沉降导致楼体倾斜。

② 结构开裂

裂缝。包括墙体裂缝及楼板裂缝。裂缝分为强度裂缝、沉降裂缝、温度裂缝、变形裂缝。产生的原因有材料强度不够，结构、墙体受力不均，抗拉、抗挤压强度不足，楼体不均匀沉降，建筑材料质次，砌成后干燥不充分等。

③ 房屋渗漏

渗漏。由于防水不完善，防水材料质量不过关等原因，导致屋面渗漏，厨房、卫生间向外的水平渗漏，以及向楼下的垂直渗漏。垂直渗漏多见于各种管线与楼体相接合处。

④ 墙里墙外

墙体空，墙皮脱落。墙体内部各砌块、层面之间连接不好，在压力、温差等作用下形成中空，致使墙体整体抗压能力降低，表面粉刷层易于脱落。有时由于墙表面粉刷材料质次，粉刷工艺不合要求，也会造成墙皮大面积脱落。

⑤ 隔声隔热

隔声、隔热效果差。住宅楼内户与户之间，户内各厅室之间隔断墙隔声、减震效果不好，达不到私密性的要求。产生原因在于墙体、屋面隔声、隔热材料厚度不够，材料质次，或者施工工艺不合要求。

⑥ 门窗活糙

门、窗密闭性差、变形。原因是选用材料质量不好，木材干燥程度不够，或在安装后受到潮湿侵袭，做工粗糙。

⑦ 上下水管

上下水跑冒滴漏。形成的原因主要是上下水管线水平垂直设计不够合理，水龙头、抽水马桶等质量不过关。

⑧ 设备安装

水、电、暖、气的设计位置不合理。包括水表、地漏、电源开关、电源插座、电表、暖气片、煤气灶、煤气表等设计种类不完善，设计位置与日常生活要求不符，影响家具布置。

⑨ 公用设施

公用设施设计不合理，质量不过关。如电梯运行质量不稳定，公用照明设施不完善，消防安全设施缺乏等。

（3）评说

1）综上，报载评说了基础沉降、结构开裂、房屋渗漏、墙里墙外、隔声隔热、门窗安装、上下水管、设备安装及公用设施等方面的质量通病。

2）思考与建议

① 思考

报载评说的质量通病，比较全面，其相互间的关系，更值得深层次思考：

基础沉降——勘察、设计、监理、施工方的技术主管把关，涉及楼体寿命。地基验槽时，地基土质与勘察报告的符合性，是楼体质量控制的第一关。

结构开裂——建设期的大部分时间在浇筑混凝土，施工方、监理方应盯住易开裂之处。在施工过程中，要减少因为施工因素造成的开裂。

房屋渗漏——雨水如何进入室内，不只是防水施工，主体施工也很重要，主体结构的抗裂性能相当关键。

墙里墙外——墙占楼体面积最大，墙不挡雨，户户遭殃。混凝土墙要密实，砌块墙要密不透雨水，不是很复杂的工艺，施工单位应当做到。

隔声隔热——设计师再动些脑筋，应充分考虑住户反馈意见，哪里不达标，就在设计中予以改进。

门窗安装——盯住操作者，不是难题。迎雨水的门窗、防水、缝隙、变形等诸多因素，在设计和施工中予以改进。

上下水管——技术性很强，牵动各家各户，隐患迟早暴露。要重视整体管线安装，要专业，要合格。

设备安装——技术性一般（住宅楼），但设备安装牵动各家各户，不合理之处，迟早要改。

公用设施——不是一般的质量通病，关系到人的生命安全，要特别当心。由于渗漏引起的公用设施故障应特别重视。

② 建议

建议施工、监理、设计、建设等单位，共同关注房屋建筑的整体施工和使用过程，共同治理质量通病。

分析提示：房漏表现及原因

综上，这5组报道表明：（1）房漏表现：设计缺陷；赶工期；材料以次充好；工人培训跟不上；质量验收制度有漏洞；基础沉降；结构开裂；房屋渗漏；墙漏；门窗活糙。（2）渗漏原因：施工、设计隐患等原因，导致房屋渗漏。

2.6 反映(5) 报摘：设计隐患致渗漏的纠纷（共4组）

（1）本报道内容涉及施工、监理等多家参建单位，值得关注。

（2）报道中，反映设计隐患导致房屋渗漏，设计单位承建项目存在的问题值得关注。

（3）报道中，反映设计隐患导致房屋渗漏，监理单位在施工过程监控中存在的问题也值得关注。

（4）至于建设开发主管、物业部门修补等环节也存在许多值得关注的问题。

【报道19】 设计隐患引出的维权问题

报纸摘录见表2-19。

【报道19】"设计隐患引出的问题" 之一   表 2-19

【报载标题】设计隐患致漏维权最难

北京市建筑质量司法鉴定中心曾经做过一个统计，在所有的关于建筑质量的纠纷中，关于建筑渗漏水的纠纷比例达35％以上，居首位。本报"楼漏漏"系列调查中，2成以上的漏雨是因设计不合理造成的。房屋的设计隐患，究竟该由谁来负责？

【引自北京某报/2011.08.03】

（1）标题

报纸的标题为：设计隐患致漏维权最难

（2）报摘

报纸摘录的主要内容为：

北京市建筑质量司法鉴定中心曾经做过一个统计，在所有的关于建筑质量的纠纷中，关于建筑渗漏水的纠纷比例达35％以上，居首位。本报"楼漏漏"系列调查中，2成以上的漏雨是因设计不合理造成的。房屋的设计隐患，究竟该由谁来负责？

（3）评说

1）综上，这是这组报道的开头，深入评说在后文中。

2）思考与建议

① 以下这组报道，特别值得设计单位参考。

② 建议施工、监理、设计、建设等单位，共同关注房屋建筑和结构设计，共同防渗漏，防隐患。

【报道20】 设计隐患引起排队修漏雨

报纸摘录见表2-20。

（1）标题

报纸的标题为：

设计隐患终成灾 业主排队修漏雨

（2）报摘

报纸摘录的主要内容为：

① 设计为美观，"飞檐"存雨水

"打开一看，几米宽的钢架里，积满了三四十厘米的水。我这才知道，头顶上原来背着个巨大的水箱，一看就是当初设计有问题。"某先生住在北京一个高档社区。这个夏天，在顶层的家扛不住大雨，漏了，一个卧室顶上的装修板被雨水泡得掉了下来，其他两个卧室和阳台的顶也都留下大面积的水印，并不停滴水。原来，开发商当初设计时为了美观，在每栋楼的顶层上加盖了一层方形"飞檐"状装饰物，支撑装饰物的铝合金板被固定在楼体外立面上。一下雨水都存储在"飞檐"里，顺着斜角向屋里渗。李先生赶紧请师傅先把铝合板里的水给放了，漏水缓解了，可却没有根治。

② 飘窗夏天漏雨，冬天漏风

物业人员告诉他，小区里有 250 户住户遭遇漏水，都在排队等着维修队去修房子。

而某住户从收房起就一直在漏雨的飘窗，报修了三年也没解决。2009 年夏，陈家的卧室里新装修的地板全给泡坏了。最后一查，罪魁祸首果然就是当初那个有问题的飘窗，窗户和墙面的缝隙处，不停地将屋外的雨水引进家里。如今，小区的物业换了三拨，可每一拨都推推拖拖，冬天漏风、夏天漏雨的飘窗，也就被晾在了一边。

【报道 20】"设计隐患引出的问题"之二　　　　　　表 2-20

【报载标题】设计隐患终成灾　业主排队修漏雨

【报载摘录】"打开一看，几米宽的钢架里，积满了三四十厘米的水。我这才知道，头顶上原来背着个巨大的水箱，一看就是当初设计有问题。"某先生住在一个高档社区。这个夏天，在顶层的家扛不住大雨，漏了，一个卧室顶上的装修板被雨水泡得掉了下来，其他两个卧室和阳台的顶也都留下大面积的水印，并不停滴水。原来，开发商当初设计时为了美观，在每栋楼的顶层上加盖了一层方形"飞檐"状装饰物，支撑装饰物的铝合板被固定在楼体外立面上。一下雨水都存储在"飞檐"里，顺着斜角向屋里渗。某先生赶紧请师傅先把铝合板里的水给放了，漏水缓解了，可却没有根治。去物业报修，工作人员告诉他，小区里有 250 户住户遭遇漏水，都在排队等着维修队去修房子。

而某住户，从收房起就一直在漏雨的飘窗，报修了三年也没解决。2009 年夏，某住户的卧室里新装修的地板全给泡坏了。最后一查，罪魁祸首果然就是当初那个有问题的飘窗，窗户和墙面的缝隙处，不停地将屋外的雨水引进家里。如今，小区的物业换了三拨，可每一拨都推推拖拖，冬天漏风、夏天漏雨的飘窗，也就被晾在了一边。

反映的问题：①设计为美观，"飞檐"存雨水；②飘窗夏天漏雨，冬天漏风。

（3）评说

1）综上，报载评说的设计屋檐存雨水，飘窗漏雨等问题，值得今后设计中重视。

2）思考与建议

① 思考

上述评说屋檐和飘窗设计问题，看法和分析点滴：

设计隐患之屋檐——屋檐用于顺畅排除雨水，若存水、积水，导致屋顶渗漏，则属不当，期望今后设计屋檐节点时予以改进。

设计隐患之飘窗——飘窗的外立面很美丽，飘窗进雨水很可气，期望今后设计飘窗节点时予以改进。

② 建议

建议施工、监理、设计、建设等单位，共同关注房屋建筑的整体施工和使用过程，特别期望设计单位，在屋面节点、窗节点等设计时予以改进。

【报道21】 设计隐患引出事后责任

报纸摘录见表 2-21。

【报道21】"设计隐患引出的问题"之三

表 2-21

【报载标题】设计隐患易忽视 出事以后责任难断

【报载摘录】"相比地下室、厨房、卫生间这些较为明显的部位，飘窗、墙体和屋顶的设计隐患在收房时更不容易察觉，更容易成为漏水'真凶'。"某防水公司的市场总监说。"从完整的工艺上来说，光一个飘窗的防水就需四个步骤，可在北京住宅市场大部分人只做到第二步就结束了。所以，经过一段时间，再加上墙体变形，防水涂料很快就会被突破，美丽的飘窗也就开始大范围漏水。"

而设计隐患最终演变为灾难，归根结底还是因为施工上不达标或偷工减料。"建筑行业，施工造价预算很低，不到整体建筑成本的1%，而在欧美等发达国家，造价预算一般都要占到建筑成本的5%左右。再加上层层分包的利润盘剥，最后就演变成分包队伍为了节约成本而偷工减料。"

"设计不合理的隐患，由于专业性强、隐蔽性高，责任很难判断，所以，业主在报维修时也更容易遭遇'踢皮球'。"某先生说。

反映的问题：①飘窗防水不到位及墙体变形，导致飘窗漏水；②设计隐患演变为施工偷工减料。

（1）标题

报纸的标题为：

设计隐患易忽视 出事以后责任难断

（2）报摘

报纸摘录的主要内容为：

① 飘窗防水不到位及墙体变形，导致飘窗漏水

"相比地下室、厨房、卫生间这些较为明显的部位，飘窗、墙体和屋顶的设计隐患在收房时更不容易察觉，更容易成为漏水'真凶'。"某防水公司的市场总监说。"从完整的工艺上来说，光一个飘窗的防水就需四个步骤，可在现状做法大部分人只做到第二步就结束了。所以，经过一段时间，再加上墙体变形，防水涂料很快就会被突破，美丽的飘窗也就开始大范围漏水。"

② 设计隐患演变为施工偷工减料

而设计隐患最终演变为灾难，归根结底还是因为施工不达标或偷工减料。"当前的建筑行业，施工造价预算很低，不到整体建筑成本的1%，而在欧美等发达国家，造价预算一般都要占到建筑成本的5%左右。再加上层层分包的利润盘剥，最后就演变成分包队伍为了节约成本而偷工减料。"

"设计不合理的隐患，由于专业性强、隐蔽性高，责任很难判断，所以，业主在报维修时也更容易遭遇'踢皮球'。"

（3）评说

1）综上，报摘评说了设计中飘窗防水等设计问题和施工问题。此问题耐人寻味，很值得建设各方关注。

2）思考与建议

① 思考

报摘评说了设计问题和施工问题，集中表现在房漏问题上：

飘窗——出现在住宅楼的墙立面，结合当前建筑市场实践，是否在设计中采用，或大量采用，设计单位应当慎重考虑。

飘窗防水——窗框与结构门窗洞之间的缝隙，防水填充料的质量是关键，其施工工艺的复杂性与工程造价的合理性，应当综合考虑。

飘窗漏水——用户反馈表明，比较麻烦，比较困扰。

施工偷工减料——不只出现在飘窗，其他建筑材料及安装中，也有偷工减料问题，这种问题提醒人们警惕。

房漏问题——飘窗漏水仅是其中的一个案例，在住宅楼偌大的墙面上，风雨飘洒之时，大面积的飘窗漏进雨水，会给多数住户带来莫大失望。

② 建议

建议施工、监理、设计、建设等单位，共同关注房屋建筑的设计与施工的合理性、实用性及耐久性，特别关注建筑房屋成品的防渗漏性能。

【报道 22】　设计隐患引起维权举证

报纸摘录见表 2-22。

【报道 22】"设计隐患引出的问题"之四　　　　　　　　　　　　表 2-22

【报载标题】设计隐患被和泥，业主维权举证难
【报载摘录】某律师事务所律师告诉记者，根据相关规定，在房屋质量保修期内，维修的责任都应该由开发商来负责，严禁使用住宅专项维修资金进行维修。住宅保修期满后，住宅共用部位、共用设施设备出现相关情况的，可以按照《住宅专项维修资金使用审核标准》中规定的情况经住宅专项维修资金列支范围内专有部分占建筑物总面积三分之二以上的业主且占总人数三分之二以上的业主讨论通过，相应地使用住宅专项维修资金进行维修、更新、改造。
"房屋质量纠纷的焦点和难点，更多的是在业主入住装修后，如果出现质量问题，究竟该由谁来负责。一般来说，如果业主的装修只涉及表面装饰，没有破坏房屋结构，在 5 年的保修期内，也应该由开发商来负责。但这可能就需要第三方的专业评估机构鉴定。目前的市场中，能做第三方鉴定的专业机构不是很多，业主面对这种维权时，往往举证难度很大。"
反映的问题：①住宅共用部位、共用设施设备维修；②房屋质量纠纷的焦点和难点。

（1）标题

报纸的标题为：

设计隐患被和泥，业主维权举证难

（2）报摘

报纸摘录的主要内容为：

① 住宅共用部位、共用设施设备维修

根据相关规定，在房屋质量保修期内，维修的责任都应该由开发商来负责，严禁使用住宅专项维修资金进行维修。住宅保修期满后，住宅共用部位、共用设施设备出现相关情况的，可以按照《北京市住宅专项维修资金使用审核标准》中规定的情况经住宅专项维修资金列支范围内专有部分占建筑物总面积三分之二以上的业主且占总人数三分之二以上的业主讨论通过，相应地使用住宅专项维修资金进行维修、更新、改造。

② 房屋质量纠纷的焦点和难点

"房屋质量纠纷的焦点和难点，在业主入住装修后，出现质量问题，究竟该由谁来负责。一般来说，如果业主的装修只涉及表面装饰，没有破坏房屋结构，在5年的保修期内，也应该由开发商来负责。但这可能就需要第三方的专业评估机构鉴定。"

（3）评说

1）综上，报摘评说了住宅维修与质量纠纷，此问题耐人寻味，很值得建设各方关注。

2）思考与建议

① 思考

透过现象，看到许多与质量有关的，耐人寻味的启示。

住宅维修——按有关规定维修，很正常，建筑成品质量的施工方保证很必要。

质量纠纷——按有关规定解决，也正常，建筑成品质量的施工方保证相当必要。

② 建议

建议施工、监理、设计、建设等单位，共同关注房屋建筑成品质量，杜绝房屋渗漏隐患。

分析提示：房漏表现及原因	综上，这4组报道表明： （1）房漏表现：设计屋檐存雨水；飘窗夏天漏雨，冬天漏风；设计有隐患；施工有偷工减料。 （2）渗漏原因：施工、设计隐患等原因，导致房屋渗漏。

第3章 房漏之物业修补

3.1 概述

1. 修补依据及方法

（1）物业方的修补工作

在房屋的使用期，物业部门对房屋的修补工作，主要包括屋顶渗漏、墙体（含：阳台、窗）及底层雨水倒灌等。本章以屋顶渗漏的修补为实例进行剖析。

（2）屋顶渗漏修补依据

1）渗漏用户反馈及物业维修

①在雨中，渗漏用户的投诉是修补的依据。

②按物业部门计划，定期进行的维修工作。

2）渗漏原因分析

①从渗漏用户室内分析修补部位。

②从室外屋顶分析渗漏部位。

③从设计、施工、监理及物业管理多方面查找渗漏原因。

3）现行工程做法

①分析原有楼体屋面防水做法的合理性。

②参考现行国家标准图的做法。

③借鉴类似工程的修补做法。

（3）屋顶平面渗漏修补

1）雨水路径

①雨水在屋顶平面部分，穿透防水层破裂开口。

②穿透楼板开裂处进入室内。

2）修补方法

①在楼板表面新加一层防水层（结构层防水加固）。

②楼板以上各层构造重新翻建和修补，其中将原防水层进行更新。

（4）女儿墙泛水渗漏修补

1）雨水路径

①雨水在女儿墙泛水处，穿透防水层边角开口。

②穿透楼板开裂处进入室内。

2）修补方法

①在楼板表面新加一层防水层（结构层防水加固）。

②楼板以上各层构造及泛水重新翻建和修补，其中将原防水层进行更新。

（5）立墙泛水渗漏修补

1）雨水路径

①雨水在立墙泛水处，穿透防水层边角开口。

②穿透楼板开裂处进入室内。

2）修补方法

①在楼板表面新加一层防水层（结构层防水加固）。

②楼板以上各层构造及泛水重新翻建和修补，其中将原防水层进行更新。

（6）雨水口渗漏修补

1）雨水路径

①雨水在雨水口处，穿透防水层边角开口。

②穿透楼板开裂处进入室内。

2）修补方法

①在楼板表面新加一层防水层（结构层防水加固）。

②楼板以上各层构造及雨水口重新翻建和修补，其中将原防水层进行更新。

（7）屋面穿孔渗漏修补

1）雨水路径

①雨水在屋面穿孔处，穿透防水层边角开口。

②穿透楼板开裂处进入室内。

2）修补方法

①在楼板表面新加一层防水层（结构层防水加固）。

②楼板以上各层构造及屋面穿孔处重新翻建和修补，其中将原防水层进行更新。

（8）屋面人孔渗漏修补

1）雨水路径

①雨水在屋面人孔处，穿透防水层边角开口。

②穿透楼板开裂处进入室内。

2）修补方法

①在楼板表面新加一层防水层（结构层防水加固）。

②楼板以上各层构造及屋面人孔处重新翻建和修补，其中将原防水层进行更新。

2. 修补工作注意事项

（1）合理制订及实施修补方案

1）结合用户房漏实际，进行细致的调查研究，制订科学的修补方案。

2）结合建筑设计图纸，针对渗漏现状，对原有设计要有所改进，有所加强。

（2）合理配备修补工作人员

1）技术主管：认真组织深入研究和制订修补方案，对修补效果负全面责任。

2）质量监督：在修补过程中，对施工工序实施监控，确保修补质量。

3）施工操作：具体施工操作人员，要懂操作，要持证上岗。

（3）加强修补工作的管理

1）回访用户：认真了解用户房屋使用状况，并加强回访用户工作。

2）建立档案：建立完整的修补档案，坚持科学管理。

3.2　屋顶渗漏修补依据

本节重点说明屋顶渗漏治理，其修补依据内容包括：渗漏用户反馈、渗漏原因分析及现行工程做法等。

1. 修补依据一（渗漏用户反馈及物业维修）

修补的依据，一是房漏了，入户调查并修补；二是房不漏时，屋顶要进行维修。房漏治理，是一项长期的、科学的、主动控制的工作。

（1）雨后渗漏为依据

1）在雨中或雨后，用户发现渗漏，且室内滴水不断，说明渗漏比较严重，肯定要告知物业，物业部门则应在第一时间检查和研究处理方案。物业部门应到屋顶查看是否有雨水口堵塞，并及时疏通。

2）在渗漏用户的室内调查，渗漏部位发生在楼板的中部、角部或板墙交界处，是确定修补方案的依据。

3）在屋顶的渗漏调查，从面层、女儿墙、立墙、泛水等部位，寻找可能渗漏的部位，是确定修补方案的依据。

（2）物业部门定期维修

1）物业部门应当科学地、有计划地安排对屋顶的维修，定期检查屋顶防水构造的可靠性，因气候变化、风雨侵袭、人为因素等均可能导致屋顶渗漏。因此，物业部门对屋顶是否认真维修，以及对曾经发生渗漏部位处理的跟踪检查，是物业部门主动治理房屋渗漏的依据。

2）防水材料超过使用年限，其定期更新，也是物业部门主动治理房屋渗漏的依据。

本书第 2 章中，用户反映的"年年修补年年漏"的报道及分析，值得在研究修补方法时借鉴。

2. 修补依据二（渗漏原因分析）

制订修补方案时，要依据和分析房屋渗漏的各种原因，采取相应的对策。

因为设计因素导致渗漏，涉及建筑设计图纸的合理性。

因为施工因素导致渗漏，是施工隐患在使用阶段的暴露。

因为监理因素导致渗漏，是防水工程和主体结构工程监控的漏洞。

因为房屋管理因素导致渗漏，是房屋使用阶段的重点课题。

（1）设计原因

1）修补方法中，要充分考虑现有的设计实践经验，设计图纸要经受房屋施工阶段的可操作性，以及房屋使用阶段的安全性和可靠性的检验。实践表明，历年来的工程项目设计图纸及相关标准图集都存在值得改进之处，而且，逐年在改进之中，吸收这些设计经验于修补方法之中很有必要。

2）本书第 5 章中，所列诸条设计改进的内容值得在研究修补方法时借鉴。

（2）施工原因

1）修补方法中，需要对房屋防水构造和主体结构实体进行剖析，房屋建筑在建设期间的施工过程、施工材料等，都是鉴别房屋发生渗漏的基本要素。研究房屋渗漏的原因表明，建设期间施工操作、建筑材料等诸多原因导致了房屋发生渗漏，因此，在研究修补方法时，既要追溯渗漏的施工原因，又要对症下药在修补中治理。

2）从本书有关章节所述施工过程中的质量通病，到用户投诉的渗漏问题，其前因后果是研究房屋修补方法要考虑的综合因素。

（3）监理原因

1）修补方法中，对房屋防水构造和主体结构实体剖析时，房屋建筑在建设期间的施工过程、施工材料等存在的隐患，在使用阶段的渗漏缺陷，明显与监理质量控制不到位有关。工程隐患在房屋使用阶段的逐渐暴露，恰恰说明修补工作的艰巨性和持久性。

2）在建设期间，施工单位的质量自我保证，监理单位的质量控制，其工程缺陷在使用阶段的暴露，说明了房屋建筑施工水平的现状。在研究修补方法时，其修补施工的质量相当重要，为避免"年年修补年年漏"的现象发生，修补施工过程要设专人监督质量。

（4）物业原因

1）房屋使用期间，各种工程隐患逐渐暴露出来，其中，房屋渗漏是比较麻烦的问题，物业房修部门修补是否到位是导致"年年报修年年漏"的根本原因。

2）加强和提高修补质量，是物业房修部门的重要课题，修补工作的科学性，要从修补人员、修补材料、修补操作及修补质量控制等多方面下功夫。

（5）综合分析

1）经过雨季，房屋建筑经受风雨冲刷的考验，一旦室内发生渗漏，就暴露了建设期工程隐患在使用期的真实反应。追溯施工全过程的原因：

①施工方质量保证（操作工艺、建筑材料等）不到位。

②监理方质量监控（工序查验、竣工验收等）不到位。

2）在房屋使用期间，也存在导致房屋渗漏的因素，如：

①屋顶堆积荷载不当，引起屋面板因超载而开裂。

②屋顶结构内外装修，其上下打孔引起防水层和屋面板开裂，导致屋面渗漏。

房屋渗漏的原因是多方面的，在研究房屋渗漏修补方法时，不妨客观地加以分析，详见表 3-1。

<table>
<tr><td colspan="3" align="center">房屋渗漏原因分析</td><td align="right">表 3-1</td></tr>
<tr><td>序号</td><td colspan="2" align="center">渗　漏　原　因</td><td>注</td></tr>
<tr><td>1</td><td colspan="2">屋顶面层及防水层破裂，以及屋面板开裂，导致漏雨</td><td></td></tr>
<tr><td>2</td><td colspan="2">防水层材料不合格</td><td></td></tr>
<tr><td>3</td><td colspan="2">屋顶防水层边角开裂</td><td></td></tr>
</table>

序号	渗漏原因	注
4	女儿墙泛水防水层开裂	
5	立墙泛水防水层开裂	
6	屋面洞口边缘进雨水	
7	屋面不平有积水	
8	雨水口堵塞造成屋面积水	
9	屋面坡度过于平缓，有组织排水不畅	
10	屋面上有新增堆积荷载，加重屋面板	
11	屋面广告架子破坏屋面防水	
12	建筑设计屋檐积水	
13	屋面板验收前已开裂	
14	屋顶结构虽经交工验收，但经不住风雨冲刷	
15	屋面上无人管理，垃圾堵塞雨水口	
16	追溯设计原因，屋顶及节点设计有待改进	▲
17	追溯施工原因，工程隐患在使用中暴露	▲
18	追溯监理原因，有太多监控经验需要总结	▲
19	房屋使用及管理，用户和物业有维护责任	▲
20	房屋建筑渗漏通病，政府部门有监管责任	▲

注：▲——重点责任者。

3. 修补依据三（现行工程做法）

修补做法的依据，一是查阅该项目原来建筑图纸，修补的做法可与原图构造相一致；二是对照现行工程做法，改进其陈旧做法的不适当之处。

（1）现状做法的拆除和鉴别

1）经室内外各部位的渗漏调查，确定屋顶的"修补范围"后，即开始拆除和修补。从面层、防水层、保温层和结构层中，寻找渗漏的部位。其中，有经验的修补工作管理者，应注意鉴别原来的构造做法，是否需要更新，并采取相应的更新和加强措施。

2）原来构造做法需要更新时，应参照国家标准图进行修补。

（2）国家标准图依据和参考

1）本节"屋顶渗漏修补方法"，依据了国家标准图集《平屋面建筑构造》12J201（2012 年）。

2）本节"屋顶渗漏修补方法"，还依据了国家规范《屋面工程技术规范》GB 50345—2012 等。

4. 修补依据四（屋顶渗漏部位及节点平面示意图）

本节"修补方法"的讨论中，在"屋面上渗漏节点示意图"（图 3-1）索引中，给出了"渗漏节点"和"修补范围"标注示例。

（1）平面图示

1）在"屋面上渗漏节点示意图"（图 3-1）中，以钢筋混凝土平屋顶为实例，表示了

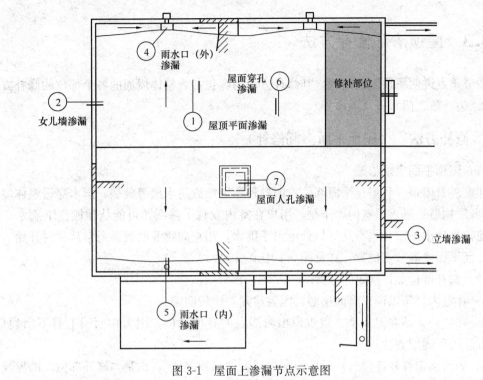

图 3-1 屋面上渗漏节点示意图

①屋顶平面渗漏节点；②女儿墙泛水渗漏节点；③立墙泛水渗漏节点；④雨水口（外）渗漏节点；
⑤雨水口（内）渗漏节点；⑥屋面穿孔渗漏节点；⑦屋面人孔渗漏节点

屋顶平面渗漏节点、女儿墙泛水渗漏节点、立墙泛水渗漏节点、雨水口渗漏节点、屋面穿孔渗漏节点、屋面人孔渗漏节点及管道穿孔渗漏节点等标注示例。

2）平面图示中，相关节点的屋面构造与国家标准图（12J201）相一致。

（2）渗漏节点

1）通过平面图示中"渗漏节点"，分别讲述了不同部位的"修补方法"，分别见 3.3 节各表。

2）可先分析渗漏部位的现状，结合实际屋面构造，应用和选择相应的"修补方法"。

（3）修补范围

1）在"屋面上渗漏节点示意图"（图 3-1）中，"修补范围"需根据室内渗漏部位来确定，其"修补范围"的边界，应设在承重墙上。

2）本节"修补方法"的主要做法，一是更新"修补范围"内的防水层；二是在"修补范围"内的楼板顶部加铺一层防水，加强结构层的防水性能。

| 分析提示：物业修补房漏依据 | 综上，房屋渗漏的修补依据：
（1）以雨后用户渗漏，或物业定期维修为依据；（2）查明设计、施工、物业等原因为依据；（3）以现行工程做法及国家标准图为依据；（4）制订科学的修补范围和构造方案为依据。 |

3.3　屋顶渗漏修补方法

本节重点说明屋顶渗漏治理，其修补方法内容包括：整体屋面的各个部位的修补方法（平面、边、角、雨水口及洞口等）。

1. 修补方法一（屋顶平面渗漏修补）

（1）屋顶平面出现渗漏

在室外看屋顶，其屋顶平面部位，因各种原因导致防水层等破裂，雨水穿透整体屋面（包括各层构造）进入了室内，于是，用户在室内发现了渗漏，可能从顶棚往下滴水，可能在墙角处渗出雨水，也有从灯口处流出了雨水，用户向物业的投诉通常从这时开始。

屋面平面渗漏节点位置，详见图 3-1 中节点①。

（2）修补部位如何确定

1）在室内，可以说出哪间房漏，因为渗漏点比较明确。

2）在室外，站在屋顶上，很难说出渗漏点的具体部位，因为在面层上看不出裂口，需要拆除面层逐层查找。

3）如何确定修补部位？一是取渗漏房间为"修补部位"；二是"修补部位"的界线应为承重墙。当然，制订修补方案时，要对照建筑图纸。

"修补部位"示意，详见图 3-1。

（3）修补建议

修补时，物业部门应组织专业人员共同商定修补方案。

本建议的治理思路为："一拆二加"，一是拆除屋面板以上各层构造；二是加一层防水。即：在修补部位，拆除或更换各层构造，并在结构层上新增一层防水层的做法，重新施工屋面工程。

本建议为参考做法，是否符合各单体项目的实际情况，需修补部门灵活应用。

屋顶平面渗漏修补要点见表 3-2。

屋顶平面渗漏修补要点 表 3-2

序号	屋面构造现行做法	检查渗漏原因	修补治理建议	修补质量要求
1	面层		拆除或更换	表面平直，坡度明确
2	防水层	开裂	更换	更新后，质检合格
3	找坡层		修补后恢复	
4	保温层		修补后恢复	
5	屋面板	开裂	结构表面加一层防水	质检合格

结合现行工程做法（12 种），具体修补建议：

1）建议拆除并更新的内容包括：面层、防水层、找平层、找坡层及保温层。

2）建议在屋面板表面，经清理和找平后，新增一层防水层。

3）对常用屋面构造（结合国家标准图）的修补方案，见表 3-3～表 3-14。

3.3 屋顶渗漏修补方法

屋顶平面（A1）渗漏修补方案　　　　　　　　　　表 3-3

编号	名称及修补方案	现行工程做法	屋面构造
A1	有保温上人屋面	雨	1.40mm 厚 C20 细石混凝土保护层，配 φ6 或冷拔 φ4 的 I 级钢，双向@150mm，钢筋网片绑扎或点焊（设分格缝） 2.10mm 厚低强度等级砂浆隔离层 3. 防水卷材或涂膜层 4.20mm 厚 1：3 水泥砂浆找平层 5. 最薄 30mm 厚 LC5.0 轻集料混凝土 2％找坡层 6. 保温层 7. 钢筋混凝土层面板
		参见国家标准图 12J201 中相关节点	
	修补方案	(1) 渗漏状况：因面层及防水层开裂，导致雨水穿透屋面构造各层及结构层进入室内。 (2) 修补措施： ①屋面板顶面清理并找平，在第 6、7 层之间，加铺一层防水。 ②第 1 到 5 层照图施工。 (3) 建议：面层（第 1、2 层）拆除重新修补比较麻烦，建议简化为一层，以方便日后重复修补。		

屋顶平面（A2）渗漏修补方案　　　　　　　　　　表 3-4

编号	名称及修补方案	现行工程做法	屋面构造
A2	有保温上人屋面	雨	1.40mm 厚 C20 细石混凝土保护层，配 φ6 或冷拔 φ4 的 I 级钢，双向@150mm，钢筋网片绑扎或点焊（设分格缝） 2.10mm 厚低强度等级砂浆隔离层 3. 防水卷材或涂膜层 4.20mm 厚 1：3 水泥砂浆找平层 5. 保温层 6. 最薄 30mm 厚 LC5.0 轻集料混凝土 2％找坡层 7. 钢筋混凝土层面板
	修补方案	(1) 渗漏状况：因面层及防水层开裂，导致雨水穿透屋面构造各层及结构层进入室内。 (2) 修补措施： ①屋面板顶面清理并找平，在第 6、7 层之间，加铺一层防水。 ②第 1 到 5 层照图施工。 (3) 建议：面层（第 1、2 层）拆除重新修补比较麻烦，建议简化为一层，以方便日后重复修补。		

屋顶平面（A3）渗漏修补方案 表 3-5

编号	名称及修补方案	现行工程做法	屋面构造
A3	有保温上人屋面	雨	1. 防滑地砖、防水砂浆勾缝 2. 20mm 厚聚合物砂浆铺卧 3. 10mm 厚低强度等级砂浆隔离层 4. 防水卷材或涂膜层 5. 20mm 厚 1：3 水泥砂浆找平层 6. 最薄 30mm 厚 LC5.0 轻集料混凝土 2‰找坡层 7. 保温层 8. 钢筋混凝土层面板
	修补方案	（1）渗漏状况：因面层及防水层开裂，导致雨水穿透屋面构造各层及结构层进入室内。 （2）修补措施： ①屋面板顶面清理并找平，在第 7、8 层之间，加铺一层防水。 ②第 1 到 6 层照图施工。 （3）建议：面层（第 1～3 层）拆除重新修补比较麻烦，建议简化为一层，以方便日后重复修补。	

屋顶平面（A4）渗漏修补方案 表 3-6

编号	名称及修补方案	现行工程做法	屋面构造
A4	有保温上人屋面	雨	1. 防滑地砖、防水砂浆勾缝 2. 20mm 厚聚合物砂浆铺卧 3. 10mm 厚低强度等级砂浆隔离层 4. 防水卷材或涂膜层 5. 20mm 厚 1：3 水泥砂浆找平层 6. 保温层 7. 最薄 30mm 厚 LC5.0 轻集料混凝土 2‰找坡层 8. 钢筋混凝土层面板
	修补方案	（1）渗漏状况：因面层及防水层开裂，导致雨水穿透屋面构造各层及结构层进入室内。 （2）修补措施： ①屋面板顶面清理并找平，在第 7、8 层之间，加铺一层防水。 ②第 1 到 6 层照图施工。 （3）建议：面层（第 1～3 层）拆除重新修补比较麻烦，建议简化为一层，以方便日后重复修补。	

屋顶平面（A5）渗漏修补方案　　　　　　　　　　　　　表 3-7

编号	名称及修补方案	现行工程做法	屋面构造
A5	有保温上人屋面	雨	1. 490mm×490mm×40mm，C25 细石混凝土预制板，双向 4ϕ6 2. 20mm 厚聚合物砂浆铺卧 3. 10mm 厚低强度等级砂浆隔离层 4. 防水卷材或涂膜层 5. 20mm 厚 1:3 水泥砂浆找平层 6. 最薄 30mm 厚 LC5.0 轻集料混凝土 2‰找坡层 7. 保温层 8. 钢筋混凝土层面板
	修补方案	（1）渗漏状况：因面层及防水层开裂，导致雨水穿透屋面构造各层及结构层进入室内。 （2）修补措施： ①屋面板顶面清理并找平，在第 7、8 层之间，加铺一层防水。 ②第 1 到 6 层照图施工。 （3）建议：面层（第 1~3 层）拆除重新修补比较麻烦，建议简化为一层，以方便日后重复修补。	

屋顶平面（A6）渗漏修补方案　　　　　　　　　　　　　表 3-8

编号	名称及修补方案	现行工程做法	屋面构造
A6	有保温上人屋面	雨	1. 490mm×490mm×40mm，C25 细石混凝土预制板，双向 4ϕ6 2. 20mm 厚聚合物砂浆铺卧 3. 10mm 厚低强度等级砂浆隔离层 4. 防水卷材或涂膜层 5. 20mm 厚 1:3 水泥砂浆找平层 6. 保温层 7. 最薄 30mm 厚 LC5.0 轻集料混凝土 2‰找坡层 8. 钢筋混凝土层面板
	修补方案	（1）渗漏状况：因面层及防水层开裂，导致雨水穿透屋面构造各层及结构层进入室内。 （2）修补措施： ①屋面板顶面清理并找平，在第 7、8 层之间，加铺一层防水。 ②第 1 到 6 层照图施工。 （3）建议：面层（第 1~3 层）拆除重新修补比较麻烦，建议简化为一层，以方便日后重复修补。	

屋顶平面（A7）渗漏修补方案　　　　　　　表 3-9

编号	名称及修补方案	现行工程做法	屋面构造
A7	有保温不上人屋面		1. 390mm×390mm×40mm，预制块 2. 20mm 厚聚合物砂浆铺卧 3. 10mm 厚低强度等级砂浆隔离层 4. 防水卷材或涂膜层 5. 20mm 厚 1：3 水泥砂浆找平层 6. 最薄 30mm 厚 LC5.0 轻集料混凝土 2% 找坡层 7. 保温层 8. 钢筋混凝土层面板
	修补方案	（1）渗漏状况：因面层及防水层开裂，导致雨水穿透屋面构造各层及结构层进入室内。 （2）修补措施： ①屋面板顶面清理并找平，在 7、8 层之间，加铺一层防水。 ②1 到 6 层照图施工。 （3）建议：面层（第 1～3 层）拆除重新修补比较麻烦，建议简化为一层，以方便日后重复修补。	

屋顶平面（A8）渗漏修补方案　　　　　　　表 3-10

编号	名称及修补方案	现行工程做法	屋面构造
A8	有保温不上人屋面		1. 390mm×390mm×40mm，预制块 2. 20mm 厚聚合物砂浆铺卧 3. 10mm 厚低强度等级砂浆隔离层 4. 防水卷材或涂膜层 5. 20mm 厚 1：3 水泥砂浆找平层 6. 保温层 7. 最薄 30mm 厚 LC5.0 轻集料混凝土 2% 找坡层 8. 钢筋混凝土层面板
	修补方案	（1）渗漏状况：因面层及防水层开裂，导致雨水穿透屋面构造各层及结构层进入室内。 （2）修补措施： ①屋面板顶面清理并找平，在 7、8 层之间，加铺一层防水。 ②1 到 6 层照图施工。 （3）建议：面层（第 1～3 层）拆除重新修补比较麻烦，建议简化为一层，以方便日后重复修补。	

屋顶平面（A9）渗漏修补方案 表3-11

编号	名称及修补方案	现行工程做法	屋面构造
A9	有保温不上人屋面	雨	1.50mm 厚直径 10～30mm 卵石保护层 2. 防水卷材或涂膜层 3.20mm 厚 1：3 水泥砂浆找平层 4. 最薄 30mm 厚 LC5.0 轻集料混凝土 2% 找坡层 5. 保温层 6. 钢筋混凝土层面板
	修补方案	（1）渗漏状况：因面层及防水层开裂，导致雨水穿透屋面构造各层及结构层进入室内。 （2）修补措施： ①屋面板顶面清理并找平，在5、6层之间，加铺一层防水。 ②1到4层照图施工。	

屋顶平面（A10）渗漏修补方案 表3-12

编号	名称及修补方案	现行工程做法	屋面构造
A10	有保温不上人屋面	雨	1.50mm 厚直径 10～30mm 卵石保护层 2. 防水卷材或涂膜层 3.20mm 厚 1：3 水泥砂浆找平层 4. 保温层 5. 最薄 30mm 厚 LC5.0 轻集料混凝土 2% 找坡层 6. 钢筋混凝土层面板
	修补方案	（1）渗漏状况：因面层及防水层开裂，导致雨水穿透屋面构造各层及结构层进入室内。 （2）修补措施： ①屋面板顶面清理并找平，在5、6层之间，加铺一层防水。 ②1到4层照图施工。	

屋顶平面（A11）渗漏修补方案

表 3-13

编号	名称及修补方案	现行工程做法	屋面构造
A11	有保温不上人屋面	雨	1. 浅色涂料保护层 2. 防水卷材或涂膜层 3. 20mm 厚 1：3 水泥砂浆找平层 4. 最薄 30mm 厚 LC5.0 轻集料混凝土 2‰ 找坡层 5. 保温层 6. 钢筋混凝土层面板
	修补方案	（1）渗漏状况：因面层及防水层开裂，导致雨水穿透屋面构造各层及结构层进入室内。 （2）修补措施： ①屋面板顶面清理并找平，在 5、6 层之间，加铺一层防水。 ②1 到 4 层照图施工。	

屋顶平面（A12）渗漏修补方案

表 3-14

编号	名称及修补方案	现行工程做法	屋面构造
A12	有保温不上人屋面	雨	1. 浅色涂料保护层 2. 防水卷材或涂膜层 3. 20mm 厚 1：3 水泥砂浆找平层 4. 保温层 5. 最薄 30mm 厚 LC5.0 轻集料混凝土 2‰ 找坡层 6. 钢筋混凝土层面板
	修补方案	（1）渗漏状况：因面层及防水层开裂，导致雨水穿透屋面构造各层及结构层进入室内。 （2）修补措施： ①屋面板顶面清理并找平，在 5、6 层之间，加铺一层防水。 ②1 到 4 层照图施工。	

表 3-3～表 3-14 中：

①屋面板为现浇混凝土平屋面。

②结构层开裂与设计楼板厚度及配筋、混凝土浇筑质量、屋面荷载是否超载等因素有关。

2. 修补方法二（女儿墙泛水渗漏修补）

（1）女儿墙泛水渗漏

女儿墙泛水是否发生渗漏，在室外和室内都很难判断，只有拆除屋面构造进行检查。检查时发现女儿墙根部有积水，则可以判断女儿墙泛水有开口，雨水从开口处穿透整体屋面（包括各层构造）进入了室内，于是，用户在室内发现了渗漏，可能从顶棚往下滴水，可能在墙角处渗出雨水，也有从灯口处流出了雨水，于是，就发生用户向物业的投诉。

女儿墙泛水渗漏节点位置，详见图 3-1 中节点②。

（2）修补部位如何确定

1）在室内，哪个房间漏，就说明那一侧女儿墙泛水渗漏。

2）在室外，站在屋顶上，根据室内渗漏房间对应的女儿墙位置，确定修补部位。

3）修补部位的长度，其界线为承重墙。当然，制订修补方案时，要对照建筑图纸。"修补部位"示意，详见图 3-1。

（3）修补建议

修补时，物业部门应组织专业人员共同商定修补方案。

本建议的治理思路为："一拆二加"，一是拆除屋面板以上各层构造；二是加一层防水。即：在修补部位，拆除或更换各层构造，并在结构层上新增一层防水层的做法，重新施工屋面工程。

本建议为参考做法，是否符合各单体项目的实际情况，需修补部门灵活应用。

女儿墙泛水渗漏修补要点见表 3-15。

女儿墙泛水渗漏修补要点 表 3-15

序号	屋面构造现行做法	检查渗漏原因	修补治理建议	修补质量要求
1	面层		拆除或更换	表面平直，坡度明确
2	防水层及泛水	女儿墙根部开裂	更换	更新后，质检合格
3	找坡层		修补后恢复	
4	保温层		修补后恢复	
5	屋面板及女儿墙	女儿墙根部开裂	结构表面加一层防水 至女儿墙顶面	质检合格

结合现行工程做法，具体治理建议：

1）建议拆除或更换的内容包括：女儿墙根部的面层、防水层、泛水、找平层、找坡层及保温层。

2）建议在屋面板表面，经清理和找平后，新增一层防水层至女儿墙顶面。

3）对常用女儿墙泛水（结合国家标准图）的修补方案，见表3-16。

女儿墙泛水渗漏修补方案　　　　　　　　　表 3-16

编号	现行工程做法	修补方案
1	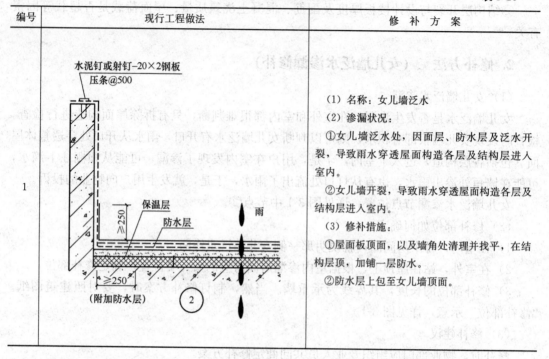	（1）名称：女儿墙泛水 （2）渗漏状况： ①女儿墙泛水处，因面层、防水层及泛水开裂，导致雨水穿透屋面构造各层及结构层进入室内。 ②女儿墙开裂，导致雨水穿透屋面构造各层及结构层进入室内。 （3）修补措施： ①屋面板顶面，以及墙角处清理并找平，在结构层顶，加铺一层防水。 ②防水层上包至女儿墙顶面。

3. 修补方法三（立墙泛水渗漏修补）

（1）立墙泛水渗漏

立墙指屋顶上电梯间墙、高低错层等突出墙体。

立墙泛水是否发生渗漏，在室外和室内都很难判断，只有拆除屋面构造进行检查。检查时发现立墙根部有积水，则可以判断立墙泛水有开口，雨水从开口处穿透整体屋面（包括各层构造）进入了室内，于是，用户在室内发现了渗漏，可能从顶棚往下滴水，可能在墙角处渗出雨水，也有从灯口处流出了雨水，于是，就发生用户向物业的投诉。

立墙泛水渗漏节点位置，详见图3-1中节点③。

（2）修补部位如何确定

1）在室内，哪个房间漏，就说明那一侧立墙泛水渗漏。

2）在室外，站在屋顶上，根据室内渗漏房间对应的立墙位置，确定修补部位。

3）修补部位的长度，其界线为承重墙。当然，制订修补方案时，要对照建筑图纸。"修补部位"示意，详见图3-1。

（3）修补建议

修补时，物业部门应组织专业人员共同商定修补方案。

本建议的治理思路为："一拆二加"，一是拆除屋面板以上各层构造；二是加一层防水。即：在修补部位，拆除或更换各层构造，并在结构层上新增一层防水层的做法，重新施工屋面工程。

本建议为参考做法，是否符合各单体项目的实际情况，需修补部门灵活应用。

立墙泛水渗漏修补要点见表 3-17。

立墙泛水渗漏修补要点　　　　　　　　　　表 3-17

序号	立墙泛水现行做法	检查渗漏原因	修补治理建议	修补质量要求
1	面层		拆除或更换	表面平直，坡度明确
2	防水层及泛水	立墙根部开裂	更换	更新后，质检合格
3	找坡层		修补后恢复	
4	保温层		修补后恢复	
5	屋面板及立墙	立墙根部开裂	结构表面加一层防水	质检合格

结合现行工程做法，具体治理建议：

1）建议拆除或更换的内容包括：立墙根部的面层、防水层、泛水、找平层、找坡层及保温层。

2）建议在屋面板表面，经清理和找平后，新增一层防水层。

3）对常用立墙泛水（结合国家标准图）的修补方案，见表 3-18。

立墙泛水渗漏修补方案　　　　　　　　　　表 3-18

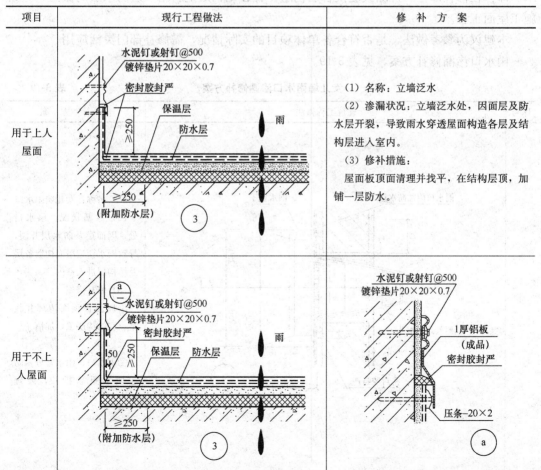

项目	现行工程做法	修补方案

（1）名称：立墙泛水

（2）渗漏状况：立墙泛水处，因面层及防水层开裂，导致雨水穿透屋面构造各层及结构层进入室内。

（3）修补措施：

屋面板顶面清理并找平，在结构层顶，加铺一层防水。

4. 修补方法四（雨水口渗漏修补）

（1）雨水口渗漏

雨水口处是否发生渗漏，在室外和室内都很难判断，只有拆除屋面构造进行检查。检查时发现雨水口根部有积水，则可以判断雨水口处有开口，雨水从开口处穿透整体屋面（包括各层构造）进入了室内，于是，用户在室内发现了渗漏，可能从顶棚往下滴水，可能在墙角处渗出雨水，也有从灯口处流出了雨水，于是，就发生用户向物业的投诉。

立墙泛水渗漏节点位置，详见图 3-1 中节点④及节点⑤。

（2）修补部位如何确定

1）在室外，站在屋顶上，根据室内渗漏房间位置，确定雨水口是否为修补部位。

2）修补部位的范围，其界线为承重墙。当然，制订修补方案时，要对照建筑图纸。"修补部位"示意，详见图 3-1。

（3）修补建议

修补时，物业部门应组织专业人员共同商定修补方案。

本建议的治理思路为："一拆二加"，一是拆除屋面板以上各层构造；二是加一层防水。即：在修补部位，拆除或更换各层构造，并在结构层上新增一层防水层的做法，重新施工屋面工程。

本建议为参考做法，是否符合各单体项目的实际情况，需修补部门灵活应用。

雨水口渗漏修补方案，见表 3-19。

女儿墙雨水口渗漏修补方案 表 3-19

序号	现行工程做法	修补方案
1	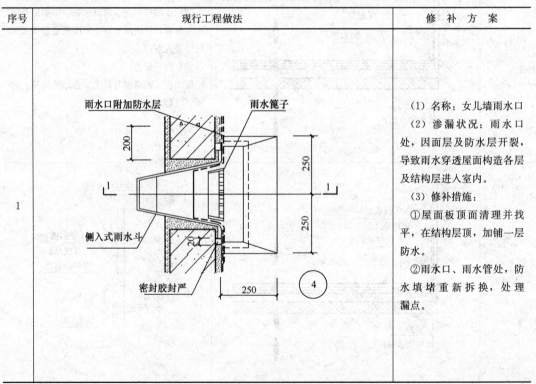	（1）名称：女儿墙雨水口 （2）渗漏状况：雨水口处，因面层及防水层开裂，导致雨水穿透屋面构造各层及结构层进入室内。 （3）修补措施： ①屋面板顶面清理并找平，在结构层顶，加铺一层防水。 ②雨水口、雨水管处，防水填堵重新拆换，处理漏点。

序号	现行工程做法	修补方案
1	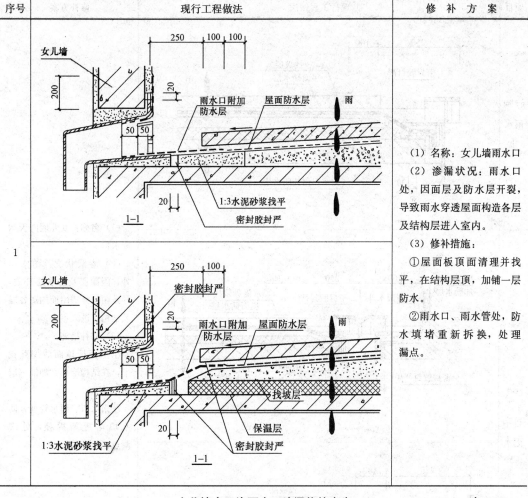	（1）名称：女儿墙雨水口 （2）渗漏状况：雨水口处，因面层及防水层开裂，导致雨水穿透屋面构造各层及结构层进入室内。 （3）修补措施： ①屋面板顶面清理并找平，在结构层顶，加铺一层防水。 ②雨水口、雨水管处，防水填堵重新拆换，处理漏点。

女儿墙内天沟雨水口渗漏修补方案　　　　表 3-20

项目	现行工程做法	修补方案
87型雨水斗	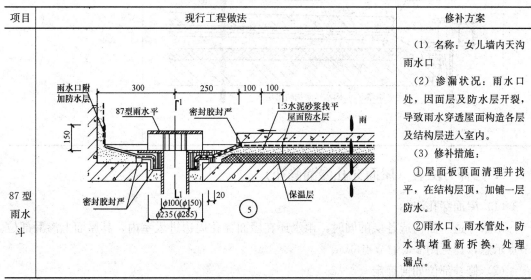	（1）名称：女儿墙内天沟雨水口 （2）渗漏状况：雨水口处，因面层及防水层开裂，导致雨水穿透屋面构造各层及结构层进入室内。 （3）修补措施： ①屋面板顶面清理并找平，在结构层顶，加铺一层防水。 ②雨水口、雨水管处，防水填堵重新拆换，处理漏点。

续表

项目	现行工程做法	修补方案

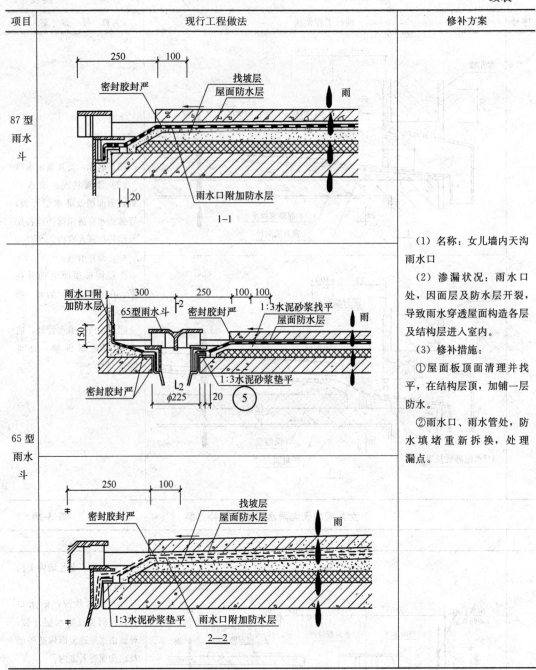

| | | (1) 名称：女儿墙内天沟雨水口
(2) 渗漏状况：雨水口处，因面层及防水层开裂，导致雨水穿透屋面构造各层及结构层进入室内。
(3) 修补措施：
①屋面板顶面清理并找平，在结构层顶，加铺一层防水。
②雨水口、雨水管处，防水填堵重新拆换，处理漏点。 |

5. 修补方法五（屋面穿孔渗漏修补）

（1）屋面穿孔渗漏

雨水穿透屋面构造各层的同时，雨水还在屋面穿孔周边进入室内，其屋面上渗漏部位节点示意，详见图 3-1 中节点⑥。

（2）修补部位如何确定

1）在室外，站在屋顶上，根据室内渗漏房间设有屋面穿孔的位置，确定修补部位。

2）修补部位的范围，其界线为承重墙。当然，制订修补方案时，要对照建筑图纸。"修补部位"示意，详见图3-1。

（3）修补建议

修补时，物业部门应组织专业人员共同商定修补方案。

本建议的治理思路为："一拆二加"，一是拆除屋面板以上各层构造；二是加一层防水。即：在修补部位，拆除或更换各层构造，并在结构层上新增一层防水层的做法，重新施工屋面工程。

本建议为参考做法，是否符合各单体项目的实际情况，需修补部门灵活应用。

屋面穿孔渗漏修补方案，见表3-21。

屋面管道穿孔渗漏修补方案　　　　　　　　　　表 3-21

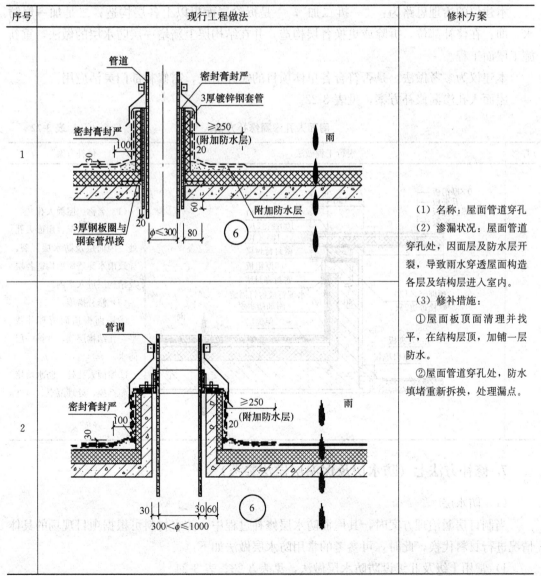

序号	现行工程做法	修补方案
1		（1）名称：屋面管道穿孔 （2）渗漏状况：屋面管道穿孔处，因面层及防水层开裂，导致雨水穿透屋面构造各层及结构层进入室内。 （3）修补措施： ①屋面板顶面清理并找平，在结构层顶，加铺一层防水。 ②屋面管道穿孔处，防水填堵重新拆换，处理漏点。
2		

6. 修补方法六（屋面人孔渗漏修补）

（1）屋面人孔渗漏

雨水穿透屋面构造各层的同时，雨水还在屋面人孔周边进入室内，其屋面上渗漏部位节点示意，详见图 3-1 中节点⑦。

（2）修补部位如何确定

1）在室外，站在屋顶上，根据室内渗漏房间设有屋面人孔的位置，确定修补部位。

2）修补部位的范围，其界线为承重墙。当然，制订修补方案时，要对照建筑图纸。"修补部位"示意，详见图 3-1。

（3）修补建议

修补时，物业部门应组织专业人员共同商定修补方案。

本建议的治理思路为："一拆二加"，一是拆除屋面板以上各层构造；二是加一层防水。即：在修补部位，拆除或更换各层构造，并在结构层上新增一层防水层的做法，重新施工屋面工程。

本建议为参考做法，是否符合各单体项目的实际情况，需修补部门灵活应用。

屋面人孔渗漏修补方案，见表 3-22。

屋面人孔渗漏修补方案　　　　　　　　　　　　表 3-22

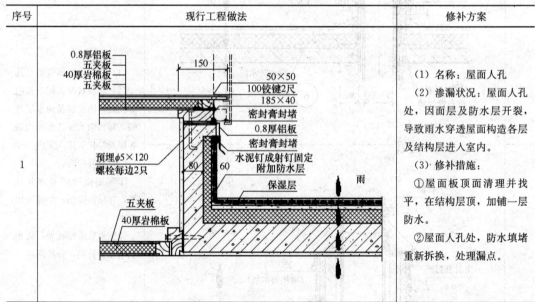

序号	现行工程做法	修补方案
1		（1）名称：屋面人孔 （2）渗漏状况：屋面人孔处，因面层及防水层开裂，导致雨水穿透屋面构造各层及结构层进入室内。 （3）修补措施： ①屋面板顶面清理并找平，在结构层顶，加铺一层防水。 ②屋面人孔处，防水填堵重新拆换，处理漏点。

7. 修补方法七（防水层及保温层做法参考）

（1）防水层

当制订房漏治理方案时，其屋面防水层修补过程中，防水材料可根据项目现场的具体情况进行材料代换，此时，可参考的常用防水层做法如下：

1）常用Ⅰ级及Ⅱ级设防防水层做法，见表 3-23、表 3-24。

3.3 屋顶渗漏修补方法

常用Ⅰ级设防防水层做法（厚度单位：mm） 表 3-23

序号	Ⅰ级设防防水层构造做法	备注	序号	Ⅰ级设防防水层构造做法	备注
1	1.2＋1.2厚双层三元乙丙橡胶防水卷材	两道相同卷材	13	1.5厚金属高分子复合防水卷材	两道不同卷材
				1.2厚聚乙烯涤纶复合防水卷材	
2	1.2＋1.2厚双层氯化聚乙烯橡胶共混防水卷材		14	3.0厚双胎基湿铺/预铺自粘防水卷材	
3	1.2＋1.2厚双层聚氯乙烯（PVC）卷材			2.0厚双面自粘聚合物改性沥青防水卷材	
4	2.0＋2.0厚双层改性沥青聚乙烯胎防水卷材		15	3.0厚APP改性沥青防水卷材	
5	3.0＋3.0厚双层SBS或APP改性沥青防水卷材			1.5厚双面自粘型防水卷材	
6	3.0＋3.0厚双胎基湿铺/预铺自粘防水卷材		16	1.2厚三元乙丙橡胶防水卷材	卷材与涂料组合（复合防水）
7	1.2厚三元乙丙橡胶防水卷材	两道不同卷材		1.5厚聚氨酯防水涂料	
	3.0厚自粘聚合物改性沥青防水卷材（聚酯胎）		17	1.2厚氯化聚乙烯橡胶共混防水卷材	
8	1.2厚氯化聚乙烯橡胶共混防水卷材			1.5厚聚氨酯防水涂料	
	3.0厚自粘聚合物改性沥青防水卷材（聚酯胎）		18	1.2厚三元乙丙橡胶防水卷材	
9	1.2厚氯化聚乙烯橡胶共混防水卷材			1.5厚聚合物水泥防水涂料	
	1.5厚自粘橡胶沥青防水卷材		19	3厚SBS改性沥青防水卷材	
10	3.0厚SBS改性沥青防水卷材			2厚高聚物改性沥青防水涂料	
	1.5厚双面自粘型防水卷材		20	3厚APP改性沥青防水卷材	
11	1.2厚聚乙烯丙纶复合防水卷材			2厚高聚物改性沥青防水涂料	
	1.5厚双面自粘型防水卷材		21	1.2厚合成高分子防水卷材	
12	2.0厚改性沥青聚乙烯胎防水卷材			1.5厚喷涂速凝橡胶沥青防水涂料	
	1.5厚自粘聚合物改性沥青防水卷材（聚酯胎）		22	0.7厚聚乙烯丙纶复合防水卷材或3.0厚SBS改性沥青防水卷材	
				1.5厚橡化沥青非固化防水涂料	
			23	1.0厚合成高分子防水卷材或1.2厚三元乙丙橡胶防水卷材	
				1.5厚橡化沥青非固化防水涂料	

常用Ⅱ级设防防水层做法（厚度单位：mm） 表 3-24

序号	Ⅱ级设防防水层构造做法	备注	序号	Ⅱ级设防防水层构造做法	备注
1	1.5厚三元乙丙橡胶防水卷材	一道卷材	7	3.0厚铝箔或粒石覆面聚酯胎自粘防水卷材	一道卷材
2	1.5厚氯化聚乙烯橡胶共混防水卷材		8	3.0厚改性沥青聚乙烯胎防水卷材	
3	1.5厚聚氯乙烯（PVC）卷材		9	4.0厚双胎基湿铺/预铺自粘防水卷材	
4	4.0厚SBS改性沥青防水卷材		10	3.0厚自粘聚合物改性沥青防水卷材（聚酯胎）	一道卷材或涂料需加保护层
5	4.0厚APP改性沥青防水卷材		11	3.0厚自粘橡胶沥青防水卷材	
6	1.5厚氯丁橡胶防水卷材				

81

续表

序号	Ⅱ级设防防水层构造做法	备注	序号	Ⅱ级设防防水层构造做法	备注
12	4.0厚改性沥青聚乙烯胎防水卷材	一道卷材或涂料需加保护层	22	0.7厚聚乙烯丙纶防水卷材	复合防水
13	2.0厚聚氨酯防水涂料			1.3厚聚合物水泥防水胶结材料	
14	2.0厚硅橡胶防水涂料		23	1.0厚三元乙丙橡胶防水卷材	
15	2.0厚聚合物水泥防水涂料			1.0厚聚氨酯防水涂料	
16	2.0厚水乳型丙烯酸防水涂料		24	1.5厚金属高分子复合防水卷材	
17	2.0厚橡化沥青非固化防水涂料			1.5厚聚合物水泥防水胶结材料	
18	2.0厚喷涂速凝橡胶沥青防水涂料		25	0.7厚聚乙烯丙纶复合防水卷材	
19	3.0厚SBS改性沥青防水涂料			1.2厚橡化沥青非固化防水涂料	
20	3.0厚氯丁橡胶改性沥青防水涂料		26	1.0厚合成高分子防水卷材	
21	2.0厚改性沥青聚乙烯胎防水卷材	复合防水		1.2厚橡化沥青非固化防水涂料	
	1.5厚聚合物水泥基防水涂料				

2）常用防水材料物理性能，见表 3-25～表 3-28。

合成高分子防水涂料（水乳型）物理性能　　　　　表 3-25

项　目		指　标	
		Ⅰ类	Ⅱ类
拉伸强度（MPa）		≥1.9（单，多组分）	≥2.45（单，多组分）
断裂伸长率（%）		≥550（单组分）≥450（多组分）	≥450（单、多组分）
低温柔性（℃，2h）		-40（单组分），-35（多组分），弯折无裂纹	
不透水性	压力（MPa）	≥0.3（单、多组分）	
	保持时间（min）	≥0.3（单、多组分）	
固体含量（%）		≥80（单组分）　≥92（多组分）	

聚合物水泥防水涂料物理性能　　　　　表 3-26

项　目		指　标
固体含量（%）		≥70
拉伸强度（MPa）		≥1.2
断裂伸长率（%）		≥200
低温柔性（℃，2h）		-10，绕 φ10 圆棒无裂纹
不透水性	压力（MPa）	≥0.3
	保持时间（min）	≥30

高聚物改性沥青防水涂料物理性能　　　　　　　　　表 3-27

项　目		指　标	
		水乳型	溶剂型
固体含量（%）		≥45	≥48
耐热性（80℃，5h）		无流淌、起泡、滑动	
低温柔性（℃，2h）		−15，绕 ϕ20 圆棒无裂纹	−20，绕 ϕ10 圆棒无裂纹
不透水性	压力（MPa）	≥0.1	≥0.2
	保持时间（min）	≥30	≥30
断裂伸长率（%）		≥600	
抗裂性（mm）		—	基层裂缝 0.3mm，涂膜无裂纹

聚合物水泥防水胶结材料物理性能　　　　　　　　　表 3-28

项　目		指　标
与水泥基层的拉伸粘结强度（MPa）	常温 28d	≥0.6
	耐水	≥0.4
	耐冻融	≥0.4
操作时间（h）		≥2
抗渗性能（MPa）	抗渗压力差 7d	≥0.2
	抗渗压力 7d	≥1.0
抗压强度（MPa）		≥9
柔韧性 28d	抗压强度/抗折强度	≤3
剪切状态下的粘合性（N/mm，常温）	卷材与卷材	≥2.0
	卷材与基底	≥1.8

注：表 3-25～表 3-28 摘自《屋面工程技术规范》GB 50345—2012。

（2）保温层

当制订房漏治理方案时，其屋面保温材料可根据项目现场的具体情况进行材料代换，此时，可参考的常用层做法如下：

常用平屋面保温层厚度及性能表（1）～（4），见表 3-29～表 3-32。

常用平屋面保温层保温层厚度及性能表 (1)

表 3-29

平屋面构造示例

	构造层	λ	S	R	D
①	40mm厚C20细石混凝土保护层	$\lambda_1=1.74$	$S_1=17.2$	$R_1=0.023$	$D_1=0.395$
②	10mm厚低强度等级砂浆隔离层	$\lambda_2=0.93$	$S_2=11.37$	$R_2=0.011$	$D_2=0.122$
③	防水卷材或涂膜层	—	—	—	—
④	20mm厚1:3水泥砂浆找平层	$\lambda_4=0.93$	$S_4=11.37$	$R_4=0.022$	$D_4=0.245$
⑤	保温层 δ 厚	(见下表)	(见下表)	(见下表)	(见下表)
⑥	最薄30mm厚LC5.0轻集料混凝土2%找坡层	$\lambda_6=0.45$	$S_6=7.5$	$R_6=0.178$	$D_6=1.333$
⑦	100mm厚钢筋混凝土层面板	$\lambda_7=1.74$	$S_7=17.2$	$R_7=0.057$	$D_2=0.989$

保温层：EPS板（模型聚苯乙烯泡沫塑料板）　$\lambda_5=0.05$　$S_5=0.43$　燃烧性能 B2 级

保温层厚度 δ (mm)	屋面总厚度 (mm)	热惰性指标 D 值	热阻 R (m²·K/W)	传热系数 K [W/(m²·K)]
30	280	3.34	0.89	0.96
40	290	3.43	1.09	0.81
55	305	3.56	1.39	0.72
60	310	3.60	1.58	0.67
70	320	3.69	1.69	0.59
80	330	3.77	1.89	0.49
90	340	3.86	2.09	0.45
110	360	4.03	2.49	0.38
130	410	4.20	2.89	0.33
160	410	4.46	3.49	0.27
180	430	4.63	3.89	0.25
230	480	5.06	4.89	0.20

保温层：XPS板（挤塑聚苯乙烯泡沫塑料板）　$\lambda_5=0.036$　$S_5=0.38$　燃烧性能 B2 级

保温层厚度 δ (mm)	屋面总厚度 (mm)	热惰性指标 D 值	热阻 R (m²·K/W)	传热系数 K [W/(m²·K)]
25	275	3.35	0.99	0.88
30	280	3.40	1.24	0.78
40	290	3.51	1.40	0.64
55	305	3.66	1.82	0.51
60	310	3.72	1.96	0.47
65	315	3.77	2.10	0.45
75	325	3.88	2.37	0.40
90	340	4.03	2.79	0.34
105	355	4.19	3.21	0.30
120	370	4.35	3.62	0.26
130	380	4.46	3.90	0.25
160	410	4.77	4.74	0.20

保温层：PU（硬质聚氨酯泡沫塑料）　$\lambda_5=0.028$　$S_5=0.30$　燃烧性能 B2 级

保温层厚度 δ (mm)	屋面总厚度 (mm)	热惰性指标 D 值	热阻 R (m²·K/W)	传热系数 K [W/(m²·K)]
20	270	3.30	1.01	0.87
25	275	3.35	1.18	0.75
35	285	3.46	1.54	0.59
40	290	3.51	1.72	0.53
45	295	3.57	1.90	0.49
50	300	3.62	2.08	0.45
60	310	3.73	2.43	0.39
70	320	3.83	2.79	0.34
80	330	3.94	3.15	0.30
90	340	4.05	3.51	0.27
100	350	4.16	3.86	0.25
125	375	4.42	4.76	0.20

表 3-30

常用平屋面保温层厚度及性能表 (2)

平屋面构造选做法示例

序号	构造层	λ	S	R	D
①	40mm厚C20细石混凝土保护层	$\lambda_1=1.74$	$S_1=17.2$	$R_1=0.023$	$D_1=0.395$
②	10mm厚低强度等级砂浆隔离层	$\lambda_2=0.93$	$S_2=11.37$	$R_2=0.011$	$D_2=0.122$
③	防水卷材或涂膜层	—	—	—	—
④	20mm厚1:3水泥砂浆找平层	$\lambda_4=0.93$	$S_4=11.37$	$R_4=0.022$	$D_4=0.245$
⑤	保温层δ厚	(见下表)	(见下表)	(见下表)	(见下表)
⑥	最薄30mm厚LC5.0轻集料混凝土2%找坡层	$\lambda_6=0.45$	$S_6=7.5$	$R_6=0.178$	$D_6=1.333$
⑦	100mm厚钢筋混凝土层面板	$\lambda_7=1.74$	$S_7=17.2$	$R_7=0.057$	$D_7=0.989$

保温层：硬泡发泡聚氨酯燃烧性能B2级 $\lambda_5=0.03$ $S_5=0.3$

保温层厚度δ (mm)	屋面总厚度 (mm)	热惰性指标 D值	热阻 R (m²·K/W)	传热系数 K [W/(m²·K)]
20	270	3.28	0.96	0.99
30	280	3.38	1.29	0.69
40	290	3.48	1.62	0.56
50	300	3.58	1.96	0.47
60	310	3.68	2.29	0.41
70	320	3.78	2.62	0.36
80	330	3.88	2.96	0.32
90	340	3.98	3.29	0.29
105	355	4.13	3.79	0.25
120	370	4.28	4.29	0.23
130	380	4.38	4.62	0.21
140	390	4.48	4.96	0.20

保温层：岩棉、玻璃棉 燃烧性能A级 $\lambda_5=0.065$ $S_5=0.59$

保温层厚度δ (mm)	屋面总厚度 (mm)	热惰性指标 D值	热阻 R (m²·K/W)	传热系数 K [W/(m²·K)]
40	290	3.45	0.91	0.95
50	300	3.54	1.06	0.83
60	310	3.63	1.21	0.73
70	320	3.72	1.37	0.66
80	330	3.81	1.52	0.60
105	355	4.04	1.91	0.49
120	370	4.17	2.14	0.44
150	400	4.45	2.60	0.36
180	430	4.32	3.06	0.31
200	450	4.90	3.37	0.28
235	485	5.22	3.91	0.25
300	550	5.81	4.91	0.20

保温层：陶瓷纤维真空保温板 燃烧性能A级 $\lambda_5=0.007$ $S_5=0.65$

保温层厚度δ (mm)	屋面总厚度 (mm)	热惰性指标 D值	热阻 R (m²·K/W)	传热系数 K [W/(m²·K)]
10	260	4.01	1.72	0.53
15	255	4.48	2.43	0.39
20	270	4.94	3.15	0.30
25	275	5.41	3.86	0.25
30	280	5.87	4.58	0.21
35	285	6.33	5.29	0.18
40	290	6.80	6.01	0.16
45	295	7.26	6.72	0.15
50	300	7.73	7.43	0.13
55	305	8.19	8.15	0.12
60	310	8.66	8.86	0.11
65	315	9.12	9.58	0.10

常用平屋面保温层厚度及性能表（3）

表 3-31

平屋面构造做法示例

构造层	名称	λ	S	R	D
①	40mm厚C20细石混凝土保护层	$\lambda_1=1.74$	$S_1=17.2$	$R_1=0.023$	$D_1=0.395$
②	10mm厚低标号砂浆隔离层	$\lambda_2=0.93$	$S_2=11.37$	$R_2=0.011$	$D_2=0.122$
③	防水卷材或涂膜层	—	—	—	—
④	20mm厚1:3水泥砂浆找平层	$\lambda_4=0.93$	$S_4=11.37$	$R_4=0.022$	$D_4=0.245$
⑤	保温层δ厚	（见下表）	（见下表）	（见下表）	（见下表）
⑥	最薄30mm厚LC5.0轻集料混凝土2%找坡层	$\lambda_6=0.45$	$S_6=7.5$	$R_6=0.178$	$D_6=1.333$
⑦	100mm厚钢筋混凝土层面板	$\lambda_7=1.74$	$S_7=17.2$	$R_7=0.057$	$D_7=0.989$

保温层：泡沫玻璃板（Ⅰ型）　$\lambda_5=0.044$　$S_5=0.9$　燃烧性能 A 级

保温层厚度δ(mm)	屋面总厚度(mm)	热惰性指标D值	热阻R(m²·K/W)	传热系数K[W/(m²·K)]
30	280	3.70	0.97	0.89
40	290	3.90	1.20	0.74
50	300	4.11	1.43	0.63
60	310	4.31	1.65	0.55
70	320	4.52	1.88	0.49
80	330	4.72	2.11	0.44
90	340	4.92	2.34	0.40
100	350	5.13	2.56	0.37
110	360	5.33	2.79	0.34
130	380	5.74	3.25	0.29
160	410	6.36	3.93	0.25
200	450	7.17	4.84	0.20

保温层：泡沫玻璃板（Ⅱ型）　$\lambda_5=0.052$　$S_5=0.9$　燃烧性能 A 级

保温层厚度δ(mm)	屋面总厚度(mm)	热惰性指标D值	热阻R(m²·K/W)	传热系数K[W/(m²·K)]
30	280	3.60	0.87	0.98
40	290	3.78	1.06	0.83
50	300	3.95	1.25	0.71
60	310	4.12	1.44	0.63
70	320	4.30	1.64	0.56
80	330	4.47	1.83	0.51
90	340	4.64	2.02	0.46
110	360	4.99	2.41	0.39
130	380	5.33	2.79	0.34
150	400	5.68	3.18	0.30
190	440	6.37	3.94	0.24
240	490	7.24	4.91	0.20

保温层：泡沫玻璃板（Ⅲ型）　$\lambda_5=0.060$　$S_5=0.9$　燃烧性能 A 级

保温层厚度δ(mm)	屋面总厚度(mm)	热惰性指标D值	热阻R(m²·K/W)	传热系数K[W/(m²·K)]
40	290	3.68	0.96	0.90
50	300	3.83	1.12	0.78
60	310	3.98	1.29	0.69
70	320	4.13	1.46	0.62
80	330	4.28	1.62	0.56
90	340	4.43	1.79	0.52
100	350	4.58	1.96	0.47
120	370	4.88	2.29	0.41
150	400	5.33	2.79	0.34
200	450	6.08	3.62	0.26
210	460	6.23	3.79	0.25
270	520	7.13	4.79	0.20

常用平面屋面保温层厚度及性能表（4）

表 3-32

构造层	λ	S	R	D
① 40mm厚C20细石混凝土保护层	$\lambda_1=1.74$	$S_1=17.2$	$R_1=0.023$	$D_1=0.395$
② 10mm厚低强度等级砂浆隔离层	$\lambda_2=0.93$	$S_2=11.37$	$R_2=0.011$	$D_2=0.122$
③ 防水卷材或涂膜层	—	—	—	—
④ 20mm厚1:3水泥砂浆找平层	$\lambda_3=0.93$	$S_3=11.37$	$R_3=0.022$	$D_3=0.245$
⑤ 保温层δ厚	（见下表）	（见下表）	（见下表）	（见下表）
⑥ 最薄30mm厚LC5.0轻集料混凝土2%找坡层	$\lambda_6=0.45$	$S_6=7.5$	$R_6=0.178$	$D_6=1.333$
⑦ 100mm厚钢筋混凝土层面板	$\lambda_7=1.74$	$S_7=17.2$	$R_7=0.057$	$D_7=0.989$

平屋面构造做法示例

保温层：膨胀珍珠岩 $\lambda_5=0.113$ $S_5=2.08$ 燃烧性能A级

保温层厚度 δ (mm)	屋面总厚度 (mm)	热惰性指标 D值	热阻 R (m²·K/W)	传热系数 K [W/(m²·K)]
65	315	4.28	0.87	0.98
80	330	4.56	1.00	0.87
100	350	4.92	1.18	0.75
120	370	5.29	1.35	0.67
150	400	5.85	1.62	0.57
180	430	6.40	1.88	0.49
200	450	6.77	2.06	0.45
230	480	7.32	2.33	0.40
270	520	8.05	2.68	0.35
330	580	9.16	3.21	0.30
400	650	10.45	3.83	0.25
520	770	12.66	4.89	0.20

保温层：泡沫混凝土砌块 $\lambda_5=0.12$ $S_5=1.94$ 燃烧性能A级

保温层厚度 δ (mm)	屋面总厚度 (mm)	热惰性指标 D值	热阻 R (m²·K/W)	传热系数 K [W/(m²·K)]
60	310	4.25	0.89	0.96
80	330	4.64	1.09	0.81
100	350	5.02	1.29	0.69
120	370	5.41	1.49	0.61
140	390	5.80	1.69	0.54
160	410	6.19	1.89	0.49
180	430	6.58	2.09	0.45
200	450	6.96	2.29	0.41
250	500	7.93	2.79	0.34
300	550	8.90	3.29	0.29
350	600	9.88	3.79	0.25
450	710	11.81	4.79	0.20

保温层：蒸压加气混凝土砌块 $\lambda_5=0.12$ $S_5=2.81$ 燃烧性能A级

保温层厚度 δ (mm)	屋面总厚度 (mm)	热惰性指标 D值	热阻 R (m²·K/W)	传热系数 K [W/(m²·K)]
150	400	6.60	1.54	0.59
175	425	7.18	1.75	0.53
200	450	7.77	1.96	0.47
225	475	8.35	2.17	0.43
250	500	8.94	2.37	0.40
275	525	9.52	2.58	0.37
300	550	10.11	2.79	0.34

注：1. 构造做法选自日本图集卷材、涂膜防水屋面做法A3。
2. 找坡层厚度按80厚取值计算。

87

分析提示：物业修补房漏方法

综上，本书建议的房屋渗漏修补方法可供参考：

（1）建议拆除并更新面层、防水层、找平层、找坡层及保温层。（2）建议在屋面板表面，经清理和找平后，新增一层防水层。（3）参考国家标准图制订修补方案。

3.4　修补工作注意事项

修补工作内容包括修补方案、修补人员和修补管理。其中：

修补方案——要制订与屋顶构造和主体结构相匹配的修补方案，要了解相关的设计背景。

修补人员——修补工作人员要懂房屋构造知识，以及专项施工操作技能。

修补管理——修补工作管理是房屋建成后，再施工的延续，要有充分的施工管理经验。

因此，修补工作，可不是"哪儿漏就奔哪儿堵一下"，可不是"什么人都能修补的"，也不是"什么人都能管的"。修补工作是一项技术性很强的，科技含量很高的工作，千万别把修补工作不当一回事。

"年年报修年年漏"的用户反映，说明当前物业修补水平还比较低，认识到这一点，迅速提高房屋修补工作水平，是当务之急。

1. 精心制订修补方案

本节以平屋顶为例，对房屋渗漏开展修补工作进行讨论。其修补工作方案的主要内容为：

（1）结合用户房漏实际

查明用户房漏的具体部位，需要掌握室内和室外的具体情况：

1）在室内，看清顶棚或墙体渗漏部位，以确定渗漏的具体位置。

2）在室外，看屋顶面层，看女儿墙或立墙泛水，看雨水口，看管道出屋面等部位，有无明显破裂部位。但是，在屋面上通常看不出明显破绽，此时，只能在渗漏房间的相应位置，拆开屋面面层进行查找。

（2）结合建筑设计图纸

查明本项目的建筑设计图纸，需要掌握下列基本情况：

1）屋面下结构（承重墙）布置的平面范围和尺寸。

2）屋面构造各层建筑构造，面层、防水层、保温层及结构层等具体情况。

（3）开展屋面防水修补

屋面防水渗漏的修补，根据当前工作经验，通常按下列步骤进行：

1）拆除面层——拆除的废料要均匀堆放在合适的位置，要避免集载对屋面板的集中作用。

2）拆除防水层——拆除废料的堆放要求同上。

3）拆除保温层——拆除废料的堆放要求同上。

4）清除结构层表面——在屋面板表面要用防水砂浆找平，特别要注意在边角、管道洞口的边缘处进行严密勾缝。

5）新加一层防水——目的在于加强结构的防水能力。

6）按修补方案，恢复其他各层构造（保温层、防水层、面层等）。

7）所有上述修补过程，均应在技术人员质量监督下进行。

2. 合理配备修补人员

房屋渗漏修补工作，是一项通过修补，达到用户满意的工作；是一项十分严肃认真的工作；是一项关系到修补单位信誉的工作，所以，各级上岗人员应当尽职尽责，全心全意为用户服务。使"年年报修年年漏"的现象不再发生。

配备修补人员要求如下（表 3-33）：

屋面防水修补人员要求　　　　　　　　　　　　表 3-33

序号	修补工作人员	工作要点	注意事项
1	物业部门技术主管	全过程管理	全面负责
2	质检人员	全过程质检	质量监督
3	修补操作人员	全过程施工	管理和质检同时到位，不得工人单独操作

（1）技术主管

屋面防水修补是一项技术性较强的工作，其技术主管的责任为：

1）管好修补工作的全体人员，钻研防水工程技术知识，认真完成修补工作。

2）组织制订和审查修补方案。

3）施工过程中，管理和质检到位。

4）负责闭水试验，落实用户反馈。

5）建立修补工作档案。

（2）质量监督

屋面防水修补工作中，要设专人质检，其质量监督的责任为：

1）熟悉用户渗漏原因和部位，参与制订修补方案。

2）熟悉建筑图纸，并深入了解屋面结构各层构造。

3）监督修补材料选购质量，监督防水工程修补全过程的施工质量。

4）对修补工作的施工质量全面负责，并做到用户满意。

（3）施工操作

屋面防水修补工作中，具体施工操作人员的责任为：

1）要经过防水工程施工操作的岗前培训，否则不得随意上岗操作。

2）施工操作过程中，服从质量监督的查验，经质量监督认可后，方可进行下道工序。

3. 加强修补工作管理

修补工作的管理主要内容为：建立用户投诉记录和建立修补工作档案。

（1）回访用户

用户投诉表明楼体存在缺陷，应认真对待。

1）修补之前，要认真做好楼内、楼外调查研究，找准修补部位。

2）修补过程中，尽量减少对用户的干扰，以及采取必要的安全措施。

3）修补之后，认真回访用户，并观察其修补效果。

（2）建立档案

1）建立工程档案，修补工作中参加的人员、所用的材料、修补范围简图及修补效果，均要记录在案。

2）建立用户投诉档案，用于总结工作经验，更好地为用户服务。

【修补实例】

（1）部位

某小区 16 号楼，14 层钢筋混凝土剪力墙结构住宅，顶层住户 10 家中，有 4 家发生不同程度的室内漏雨。

（2）问题

1）报修情况

报物业修补的几年中，仍有顶层住户室内渗漏。

2）渗漏部位

室内顶棚有多点漏雨，顶棚与墙交角处有渗漏，沿楼内雨水管漏雨水。

（3）过程

1）修补范围

对屋顶屋面结构的 4 家修补范围内，拆除旧屋面构造，重新施工屋顶结构。

2）施工内容

结构表面处理——找坡层及保温层——找平层——卷材防水层——闭水试验。

以上修补过程见图 3-2 及表 3-34。

修补注意事项　　　　表 3-34

序号	修补内容	注　意　事　项
1	结构表面清理	（1）在旧屋面构造拆除后，露出的结构表面，先清扫，发现楼板开裂部位。 （2）在结构（楼板及周边女儿墙等）表面涂防水涂料。 （3）有条件的，对结构层做闭水试验，检查结构是否渗漏
2	找坡层及保温层	（1）在结构层上做找坡层时，应稍大于原图的屋面坡度，并要求整体屋面平直，以利于雨水顺畅排除。 （2）保温层做法完成后，其表面仍保持整体屋面平直，为找平层铺平基层
3	找平层	（1）找平层在保温层完成之后开展，注意屋面人孔、出气孔、管道孔等周边的封堵，为满铺防水层做好基层处理。 （2）找平层完成后，其表面要确保整体屋面平直
4	卷材防水	（1）卷材防水的施工，要由专业人员施工。 （2）卷材施工过程中，要有专职技术监督检查质量，确保防水层更新成功，否则，前功尽弃
5	闭水试验	（1）可做闭水试验，也可以通过下雨后检验，可与用户商定。 （2）面层的恢复可在试验后进行

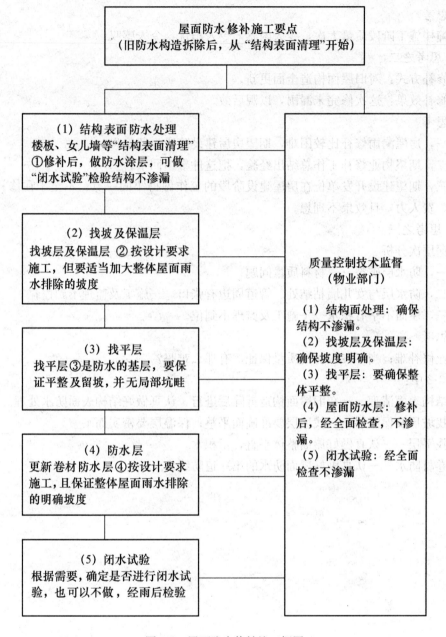

图 3-2 屋面防水修补施工框图

（4）思考

1）思考之一

①漏雨原因

其一，防水层破裂，屋顶结构层及周边女儿墙、电梯墙有开裂；

其二，防水层与女儿墙粘结处（泛水）有张口，雨水从此处进入室内；

其三，防水层与出屋面管道周边有明显张口；整体屋面不平不直，坡度平缓，有积水。

②思考

这幢楼施工阶段质量太次，令人困惑，令人担忧，令人感叹。

2）思考之二

①修补方式：对旧屋面构造全面更新。

②修补效果：这次修完未漏雨，以观后效。

③思考

其一，房屋漏雨修补比较困难，期望房屋建设阶段少留隐患；

其二，期望物业修补工作总结出经验，把这件事当回事；

其三，期望建设开发单位在房屋建设阶段的工作做得牢固一点，不至于在修补阶段，费财力，费人力，且效果不理想。

3）思考之三

①深层次分析

其一，防水层破裂——材料质量问题；

其二，防水层与女儿墙粘结处、管道周边有张口——施工及监理不到位；

其三，屋面不平有积水——施工及监理不到位。

②思考

物业修补难；当年竣工时的质量保证，有那么难吗？

图 3-2 中：

①结构表面清理——在旧屋面构造拆除后进行，认真做好结构表面防水处理。

②找坡层及保温层——找坡层要准确而平整；保温层要密实而平整。

③找平层——认真做好屋面整体平直，不积水。

④卷材防水——认真做好屋面防水的第一道防线。

第4章 防漏之施工职责

4.1 概述

4.1.1 评说施工隐患

1994年，我们进驻施工工地开展监理工作。至今与多家建设单位和施工单位合作，积累了一定的监理经验。这一年，我国开始实施监理制度，工地围墙之内，以甲方为主管，施工方按监理方查验的建设程序开始执行。

2001年，国家标准《建设工程监理规范》GB 50319—2012开始施行。至今执行国家规范多年，实践中积累了不少知识和经验。所有监理行为、监理文件、监理验收表格，均反映了施工方职责是否到位。

简单说监理工程师的行为三个字——看、说、写。即：查看和发现施工方工序中的不合格；说出工地上有多少施工操作的不合格；写出控制不合格的监理文件。

本节施工隐患的评说，包括这样的内容：①监理说施工现状；②监理说施工隐患；③监理说治理隐患。

1. 监理说施工现状

（1）同蓝天共工地

由于监理方与施工方在工地上有一致的建设目标，依据统一的国家规范，施工方是工程质量的保证者，监理方是工程质量的监控者，所以，工地上双方相处十分协调。

我们从20世纪90年代进驻各类建设项目施工现场以来，曾经监理了多项公共建筑工程、民用建筑工程及市政建设工程等，曾经与多家施工企业的管理者、施工现场的操作者，同蓝天，共工地，共同讨论同一个分项工程、同一道工序的技术难题，一座座建筑（多层或高层居多）拔地而起，一项项建筑成品交付了使用，都凝聚着施工单位和监理单位同行们的劳动成果，心情是多么的自豪，多么的骄傲。本书的总结，旨在总结那些成功的施工建设经验的同时，也围绕建筑房屋存在隐患和渗漏的主题，说说我们的感想和体会。

（2）有隐患要治理

隐患常常存在于被忽视的角落，隐患常常存在于操作和监控的瞬间。

本书引用了诸多用户及媒体关于房漏的反映，迫使施工方和监理方深刻反思。

监理工程师们讲述房漏治理时，我们用各专业监理工程师的视角，用项目总监理工程师的视角，围绕治理工程隐患的主题，讲述施工工地、施工现场、施工用料、施工操作、施工验收和形成建筑成品过程中的是是非非。

2. 监理说施工隐患

说出如何发现隐患和隐患如何治理的点点滴滴。

本书第 2 章用户反映中，那些"小区房屋漏雨，修了还漏"的报道，令人关注，急于探讨这些问题。

从监理的视角，如何看施工隐患，结合本章防漏的主题，梳理一下当前反映比较强烈的房屋渗漏问题，促使我们去探索、分析、研究和加以总结。

（1）施工人员的素质

在施工企业的管理人员中，当前迫切需要一大批懂技术、懂管理、懂质量控制，又了解信息反馈的人才，他们从工地土方工程开始，就想到如何进行质量控制，就想到如何交出合格的建筑成品。而有些管理者，得过且过，走一步看一步，建筑房屋的隐患往往就会从这些人的身边放过，应该说，有这种思想的施工管理者和施工操作者，才是当前建设工程中的最大隐患。

本书在施工人员的素质方面有比较详细的论述，结合了施工人员的职责和存在的差距。

（2）不合格品的控制

不合格品，指建筑材料的不合格，以及在施部位查验中与国家《建筑工程施工质量验收规范》的偏离。

房屋建筑施工工地上，钢筋、混凝土（商品混凝土）、防水材料等，以及各个分部分项工程的在施部位，肯定会出现不合格品，关键看施工企业是不是有质量保证的意识和措施，而不是得过且过，走一步看一步，不合格品往往从身边溜进工地，或存在于隐患部位，要警惕，要控制，要改变。

本书在不合格品控制方面有比较详细的论述，结合了不同的施工部位。

（3）不合理的施工方法

房屋建筑施工工地上，传统的施工操作方法（指：没把防漏放在重要位置上的施工方法），应当改进，应当更新，施工企业的管理者们，把重心放到质量控制上来，治理隐患，从更新施工方法做起，换一种思维和理念，把目光盯在隐患的多发部位，时时敲响警钟，造出一种声势，创出一个崭新的品牌，就是创造出合格的建筑成品，并经得起长期使用的考验。

本书在分部分项工程的施工方法方面有比较详细的论述，并综合了各施工工地的经验。

3. 监理说治理隐患

（1）研究隐患部位

当前房屋建筑中，存在什么隐患？发生在什么部位，以及如何治理。

1）土方工程

基槽开挖土方完成之后，勘察单位、设计单位、监理单位及施工单位的验槽，拉开了建筑房屋质量控制的序幕，要警惕房屋地基沉陷的隐患。

2）主体结构工程

包括钢筋工程、模板工程及混凝土工程，其表现为混凝土浇筑成型的房屋结构，要警惕结构的裂缝，是引起房屋渗漏的祸根。

3）管线安装工程

它是在主体结构的框架里完成，要警惕管道接头、管道与结构连接有渗漏隐患。

4）内外装修工程

包括屋面防水工程、地下防水工程及卫生间防水工程等，是独立的分项工程，但又在主体结构的框架之中，是当前渗漏的焦点，其中，更深层次的渗漏原因，需要我们去深入探讨。

5）回填肥槽土方工程

这是不被人们重视的分项工程，然而，它就是地下室渗漏的根源。

6）庭院道路工程

这也是不被人们重视的分项工程，然而，主体结构周围的散水、地坪、道路的精心设计，关系到地下结构和地上结构的渗漏。

（2）研究雨水入室的路径

当前房屋建筑中，根治隐患的课题，从根治房屋的渗漏入手，研究雨水是从什么部位进入室内的，研究我们应采取什么措施去治理。

1）防水层：房屋渗漏的主要部位是屋面防水层，防水构造、施工方法等有许多难题需要我们去解决。

2）结构层：屋顶结构楼板的混凝土浇筑，关系到漏雨的积水和排水。同样也有许多难题需要解决。

综上，研究隐患部位和雨水入室路径，敢于剖析工地现状，全方位研究渗漏部位和渗漏点，并采取相应的治理措施，是本章的重点。

4.1.2　评说施工范围

1. 施工者的足迹

多年来，特别是 20 世纪 80 年代以来，我国城乡房屋建设进入比较兴旺发达时期，房屋建筑施工工地如雨后春笋，建设项目竣工及投入使用，遍布城市、乡镇；高层、多层住宅，以及千姿百态的公共建筑，比比皆是，叫人感叹，叫人兴奋，建设施工的经验在日渐丰富，建设速度在日渐加快，这是建筑施工企业的骄傲，也是房屋建筑施工人的骄傲，座座建筑都凝聚着施工建设者（施工管理者、施工操作者）的汗水，处处都有施工者的足迹。

2. 从建设项目看施工范围

建设项目覆盖着国家建设发展需要的方方面面，如：公共建筑、民用建筑、工业建筑等。

（1）公共建筑

1）办公及科研建筑：办公楼、科研楼等。

2）医疗保健建筑：医院、急救中心、疗养、康复中心、社区卫生服务中心等。

3）教育建筑：各类院校、职业学校，中、小学，托幼以及各类培训中心等。

4）文化建筑：博物馆、美术馆、展览馆、档案馆、图书馆、电影院等。

5）体育建筑：体育场馆、游泳馆、溜冰场、健身房，运动员训练基地等。

6）法制建筑：检察院、法院法庭、看守所、监狱等。

7）交通建筑：空港航站楼、铁路、港口、汽车客运站、地铁站等。

8）商业建筑：各类商场、超市、食品店、菜市场、餐馆等。

9）服务建筑：金融、邮电、宾馆、招待所、洗浴中心等。

10）园林建筑：城市广场、公园、游乐园、旅游景点等。

（2）各类民用住宅及工业建筑等

以上，从建设项目列出的施工范围，其公共建筑、住宅建筑及工业建筑等，可以看出，施工企业遍及城乡建设的范围之广，令人敬佩，同时，某些建筑房屋的质量问题（本书主要谈隐患和房漏），也就发生在这些建筑的某些部位，本书议论的房漏与防漏的话题，就从这里开始。

3. 从建设项目投资类型看施工范围

上述建设项目（公共建筑或住宅建筑），有政府直接投资的项目，也有其他渠道出资的项目，这里讨论的话题是，作为施工企业的成品（产品），要接受投资方（甲方、业主、用户）检验，然而，某些建筑的质量问题，时刻在提醒建筑施工企业要从改善产品的质量抓起。

4. 从建筑工地红线看施工范围

建筑工地的红线范围内，应当包括的施工范围：

（1）房屋建筑主体及附属建筑。

（2）建设项目红线内的围墙、小区内地下地上市政管线、小区内道路、小区内绿化与照明及小区内景观建设等。施工企业在全过程的施工中，要保证雨水、污水管线、水泵房、化粪池等上下水管线畅通，设备运转正常，当前的用户反馈表明，建设项目交工了，却存在施工单位走了，大雨过后，路陷了，管线不通或因断裂而向上冒水的现象。

（3）建设项目红线（围墙）之外，连接着城镇市政配套管线及市政设施，施工企业要积极创造条件与市政管线、道路合理衔接。施工企业在项目建设的全过程中，不要将工地建筑垃圾倒入红线周边，给城乡市政建设带来不文明的，或导致地基塌陷的不良影响。

以上，在建设项目平面上，建设红线范围内外的关系已经明确，下一步，施工企业的责任就是在这个规划批准的平面范围内，进行建筑成品的打造了。在空间上，施工企业要遵守城乡管理的防扬尘、防噪声、防污水外溢等环保规定，进行工地范围内的整体施工操作，合格的建筑成品将经历一个建设周期在这里诞生，期望建筑成品应当是合格的，经得起用户（使用单位）长期检验的产品。

4.1.3　评说施工人员

依据《建设工程监理规范》GB 50319—2012，有多项监理质量监控业务要施工单位在行动上落实，有多项查验表格要施工单位人员认可，有多项现场问题要与施工单位人员共同解决，于是，评说施工人员成了本书的多个话题。

20世纪90年代实行监理制度以来，监理与施工单位相处了这么多年，监理与施工单位在同一个工地里，各自坚守着自己的岗位，各自履行着自己的职责，那么，从监理的视角，如何看施工人员的现状？本书从现场施工机构人员的配置细说其职责和作用。

1. 施工单位

施工单位指同一个工地内，由施工管理者、施工操作者组成的整体，担负着建造房屋建筑的重任。施工单位的主要责任者应为项目施工合同的法人代表。至于施工单位的主管是否常驻工地，视不同情况而定，按说，与监理对口的主管应固定下来，以便工地上质量控制责任到位。在当前频频出现房屋建筑用户（使用单位）对施工质量有不良反馈的形势下，特别需要施工单位的现场主管，定人定岗定职责，现场施工单位的质量控制，如何进一步加强，应当从施工单位主管是否坚守和常驻工地做起。

监理单位与施工单位多年相处的经验表明，本书房漏与防漏的主题中，涉及施工单位要做的许多工作（包括管理和操作等方面）。行动与措施要同时展开，行动就应从当下起步。

2. 施工企业

施工企业指本工地施工单位的上级领导机构，是工地挂牌的注册企业。至于施工企业的主管是否常来工地，视不同情况而定，按说，与监理对口的施工企业技术主管应定期下工地，否则，工地上质量控制责任难于落实到施工企业。在当前施工质量频频出现不良反馈的形势下，应引起施工企业的重视和付诸行动。

监理与施工企业（技术与管理等方方面面）多年相处的经验表明，本书房漏与防漏的主题中，涉及施工企业（总公司对项目工地的管理）有较多的工作要做。包括施工组织设计中，强调质量控制中治理隐患的措施。

3. 建造师

建造师是国家注册的施工技术人员，建造师是懂管理、懂技术、懂经济、懂法规，综合素质较高的复合型人员，既要有理论水平，又在积累着实践经验和组织能力。

房屋建筑工地上，对建造师寄予厚望，建造师有条件、有责任担当起当前比较严峻的防漏治漏职责。因此，施工单位在人员配备上应有建造师常驻工地，与监理工程师对口开展工作。

4. 施工管理者

施工管理者包括：建设项目施工工地的主管（项目经理等）及单位工程的施工负责人（专业技术负责人及工长等）。工地上，施工单位的管理者们，承担着施工进度、施工安全、施工质量等关键岗位上的重要职责，其中，施工管理人员的合理配置，在各分部分项工程的质量控制中，担负起比较严峻的防漏治漏的重要任务，可谓当务之急。

5. 施工操作者

操作者包括：奋战在建设工地上的各专业各工种的工人（施工单位总包的工人及分包队的工人），看到他们技术能力在日益提高的同时，也要加强对他们的培训，培养他们具有专长的技术和敬业的品德。

以上，施工管理者和施工操作者主控着工程项目的进度、质量、投资和安全，在本章的叙述中他们都是主角，而监理工程师的辛苦在于，日夜与他们风雨同在，监理制度为工地增加了合作的气氛，同时，监理工程师在业务中增长了许多实际操作知识，质量标准的严密性和治理房漏的严重性，促使我们的工作沿着更科学更扎实的步伐前行。

4.1.4　评说建筑材料

本书防漏的主题，在各章节的论述中，涉及建筑材料的话题十分沉重。

从监理的视角，如何看施工工地上和在施部位的材料？钢筋、混凝土（商品混凝土）、防水材料等，将是重点关注的对象。

1. 钢筋

钢筋与房屋渗漏有关吗？有。

钢筋是主体结构的主要材料之一，是确保结构安全的重要因素。与房漏有关的部位是：楼板钢筋绑扎的正确定位，控制楼板裂缝的扩展。

2. 混凝土（商品混凝土）

混凝土与房屋渗漏有关吗？有。

混凝土是主体结构的主要材料之一，是确保结构安全的重要因素。与房屋渗漏有关的部位是：主体结构（梁、板、柱、墙），特别是混凝土楼板和墙的浇筑，其中，商品混凝土进场及现浇混凝土的振捣密实，是施工企业质量控制的关键，也是房漏与防漏的关键部位。

3. 防水材料

防水材料（防水卷材、防水涂料、防水嵌缝）当前已成为房漏与防漏的焦点，其实也并不完全是，除了防水材料本身以外，防水工程（防水层构造、防水层粘结）的施工操作方法，防水层构造的合理性，雨水穿透防水层之后，相关结构层的密实性等，均有较大关系。

以上，建筑材料在建设期间是工地建造的基本元素，建筑材料在房屋建造期间的质量关系重大。当房屋进入使用阶段，由建筑材料组成的楼体，将陪伴用户度过漫长的使用期。一旦用户发现内外装修、主体结构及屋顶渗漏，建造者、监控者、开发者及充当修补的物业者们，将开始经受新的考验。本书在讲述这些环节的时候，力图将对用户的关怀放在首位。

4.1.5　评说施工方法

工地上，施工人员、施工机械、建筑材料、施工方法及和谐环境构成了一部交响乐队，能奏出美妙的组曲，幢幢高楼大厦在曲中诞生。

其中，施工方法还是有问题的，与施工方同行的监理工程师如是说。

就是在 20 世纪 90 年代，高层混凝土结构建筑林立而起的时候，现浇混凝土大模板的施工方法被广泛采用，剪力墙结构、框架结构、框支结构等在设计图纸中被广泛应用。此时，比较复杂的分部分项工程的施工方法，其施工单位、施工队伍、施工管理及施工操作是否能跟上？据我们监理多个工地的信息反馈来看，某些工地、某些环节的施工方法确实存在一定差距，差距表现在混凝土结构成品有不正常的开裂，甚至有不正常的酥裂，以至于构成了房屋渗漏的隐患。

从监理的视角，如何看施工工地上和在施部位的施工操作方法？结合房屋防漏的主题，是否要重新认识传统的施工方法？回答是肯定的。我们要以创新的思维，去深入探讨、研究和改进当前的施工工序操作方法。

1. 混凝土浇筑

当前，混凝土浇筑的施工方法是否合理？其施工方法值得施工单位结合房漏与防漏的专题深入研究。

混凝土浇筑的施工方法，传统的方法——用振捣棒、板式振捣器，按规程完成操作即可。在当前，要加强，要深入创新，要适应房漏与防漏的需要，其施工方法应特别考虑若干不利因素。

(1) 商品混凝土

要严格把好商品混凝土进场关，派有经验的人员查外观、查坍落度、查验合格证明，警惕不合格商品混凝土进入工地，导致楼板浇捣不密实，出现酥裂。否则，为什么室内楼板会出现多处雨水漏点？

(2) 钢筋

警惕楼板浇捣混凝土时，操作人员在钢筋骨架上行走，踩倒了钢筋，以至于钢筋出现变形和移位，以至于钢筋保护层变厚了，导致楼板出现开裂。否则，为什么室内楼板漏雨多在板和墙交界处出现？

(3) 整体浇筑楼板的"收边收口"

站在屋面楼板上，看整体楼板上有多少洞口，这些"收边收口"（注：此处"口"指通风排气孔、烟道口、人孔等），这些部位的水平施工缝，都是雨水穿过防水层的漏雨点。如何改进，需要深入研究和改进。

(4) 整体楼板的排水坡度

整体屋顶楼板（混凝土结构层）通常是平的，如果在楼板顶面形成一定坡度（当然要有图纸为依据），雨水则可流向集中排放处，就不至于在室内发生多处漏雨。

(5) 整体楼板的密实性

警惕楼板浇捣混凝土时，操作人员在钢筋骨架上行走，踩倒了钢筋，踩裂了预埋的电线管，整体楼板的密实性没有保证，才造成屋顶漏雨时，雨水顺着吊灯、电线管往下流。

2. 屋面防水

当前，屋面防水层的施工方法是否合理？其施工方法值得结合房漏与防漏的专题深入研究和改进。

屋面防水层的施工方法，传统的施工方法——交给防水分包队施工，分包队的工人做出的活茬，就是当前这个"年年报修年年漏"（用户反映）的状态。当前研究房漏与防漏的时候，应当由总包和防水分包队共同来分析、研究下列比较难以回答的问题。

(1) 防水层为什么会漏？防水分包队的施工方法出了什么问题？总包在其中做了哪些工作？

(2) 雨水从哪些部位流下去的？屋顶楼板为什么会多点漏雨水？混凝土楼板浇筑时，总包是如何保证振捣密实的？

以上问题，提供给施工单位总包和防水分包队共同思考，传统的施工方法是如何引起房漏的？应当如何改进？值得我们深入讨论和治理。

3. 卫生间防水

当前，卫生间防水施工的方法是否合理？其施工方法值得结合房漏与防漏的专题深入研究。

卫生间防水层的施工方法，传统的施工方法——交给防水施工分包，分包的工人做出的活茬，就是当前这个"楼上楼下都漏水"（用户反映）的状态。研究房漏与防漏的时候，要回答的问题比较清晰。

（1）卫生间为什么会漏？施工方法出了什么问题？

（2）卫生间漏水是后装修的问题，还是交工之前就留下了隐患？

4. 地下室防水

当前，地下室防水的施工方法是否合理？其施工方法值得结合房漏与防漏的专题深入研究。

地下室及基础防水的施工方法，传统的施工方法——交给防水分包队施工，分包队的工人做出的工程，就是当前这个"一层住户地板和墙都有渗漏"（用户反映）的状态。研究房漏与防漏的时候，要回答的问题比较清晰。

（1）一层住户为什么会渗漏？地下结构施工方法出了什么问题？

（2）一层住户有渗漏，是防水层（防潮层）施工不到位？还是雨水从楼外积水渗进楼内？

以上，有关施工方法的问题和讨论，在本书的有关章节中有比较充分的表达。

施工方法的合理性，在房屋建造期间与工程质量关系重大。当房屋进入使用阶段，漫长的使用期中，用户不会过问施工过程的细节，但是，一旦用户发现内外装修、主体结构及屋顶渗漏，其建造者、监控者、开发者及充当修补的物业者们，将开始经受新的考验。本书将深入到施工方法的细节之中，展开深入的讨论，并力图将对用户的关怀放在首位。

4.1.6　对工地的期望

创新、科学、发展——是对工地的期望。

跟上时代的发展和社会的需求，期望把房屋施工工地建设成为创新的工地、科学的工地和发展的工地，有针对性地发现、减少和治理房屋建筑成品的隐患。

1. 创新的工地

期望建设一个创新的工地，有品位，有新意。

用创新的思维，去审视偌大的建筑工地，从挖土方工程、主体结构工程、管线安装工程、内外装修工程、回填肥槽土方工程、庭院道路及小区围墙工程等，到竣工验收的全过程中，反思一下，长期以来的传统做法，为什么产生渗漏、塌陷等隐患，为什么引起了用户（使用单位）诸多不满意，为什么引起社会各方面的极大关注。我们应重视用户的反馈，着手改进，查找渗漏原因，制订治理措施，建设崭新的工地，这就是创新的工地。

2. 科学的工地

期望建设一个科学的工地，有措施，有成效。

用科学的理念，去分析和理解工地上的是是非非，会发现导致建筑房屋渗漏、塌陷等隐患的根本原因，那种传统的、落后的施工操作，不科学的施工管理，那种"主体结构拿下，装修工程分包，几方验收签字"的旧观念，那种建筑成品无科学性的质量现状，那种用户"年年报修年年漏"的反馈，当下，不能熟视无睹，急待下大力气改变。我们应以科学的方法改进，查找渗漏的原因，以科学的方法制订治理措施，用科学的方法改变房屋存在渗漏现状，用时代的精神，用科学的精神，交出一项项合格的建筑成品。

3. 发展的工地

期望建设一个发展的工地，有品牌，有质量。

导致建筑房屋渗漏、塌陷等隐患的根本原因，还在于施工质量品牌意识的表面化，无发展眼光和深层次的作为。哪些是发展和作为？如：基础是如何防止渗漏的？我们要拿出防渗漏的措施。主体结构是如何做到不渗不漏的？我们要拿出防渗漏的措施。内外装修，特别是防水工程的质量是如何保证的？我们要拿出防渗漏的措施。这些都是摆在建设施工领域里的崭新课题，当前的建设工地就是要把根治渗漏和根治隐患放在首位，需要我们在建设工地的发展中探索、钻研和攻克房漏的难题，把发展、品牌和质量联系在一起，创建出一个个适应时代发展的工地。

综上，工地承载着房屋建设期间人、机、料、法（方法）、环（环保）奏出的交响乐曲，直到建筑成品静静地竣工，新的工地又在崛起，新的希望又在孕育。然而，我们不希望有噪声、扬尘、污染和隐患，希望有明确质量目标的工地，希望施工方、监理方和甲方以"创新、科学、发展"的思维，为这幢楼的质量付出了实实在在的努力，这就是我们对工地的期望。

4.2 施工隐患一（施工人员的素质与差距）

本节按地下结构工程、钢筋工程、模板工程、混凝土工程及防水工程分别讨论，由于施工人员的素质与差距，导致房屋渗漏等施工隐患的发生和治理。

4.2.1 地下结构工程

施工隐患存在于房屋建筑的各个分部分项工程之中。

施工隐患存在于地下结构工程施工管理和施工操作之中。

此处，剖析施工管理和施工操作人员存在的问题。

我们汇总了监理工程师的意见。

1. 要点

（1）施工隐患

涉及房屋建筑地下室及基础发生渗漏、底层雨水倒灌等隐患。

（2）现场剖析

涉及施工管理者（项目经理及技术负责人等）及现场施工操作者（工长、工人等）。

（3）分析依据

1)《建筑工程施工质量验收统一标准》GB/T 50300—2013 和《建设工程监理规范》GB 50319—2012。

2) 监理监控记录分析及总结（监理会议纪要、监理月报等）

（4）地下结构工程隐患分析（剖析施工管理者）（表 4-1）
（5）地下结构工程隐患分析（剖析施工操作者）（表 4-2）

地下结构工程隐患分析（剖析施工管理者）　　　　表 4-1

项　　目	现状与隐患	治理与改进
土方工程	（1）施工管理者对实际基槽的土质与地勘报告是否吻合，采取的地基处理措施与实际土质是否吻合，缺乏深入钻研和研究。 （2）施工管理者不善于发现地基工程隐患。地基基础验收时，只是签字，对是否埋下隐患，心中无数。	（1）各方验槽时，施工方应有经验的技术负责人（与勘察方、设计方、监理方及甲方）到现场核实。出场的人员应当是有经验，有判断能力的。 （2）施工企业有经验的技术负责人，对地基土质及地基处理方案的可靠性负责，避免地基不正常沉降，导致房屋建筑发生不正常的下沉。
地下结构防水	（1）施工管理者通常采用地下室及基础防水委托分包施工，或撒手不管，或无总包质量控制措施，因总包管理不到位，可能在地下室底板和墙体防水施工中出现不合格，从而导致地下结构发生渗漏。 （2）现场施工管理者，当前正在改变传统的撒手分包队的做法，有一定改进，加强总包对分包队的管理，总包和分包队共同根治隐患。	（1）施工管理者在地下室及基础防水委托分包队施工中，总包现场施工管理者不能撒手不管，总包要拿出质量控制措施。 （2）施工管理者要严格控制可能在地下室底板，以及墙体防水施工中，出现防水层材料、防水层粘结及防水保护墙等不合格品或不合格部位，避免地下结构发生渗漏。
地下结构回填土	（1）地下室及基础回填土施工管理不严，未按规范分层回填，且有建筑垃圾倒入，从而导致回填土不密实，地面雨水积水渗入地下结构。 （2）现场施工管理者，正在改变传统的回填土方法，开拓新思路，深入下去，加强质量控制，根治隐患。	现场施工管理者在地下室及基础回填土施工管理中，其回填土密实度按规范要求分层回填，在未竣工之前（楼体散水未做之前），墙基处填土要高出室外地坪，以防地面雨水积水渗入地下结构。

地下结构工程隐患分析（剖析施工操作者）　　　　表 4-2

项　　目	现状与隐患	治理与改进
地下室及基础防水	（1）地下室及基础防水工程，通常由施工单位总包委托分包队施工，防水工程的质量就落到这些操作者身上。 （2）监理在地下结构工序检查中，常发现防水层粘贴施工，防水层保护墙施工，防潮层施工等，出现不合格品或不合格部位。 （3）施工操作的工人，其技术水平、技术操作熟悉程度差异较大，迫切需要施工企业主管组织技术培训和技术考核。	地下室及基础防水工程，分包队施工前，要主动出示施工队和施工人员资质及上岗证明，总包要制订质量控制措施，在防水材料、粘贴操作、检验试验等方面，总包要主动查验，出现问题及时进行整改。
地下室及基础回填土	地下室及基础回填土施工操作中，监理常发现未按规范分层回填，且有建筑垃圾倒入，从而导致回填土不密实，地面雨水积水渗入地下结构。	地下室及基础回填土施工操作中，其回填土密实度按规范要求分层回填，其分层厚度及掺合材料按规定执行。

2. 小结

（1）从施工隐患看施工管理

1）现状与隐患

地下结构工程因现场施工管理者（项目经理及技术负责人）质量管理不当，导致地下防水工程不到位、回填土不实、庭院积水，存在房屋建筑渗漏隐患。

2）治理与改进

当前现场施工管理者的差距，急待施工企业主管，抓一下人员的再教育，提高房屋防漏意识，要明确地下结构工程质量控制的目标，全面掌握地下结构渗漏的原理，用创新的思维和行动，创出从工程竣工到使用多年而不渗漏的品牌。

（2）从施工隐患看施工操作

1）现状与隐患

地下结构工程因现场施工操作者（工长、工人等）存在操作不当，或存在不合格部位，导致地下防水施工中出现工程质量不到位、回填土不实、庭院积水，存在房屋建筑渗漏隐患。

2）治理与改进

当前现场施工操作者的差距，急待施工企业主管，抓一下现场施工操作者（工长、工人）的再教育，提高房屋防漏意识和治理隐患的技能。在地下结构工程中，防水及回填土工序操作的基本要求，就是要求贴住渗漏部位，用创新的思维、敬业的精神和行动，创出从工程竣工到使用多年而不渗漏的品牌。

4.2.2 钢筋工程

施工隐患存在于房屋建筑的各个分部分项工程之中。

施工隐患存在于钢筋工程施工管理和施工操作之中。

此处，剖析施工管理和施工操作人员存在的问题。

我们汇总了监理工程师的意见。

1. 要点

（1）施工隐患

涉及房屋建筑主体结构（梁、板、柱、墙及基础等）发生开裂，导致房屋渗漏等隐患。

（2）现场剖析

涉及施工管理者（项目经理及技术负责人）及现场施工操作者（工长、工人等）。

（3）分析依据

1）《建筑工程施工质量验收统一标准》GB/T 50300—2013 和《建设工程监理规范》GB 50319—2012

2）监理监控记录分析及总结（监理会议纪要、监理月报等）

（4）钢筋工程隐患分析（剖析施工管理者）（表 4-3）

（5）钢筋工程隐患分析（剖析施工操作者）（表 4-4）

钢筋工程隐患分析（剖析施工管理者） 表4-3

项目	现状与隐患	治理与改进
钢筋工程	（1）施工管理者对钢筋材料出现不合格、钢筋配置与图纸不符合、各专业配管留洞，与图纸不符合的隐患认识不足。 （2）施工管理者在钢筋工程中管理不严，楼板钢筋骨架绑扎成型后，发生踩踏钢筋现象，致使混凝土保护层偏离规范值，导致楼板出现不正常裂缝。 （3）施工管理者在钢筋工程中管理不严，框架柱与梁板接头，钢筋过于密集，致使钢筋间距小于规范值，造成框架节点处混凝土振捣不密实，导致楼板出现不正常裂缝。	（1）施工管理者对钢筋绑扎工序，要自我质量保证，钢筋工程的管理者，应当是有经验、有判断能力的钢筋工种的技术负责人。 （2）施工企业有经验的技术负责人，对钢筋材料的采购、进场、合格证查验及钢筋实际外观检查负责。 （3）施工管理者要加强钢筋工程的管理，楼板钢筋骨架绑扎成型后，严禁发生踩踏钢筋现象，确保主体结构不出现不正常裂缝。 （4）施工管理者要加强钢筋工程的管理，框架柱与梁板接头，钢筋过于密集而浇筑困难时，施工管理者要主动与设计协调解决，确保框架节点处混凝土振捣密实，确保楼板不出现不正常裂缝。

钢筋工程隐患分析（剖析施工操作者） 表4-4

项目	现状与隐患	治理与改进
钢筋工程	（1）主体结构梁、柱、楼板及墙等部位，钢筋进场检验、钢筋下料、钢筋焊接、钢筋骨架绑扎成型等多道工序，构成了混凝土浇筑之前的交叉施工，处处检验着施工操作者的施工质量。 （2）监理在钢筋工程工序检查中常发现，钢筋工程施工中出现不合格品及不合格部位。 （3）其具体施工操作的工人，技术水平、技术操作熟悉程度差异较大，需要技术培训和技术考核。	钢筋工程工人操作上存在的差距，经监理指出问题后，基本上均已整改，当务之急，施工企业主管要加强施工人员的管理和培训，提高工人的素质，否则，难于保证主体结构不开裂不渗漏。

2. 小结

（1）从施工隐患看施工管理

1）现状与隐患

钢筋工程因现场施工管理者（项目经理及技术负责人）质量管理不当，导致钢筋绑扎骨架不到位，存在房屋结构开裂、雨水渗漏隐患。

2）治理与改进

当前现场施工管理者的差距，急待施工企业主管，抓一下人员的再教育，提高房屋防漏意识，要明确钢筋工程质量控制的目标，是主体结构钢筋绑扎正确，确保混凝土密实而不开裂，应全面掌握主体结构渗漏的原理，用创新的思维和行动，创出从工程竣工到使用多年而不渗漏的品牌。

（2）从施工隐患看施工操作

1）现状与隐患

钢筋工程因现场施工操作者（工长、工人等）存在操作不当，或存在不合格部位，导致钢筋绑扎骨架出现质量不到位，存在房屋结构开裂、雨水渗漏隐患。

2）治理与改进

当前现场施工操作者（工长、工人等）的差距，急待施工企业主管，抓一下现场施工操作者的再教育，提高房屋防漏意识和治理隐患的技能，在主体结构工程中，钢筋绑扎工序的正确操作，是绑扎钢筋的正确配置，防止结构渗漏。用创新的思维、敬业的精神和行动，创出从工程竣工到使用多年而不渗漏的品牌。

4.2.3 模板工程

施工隐患存在于房屋建筑的各个分部分项工程之中。

施工隐患存在于主体结构的模板工程施工管理和施工操作之中。

此处，剖析施工管理和施工操作人员存在的问题。

我们汇总了监理工程师的意见。

1. 要点

（1）施工隐患

涉及房屋建筑主体结构（梁、板、柱、墙及基础等）发生开裂，导致房屋渗漏等隐患。

（2）现场剖析

涉及施工管理者（项目经理及技术负责人）及现场施工操作者（工长、工人等）。

（3）分析依据

1）《建筑工程施工质量验收统一标准》GB/T 50300—2013 和《建设工程监理规范》GB 50319—2012

2）监理监控记录分析及总结（监理会议纪要、监理月报等）

（4）模板工程隐患分析（剖析施工管理者）（表4-5）

（5）模板工程隐患分析（剖析施工操作者）（表4-6）

模板工程隐患分析（剖析施工管理者） 表 4-5

项目	现状与隐患	治理与改进
模板工程	（1）施工管理者对模板工程存在隐患，从而造成房屋结构梁、板、柱及墙的尺寸不准确，认识不足。 1）窗洞的尺寸不准，就要事后用砂浆填抹，填抹不实，就要给窗缝飘下雨水留下隐患。 2）屋顶楼板与梁、柱、墙、女儿墙连接节点模板尺寸不准确，将导致雨水通过结构裂缝进入室内。 3）大模板在混凝土墙上的螺栓孔，在拆模之后要认真填堵，光靠外墙涂料涂抹不行，雨水会从残留的缝隙中渗入室内。 （2）施工管理者面对模板工程的隐患，支模尺寸误差控制不严，导致门窗洞口尺寸出现较大偏离。缺乏开拓进取，深入钻研，加强管理，严格控制模板尺寸，根治隐患的思路和行动。 （3）施工管理者，面对拆模周期过早，因温度、养护等原因，造成楼板出现不正常裂缝的隐患，缺乏开拓新思路，深入钻研，加强管理，严格控制拆模周期，根治隐患的思路和行动。	（1）施工管理者要确保模板工序的质量，首先要对模板尺寸自我保证，其次是模板工程的管理者，应当是有经验、有判断能力的木工工种的技术负责人。 （2）现场施工管理者要严格控制支模尺寸误差，门窗洞口尺寸不出现偏离。 （3）现场施工管理者要严格控制拆模周期，避免因温度、养护等原因，造成楼板出现不正常裂缝。

模板工程隐患分析（剖析施工操作者）　　　　　　　　　　　　　表 4-6

项目	现状与隐患	治理与改进
模板工程	（1）主体结构梁、柱、楼板及墙等部位的模板工程，支模、拆模等多道工序，展现了现场施工操作者的木工操作能力，基本上能满足主体结构浇筑混凝土的基本要求。 （2）监理检查中发现，模板工程施工中，施工操作的工人，其技术水平、技术操作熟悉程度差异较大，特别是房漏与防漏的意识，需要技术培训和技术考核。 （3）纵观当前施工现场现状，模板工程工人操作上存在的差距，经监理指出问题后，基本上均已整改，当务之急，施工企业主管要加强施工人员的管理和培训，提高工人的素质，否则，难于保证主体结构不开裂不渗漏。	（1）施工操作者认真执行质量标准，严格控制支模尺寸误差，确保主体结构尺寸和门窗洞口尺寸正确。 （2）施工操作者不得擅自拆模，要严格控制拆模周期，根据混凝土试块龄期，控制拆模后楼板不裂。

2. 小结

（1）从施工隐患看施工管理

1）现状与隐患

模板工程因现场施工管理者（项目经理及技术负责人）质量管理不当，导致模板尺寸、节点连接不到位，存在房屋结构开裂、雨水渗漏隐患。

2）治理与改进

当前现场施工管理者的差距，急待施工企业主管，抓一下人员的再教育，提高房屋防漏意识，要明确模板工程质量控制的目标，是主体结构模板尺寸正确，按龄期控制拆模，确保混凝土密实而不开裂，应全面掌握主体结构渗漏的原理，用创新的思维和行动，创出从工程竣工到使用多年而不渗漏的品牌。

（2）从施工隐患看施工操作

1）现状与隐患

模板工程因现场施工操作者（工长、工人）存在操作不当，或存在不合格部位，导致模板尺寸、节点处出现质量不到位，存在房屋结构开裂、雨水渗漏隐患。

2）治理与改进

当前现场施工操作者（工长、工人）的差距，急待施工企业主管，抓一下现场施工操作者的再教育，提高房屋防漏意识和治理隐患的技能，在主体结构工程中，支模和拆模工序操作基本要求，是支撑操作技术正确，防止结构渗漏，用创新的思维、敬业的精神和行动，创出从工程竣工到使用多年而不渗漏的品牌。

4.2.4　混凝土工程

施工隐患存在于房屋建筑的各个分部分项工程之中。

施工隐患存在于主体结构的混凝土工程施工管理和施工操作之中。

此处，剖析施工管理和施工操作人员存在的问题。

我们汇总了监理工程师的意见。

1. 要点

（1）施工隐患

涉及房屋建筑主体结构（梁、板、柱、墙及基础等）发生开裂，导致房屋渗漏等隐患。

（2）现场剖析

涉及施工管理者（项目经理及技术负责人）及现场施工操作者（工长、工人等）。

（3）分析依据

1）《建筑工程施工质量验收统一标准》GB/T 50300—2013 和《建设工程监理规范》GB 50319—2012

2）监理监控记录分析及总结（监理会议纪要、监理月报等）

（4）混凝土结构工程隐患分析（剖析施工管理者）（表 4-7）

（5）混凝土工程隐患分析（剖析施工操作者）（表 4-8）

混凝土工程隐患分析（剖析施工管理者）　　　　　表 4-7

项目	现状与隐患	治理与改进
混凝土工程	（1）施工管理者对混凝土工程的本质认识不足： 1）商品混凝土出现不合格，主体结构混凝土浇捣不密实，混凝土浇捣时踩倒钢筋。 2）施工过程中，施工管理者缺乏质量自我保证意识，对监理监控意见落实不利。 3）竣工验收之后，如果混凝土结构留下隐患，则难于修补。 （2）施工管理者缺乏防止渗漏意识： 1）混凝土浇筑过程中，因各种原因导致主体结构的混凝土不密实，都可能为雨水渗漏的隐患。 2）雨水渗漏的路径：通过楼板的裂缝或孔洞流入室内，或通过墙的裂缝或孔洞渗入室内。 （3）施工管理者对商品混凝土进场管理和把关不严，不合格商品混凝土可能流入工地，严重影响混凝土质量，影响房屋结构质量。 （4）施工管理者对混凝土整体浇筑管理不严，浇捣不密实，或者浇捣时踩踏钢筋，造成钢筋变形、移位，影响混凝土浇筑质量。	（1）施工管理者应当是有经验、有判断能力的混凝土工种的技术负责人。要求施工方混凝土工序的振捣质量要自我保证。 （2）施工企业的主管，要重视混凝土浇筑工程。因为，主体结构工程（包括：钢筋分项工程、模板分项工程及混凝土分项工程）占施工项目建设周期的三分之二，量大面广的几个分项工程，复杂的工序交织，整体质量控制相当有难度。需要明察秋毫，需要智慧。 （3）施工管理者要严格管理商品混凝土进场，严格控制不合格品进入工地，确保房屋结构混凝土质量。 （4）现场施工管理者上岗混凝土整体浇筑时，要严格管理混凝土浇捣密实，严防浇捣时踩踏钢筋，造成钢筋变形、移位。现场施工管理者要在浇筑混凝土全过程中，坚守第一线岗位，加强施工操作管理，确保房屋结构混凝土浇筑质量。 （5）施工管理者要严格控制屋顶女儿墙混凝土浇筑，要特别注意确保女儿墙混凝土浇捣密实，女儿墙的侧面和顶面如产生裂缝，则雨水会穿墙而下，越过防水层进入室内。 （6）施工管理者要严格控制楼板向外延伸的阳台（或雨篷）混凝土浇筑，要特别注意确保阳台（或雨篷）混凝土浇捣密实，阳台（或雨篷）板面（或与墙结合处）如产生裂缝，则雨水会穿墙而下，进入室内。

混凝土工程隐患分析（剖析施工操作者） 表 4-8

项目	现状与隐患	治理与改进
混凝土工程	（1）主体结构梁、柱、楼板及墙等部位的混凝土浇筑，从商品混凝土进场到在施部位的浇筑，展现了现场施工操作者完成主体结构混凝土浇筑的全过程。 （2）监理检查中发现有振捣不实部位，并当场纠正。在事后检查混凝土结构外观时发现，确有微裂和开裂部位。 （3）混凝土工程施工中，其具体施工操作的工人，技术水平、技术操作熟悉程度差异较大，需要技术培训和技术考核。 （4）纵观当前施工现场现状，混凝土工程工人操作上存在的差距，在主体结构上留下的不合格部位，恰恰就为雨水或楼上楼下积水留下了无孔不入的通道，结构在投入使用之前，微裂和开裂情况是不允许的。 （5）施工企业主管要加强施工人员的管理和培训，提高工人的素质，否则，难于保证主体结构不开裂不渗漏。	（1）专人管理和控制商品混凝土进场，派有经验人员在商品混凝土卸车处把关，严格控制不合格品进入施工现场，一旦发现异常，立即按程序处置。 （2）混凝土整体浇筑时，操作人员确保混凝土浇捣密实，浇捣时不踩踏钢筋，发现钢筋变形、移位，立即整改。 （3）屋顶女儿墙浇筑时，确保女儿墙混凝土浇捣密实，确保女儿墙的侧面和顶面不产生裂缝。 （4）楼板向外延伸的阳台（或雨篷）混凝土浇筑时，要特别注意确保阳台（或雨篷）混凝土浇捣密实，确保阳台（或雨篷）板面（或与墙结合处）不产生裂缝。

2. 小结

（1）从施工隐患看施工管理

1）现状与隐患

混凝土浇筑工程因现场施工管理者（项目经理及技术负责人）质量管理不当，导致混凝土浇捣不实，存在房屋结构开裂、雨水渗漏隐患。

2）治理与改进

当前现场施工管理者的差距，急待施工企业主管，抓一下人员的再教育，提高房屋防漏意识，要明确混凝土工程质量控制的目标，是主体结构混凝土浇捣密实而不开裂，应全面掌握主体结构渗漏的原理。用创新的思维和行动，创出从工程竣工到使用多年而不渗漏的品牌。

（2）从施工隐患看施工操作

1）现状与隐患

混凝土浇筑工程因现场施工操作者（工长、工人）存在操作不当，或存在不合格部位，导致混凝土工程出现浇捣不实等缺陷，存在房屋结构开裂、雨水渗漏隐患。

2）治理与改进

当前现场施工操作者的差距，急待施工企业主管，抓一下现场施工操作者（工长、工人）的再教育，提高房屋防漏意识和治理隐患的技能，主体结构工程中，浇筑混凝土工序操作基本要求，就是振捣密实渗漏部位，用创新的思维、敬业的精神和行动，创出从工程竣工到使用多年而不渗漏的品牌。

4.2.5 防水工程

施工隐患存在于房屋建筑的各个分部分项工程之中。

施工隐患存在于屋面防水工程施工管理和施工操作之中。

此处，剖析施工管理和施工操作人员存在的问题。

我们汇总了监理工程师的意见。

1. 要点

(1) 施工隐患

主要涉及房屋建筑屋面防水工程发生开裂，导致房屋渗漏等隐患。

(2) 现场剖析

涉及施工管理者 (项目经理及技术负责人) 及现场施工操作者 (工长、工人等)。

(3) 分析依据

1) 《建筑工程施工质量验收统一标准》GB/T 50300—2013 和《建设工程监理规范》GB 50319—2012

2) 监理监控记录分析及总结 (监理会议纪要、监理月报等)

(4) 防水工程隐患分析 (剖析施工管理者) (表4-9)

(5) 防水工程隐患分析 (剖析施工操作者) (表4-10)

防水工程隐患分析 (剖析施工管理者)　　　　　　　　　　　　　　　表4-9

项目	现状与隐患	治理与改进
屋面防水工程	(1) 因施工管理者管理不到位，出现的问题： 1) 防水材料不合格 (防水卷材或防水涂料)。 2) 防水施工"收边收口"粘结不合格 (防水层之间的粘结及防水层与主体结构相关部位的粘结)。 3) 防水面层流水坡度不合格 (屋面表面有积水) 等。 (2) 因施工管理者管理不到位，出现的上述防水材料和防水施工工序的不合格，导致了房屋的渗漏。竣工验收时，可能在现场检查和发现一些问题，但不全面，仍会留下隐患和漏洞。 (3) 施工管理者认识上的差距：防水工程的施工工序，是一个比较复杂，比较细致的活茬，不能只看查验签字，也不能靠竣工时短暂时间的检查，如果埋下隐患，则大雨过后，原形毕露，室内必漏无疑。 (4) 总包施工管理者对防水分包管理不到位，屋面防水工程验收时，如不是在大雨天，难于判断是否合格。	(1) 施工管理者对防水工程的各道工序的质量要自我保证，监理工程师现场要进行工序查看，并在大雨过后进行复查，发现问题监理要监督返修，返修的工序相当复杂。 (2) 施工企业的主管，要重视防水工程的许多细节，雨水就是从那些边边角角、沟沟坎坎的接缝中流入。防水分包队的施工质量，难以保证。总包要主抓，要深入，要在防水工程施工的全过程中，有作为，有行动，有保证。 (3) 总包施工管理者要检查防水分包队的资质，要检查施工人员的上岗证明，要检查防水材料的合格证明，要检查防水操作的环境 (大风沙天、雨天不能操作)。 (4) 分包队防水工程施工过程中，总包管理人员，要跟班监督质量。具体项目为：防水层底层处理是否到位？防水层平面是否留有足够的坡度？屋面防水层与边、角、洞口的"收边收口"处理是否不存在"张口"。 (5) 总包对分包队的监督与管理，应当强调跟班，是全方位的，不准有任何漏点和隐患。

防水工程隐患分析（剖析施工操作者）　　　　　　　　　表 4-10

项目	现状与隐患	治理与改进
屋面防水工程	（1）监理现场检查发现，防水层粘贴施工，防水层"收边收口"等细部节点施工，施工操作工人，技术水平、技术操作熟悉程度差异较大。 （2）当前现场施工防水的操作者，不如房修工人对漏雨、漏点、堵漏等理解得深刻，前者，只知道防水层操作；后者，则跟踪到修补到不漏为止。 （3）当前施工操作者缺乏房屋渗漏的全过程知识，急需施工企业组织技术培训、技术教育和考核。	（1）防水分包队要主动出示施工单位资质及施工人员的上岗证明，要主动出示防水材料的合格证明。 （2）风沙天、雨天的环境下，不能做防水层施工操作。 （3）分包队防水工程施工过程中，要服从总包人员管理。特别要接受总包检查的具体项目为：防水层底层处理到位，防水层平面要有足够的坡度，屋面防水层与边、角、洞口的"收边收口"处理不存在"张口"。

2. 小结

（1）从施工隐患看施工管理

1）现状与隐患

屋面防水工程因现场施工管理者（项目经理及技术负责人）质量管理不当，导致防水层施工不当，存在屋面防水层开口或开裂、雨水渗漏隐患。

2）治理与改进

当前现场施工管理者的差距，急待施工企业主管，抓一下人员的再教育，提高房屋防漏意识，要明确屋面防水工程质量控制的目标，是确保屋顶结构（防水层、结构层）不渗漏，应全面掌握屋顶结构渗漏的原理，用创新的思维和行动，创出从工程竣工到使用多年而不渗漏的品牌。

（2）从施工隐患看施工操作

1）现状与隐患

屋面防水工程因现场施工操作者（工长、工人）存在操作不当，或存在不合格部位，导致屋面防水施工中出现工程质量不到位、存在屋面防水层开口或开裂、雨水渗漏隐患。

2）治理与改进

当前现场施工操作者的差距，急待施工企业主管，抓一下现场施工操作者（工长、工人）的再教育，提高房屋防漏意识和治理隐患的技能，在屋面防水工程中，要求用正确的操作技术，堵住渗漏渠道。用创新的思维、敬业的精神和行动，创出从工程竣工到使用多年而不渗漏的品牌。

经验提示：施工人员的差距	综上，如何看当前施工人员的素质与差距？如何治理房漏？ （1）地下结构：地下防水施工人员操作有差距；（2）钢筋工程：钢筋绑扎人员操作有差距；（3）混凝土工程：混凝土浇筑人员操作有差距；（4）防水工程：屋面防水施工人员操作有较大差距。

4.3 施工隐患二（建筑材料的鉴别与选用）

从工程监理的视角，看施工工地的材料，看在施部位的材料，是否符合生产合格建筑产品的需要。

从当前建筑工程施工隐患如何治理的视角，通过现场材料选择和使用现状进行剖析，并提出改进意见，给广大使用用户一个满意的回答。

4.3.1 现状与隐患

施工隐患存在于房屋建筑的各个分部分项工程之中。

此处，剖析施工工地上建筑材料存在的问题。

我们汇总了监理工程师的意见。

1. 要点

（1）施工隐患

涉及地下结构、钢筋、模板、混凝土及屋面防水等分项工程，因材料存在不合格，导致房屋发生渗漏。

（2）现场剖析

涉及施工管理者（项目经理及技术负责人）及现场施工操作者（工长、工人等）在材料进场、材料鉴别和材料选用等方方面面。

（3）分析依据

1）《屋面工程技术规范》GB 50345—2012 和《建设工程监理规范》GB 50319—2012

2）监理监控记录分析及总结（监理会议纪要、监理月报等）

以上，建筑材料的现状与隐患分析，见表4-11。

建筑材料的现状与隐患分析　　　　　　　　　　　　　　　　　表 4-11

项目	现状与隐患	注
（1）地下结构工程	（1）卷材防水及粘合材料 监理查验地下室底板防水和墙体防水施工时，曾发现卷材防水及粘合材料存在不合格品，如不清除和整改，则地下结构存在渗漏隐患。 （2）防水层的保护层 监理查验地下室底板防水和墙体防水施工时，曾发现防水层的保护层存在不合格品，未起到保护的作用，如不更换和整改，则地下结构存在渗漏隐患。 （3）回填土掺合料及密实性 监理查验地下室及基础回填土施工时，曾发现回填土的掺合料及密实性不合格，有可能出现整体塌陷，如不纠正和整改，则地下结构存在渗漏隐患。 以上，有可能出现不合格材料和部位，提醒施工管理者严格控制，杜绝房屋地下结构渗漏隐患。	卷材防水及粘合材料、防水层的保护层、回填土掺合料及密实性存在不合格品及不合格部位，急待现场施工管理者、现场施工操作者在各自不同的职责中发现、清理、纠正和整改，杜绝隐患。

111

续表

项目	现状与隐患	注
（2）钢筋工程	（1）楼板钢筋 监理查验楼板钢筋材质及钢筋骨架成品时，曾发现钢筋材质及钢筋骨架成品出现不合格。 （2）梁、柱、墙钢筋 监理查验梁、柱、墙钢筋材质及钢筋骨架成品时，曾发现钢筋材质和骨架尺寸出现不合格品。 以上，出现不合格材料和部位，如不清除和整改，则主体结构存在渗漏隐患。提醒钢筋工程的施工管理者严格控制，杜绝房屋结构（楼板、梁、柱、墙）渗漏隐患。	钢筋材质、钢筋骨架成品存在不合格品及不合格部位，急待现场施工管理者、现场施工操作者在各自不同的职责中发现、清理、纠正和整改，杜绝隐患。
（3）模板工程	（1）支模 监理查验模板工程支模时，发现模板存在尺寸误差超标等不合格部位。 （2）拆模 监理查验模板工程拆模时，发现拆模周期过早，因温度、养护等原因，造成楼板开裂，属模板工程工序（或流水段）不合格部位。 以上，有可能出现不合格部位，提醒模板工程的施工管理者严格控制，杜绝房屋结构（楼板、梁、柱、墙）渗漏隐患。	支模尺寸误差超标、拆模周期过早，因温度、养护等原因，造成楼板开裂，急待现场施工管理者、现场施工操作者在各自不同的职责中发现、纠正和整改，杜绝隐患。
（4）混凝土工程	（1）商品混凝土 监理查验商品混凝土进入工地和浇筑质量时，曾发现商品混凝土不合格品流入工地，严重影响房屋主体结构质量。 （2）混凝土浇筑不密实 监理查验主体结构混凝土浇筑时，曾发现浇筑不密实，或者浇捣时踩踏钢筋，造成钢筋变形、移位等不合格部位，存在雨水渗漏隐患。 以上，有可能出现不合格的材料和部位，提醒混凝土工程的施工管理者严格控制，及时纠正和整改，杜绝房屋混凝土结构（楼板、梁、柱、墙）渗漏隐患。	商品混凝土不合格品流入工地、主体结构混凝土浇筑不密实，或者浇捣时踩踏钢筋，造成钢筋变形、移位等，急待现场施工管理者、现场施工操作者在各自不同的职责中发现、清理、纠正和整改，杜绝隐患。
（5）屋面防水工程	（1）防水卷材及粘结材料 监理查验防水卷材及粘结材料时，曾发现有不合格品及不合格部位，存在房屋渗漏隐患。 （2）防水层与结构结合 监理查验防水层与结构结合部位时，曾发现因防水工程施工操作不合格，导致防水层与结构"收边收口"粘结不合格，存在房屋渗漏隐患。 以上，有可能出现不合格材料和部位，提醒屋面防水工程的施工管理者严格控制，发现问题部位及时纠正和整改，杜绝房屋结构（楼板、墙）渗漏隐患。	防水卷材及粘结材料、防水层与结构结合处不合格品和不合格部位，急待现场施工管理者、现场施工操作者在各自不同的职责中发现、清理、纠正和整改，杜绝隐患。

2. 小结

（1）防水材料现状与隐患

监理查验和分析表明，防水材料及粘贴部位存在不合格，造成工程隐患，是导致房屋渗漏的根源。施工企业主管应清醒地认识这一现状。

（2）商品混凝土现状与隐患

监理查验和分析表明，商品混凝土进场和振捣部位存在不合格，造成工程隐患，是导致房屋渗漏的根源。施工企业主管应清醒地认识这一现状。

（3）防止渗漏的两道防线

1）从屋面往下说，防水层是房屋防止渗漏的第一道防线，防水材料及施工质量的可靠性至关重要。

2）从防水层往下说，结构楼板是房屋防止渗漏的第二道防线，混凝土材料及楼板施工质量的可靠性至关重要。

3）防水材料及混凝土材料，以及上述施工部位的可靠性，是治理房屋渗漏的关键。施工企业主管应清醒地认识这一点。

4.3.2　治理与改进

从工程监理的视角，对现场施工工地、施工现场的在施部位使用的材料现状进行了剖析，深入了解了施工现场的现状，现场施工管理者肩负重任，应提高对房漏与防漏的认识，并进一步改进施工企业的管理工作。

现场施工管理者应认识到，工地上建筑材料的不合格，是导致房屋渗漏的根源，因此，房漏治理有必要从进场的材料抓起。

在施部位材料的不合格，是导致房屋渗漏的直接原因，因此，房屋结构与防水材料的结合、封顶、收边、填缝、收口等部位的用料缺陷，将直接导致房屋渗漏。

用科学的思维理念，看房漏与防漏的现状，看房屋建筑的各个部位，唯有使用合格的建筑材料，才是施工企业交出合格的建筑成品的基础。

用发展的质量理念，看房漏与防漏的现状，最终施工企业交出的建筑成品，还要经受用户（使用方）的长期检验。

1. 改进材料管理

（1）加强材料管理

现场施工管理者（施工企业材料主管、施工单位主管、材料员）要懂技术，懂管理，懂经济，懂法规，懂质量控制。

现场施工管理者要懂房漏与防漏的知识和内涵，要懂得材料的材质和性能，哪些材料易导致房屋渗漏。

现场施工管理者尤其要有公正的职业道德，对那些不合格的材料要果断清理，要杜绝进场。

现场施工管理者考察材料厂家时，要公正判断，不被表面现象或其他因素所迷惑，防止劣质和低价（次品、处理品）材料进入工地。

（2）地下防水材料

地下室及基础防水材料，通常是防水施工的分包方包工包料单独进场，由监理直接对分包，其防水分包队资质、能力、材料和施工操作漏洞很大，总包的质量管理如何跟上，是现场施工管理者的重要课题。

（3）商品混凝土

屋面楼板混凝土浇筑，其商品混凝土的质量相当关键，现场施工管理者应加强这一环节的质量管理，商品混凝土如出现问题，则难保证楼板不发生渗漏。

（4）屋面防水材料

现场施工管理者要下大功夫抓材料管理，通常屋面防水施工和地下防水施工是同一家分包单位，分包的问题是总包只管表格签字，纳入总包档案，其材料进场、施工操作等均由分包单位单独行动，只是在验收的时候，由总包的现场施工管理者出来应付一下。这就是屋面防水工程存在隐患，以及房屋出现漏雨的一大原因，值得施工企业管理者深思。

（5）钢筋及混凝土

主体结构（钢筋绑扎、混凝土浇筑）及内外装修所用的材料，现场施工管理者要制订一个材料质量控制的措施，让合格的材料用于建筑成品各个部位，让不合格品剔除场外。

2. 不合格材料控制

不合格材料的控制，其控制点表现为，施工企业主管材料采购、鉴别、进场、检验及使用。建设开发单位供应的材料也涉及同样的控制点。监理单位对材料的查验是不合格材料控制的重要节点。

施工企业的管理者抓房漏与防漏的教育，要在鉴别材料缺陷方面下功夫。

（1）鉴别防水材料

不合格防水材料是房屋渗漏的根源，治理房漏从源头抓起。

防水材料的不合格品表现在进场和粘结部位：

1）防水材料（卷材或涂料）进场不合格——施工单位总包和防水分包队均有责任实施控制，从防水材料的材质到出厂合格证明，从施工经验的判断到价格鉴别，严格控制不合格品进入现场。

2）防水材料（卷材或涂料）粘结部位不合格——施工单位总包要对整体防水工程负责，防水分包队的施工操作过程中，对粘结部位的材料和建筑节点整体质量全面负责。

3）房屋投入使用后，一旦发生渗漏，有关责任单位管理者在现场共同鉴别渗漏原因，在修补过程中吸取教训。

（2）鉴别商品混凝土

不合格的商品混凝土用于结构之中，是房屋结构强度不可靠，且发生渗漏的根源，治理房漏应从源头抓起。

商品混凝土的不合格品表现在进场和在施部位：

1）商品混凝土进场不合格——商品混凝土罐车进入工地大门口，意味着混凝土材料进场，通常，施工单位以为平安无事，仅做一般检查，并没有起到严格把关的作用。

2）商品混凝土在施部位不合格——混凝土泵送到在施部位浇筑成型，在这几个小时施工过程中，可能出现异常，这是出现不合格商品混凝土的进一步表现。

本书工程案例表明，商品混凝土进场时，曾发现混凝土骨料不合格案例。混凝土在施部位浇筑时，曾发现添加剂不合格等案例。

主体结构（钢筋绑扎、混凝土浇筑）及内外装修材料，均存在着与房漏有关的工程隐患。施工企业主管肩负着质量自我保证的重任。

3. 意见小结

上文重点谈了改进材料管理和不合格材料控制，此处，简要小结一下。建筑材料：谁来管，管什么。建筑材料：防水材料、钢筋及商品混凝土的查验。

（1）建筑材料谁来管

工地上各种建筑材料的进场、堆放和施工操作，谁来管？施工方、监理方、建设开发方都有责任参与管理。

1）施工单位

施工方对建筑材料的质量应自我保证。

用于主体结构的钢筋、商品混凝土是工地上的重要材料，严格控制材料不合格发生。用于相关部位的防水材料等，分包队要自我保证，总包要负责查验。

2）监理单位

监理方对工地上的建筑材料的质量实施监控和查验。

用于主体结构的钢筋及商品混凝土，监理要查验，并监控材料不合格发生。用于相关部位的防水材料等，监理要查验，并监控不合格发生。

3）甲方（建设单位）

甲方对工地上建筑材料的质量有统一管理的职责，因为材料是建筑成品的基本要素。

施工单位材料选购时，甲方技术主管要提出建议，防止低质材料进场。工地上，因选用材料发生事故或纠纷，甲方技术主管应提出意见。

（2）建筑材料管什么

1）施工单位

施工方对建筑材料质量自我保证的内容应为：材料合格证明、材料试验证明及报送监理验评等手续证明。

用于主体结构的钢筋及商品混凝土，施工单位应核实材料进场合格证明，核实材料进场实物的可靠性，核实钢筋绑扎及混凝土浇筑过程中，使用材料合格，并按程序完整交出试验报告，给监理查验。

用于相关部位的防水材料等，总包单位应核实材料进场合格证明，核实材料进场实物的可靠性，核实防水施工过程中，使用材料合格，并按程序完整交出试验报告，报监理查验。

2）监理单位

用于主体结构的钢筋及商品混凝土，用于相关部位的防水材料等，监理监控要点，见本书第3章内容。

（3）防水材料的查验

1）防水材料进场

进场把关：防水材料卷材、防水涂料、粘结材料、堵缝材料等进场查验，其合格证明、试验报告等，由总包技术总管经手把关，落实防水材料（实物）的可靠性，并报监理查验。

2）防水材料在施部位

操作把关：防水材料卷材、防水涂料、粘结材料、堵缝材料等，在施部位的查验，现场施工管理者要对防水材料逐项查验，落实防水材料（实物）的可靠性。分包队的所有用料，均由总包人员全面查验，剔除不合格品。

（4）钢筋的查验

1）钢筋进场

钢筋等钢材进场查验，其合格证明、试验报告等，由施工现场管理者把关，落实钢材（实物）的可靠性，并报监理查验。

2）钢筋绑扎骨架

钢筋绑扎骨架过程中，在施部位的查验，由现场施工管理者对钢筋进行全面查验，剔除不合格品。

（5）商品混凝土的查验

1）商品混凝土进场

进场把关：商品混凝土进场查验，其合格证明、试验报告等，由现场施工管理者把关，落实进场商品混凝土的可靠性，并报监理查验。

2）商品混凝土浇筑

操作把关：商品混凝土浇筑过程中的查验，由现场施工管理者全面把关，发现不合格品，及时剔除。

经验提示：材料的鉴别与选用

综上，如何看施工材料的隐患与差距？如何治理房漏？（1）改进材料管理：钢筋、商品混凝土、防水等材料，要专人科学管理；（2）不合格材料控制：钢筋、商品混凝土、防水等材料，确有不合格品流入工地，施工方主管要警惕。

4.4　施工隐患三（施工方法的剖析与改进）

施工现场"人、机、料、法、环"（人工、机械、材料、方法和环境）中，施工方法是否正确、合理？表现为工程质量的延续性。在使用阶段房漏的出现，说明建设阶段施工方法有问题。

从工程监理的视角，评说施工操作的现状做法和改进做法：（1）现状做法指传统的施工方法，但存在值得改进的部分；（2）改进做法指吸收房漏的教训，悟出值得创新的部分，目的是达到房屋防渗漏的目标。

从当前建筑工程存在的施工隐患，以及在使用阶段表现的工程缺陷，我们认真讨论如何治理，通过现场施工方法的剖析和改进，旨在给房屋的广大用户一个满意的回答。

4.4.1 地下结构工程

聚焦房屋渗漏的工程隐患，反思现状施工方法。

在以往地下结构工程施工过程中，现状施工方法存在不当之处，需要在剖析中取得共识。

在当前地下结构工程施工过程中，改进现状施工方法是当务之急，需要在创新中取得改善。

【剖析】

1. 剖析依据

（1）《建筑工程施工质量验收统一标准》GB/T 50300—2013 和《建设工程监理规范》GB 50319—2012

（2）监理监控记录分析及总结（监理会议纪要、监理月报等）

（3）房屋渗漏的用户反映（本书第 2 章）

2. 现状问题

（1）地下室底板防水和墙体防水

1）施工方法问题一（防水分包）

①现状做法

现状做法存在的问题是：分包队在工地上独来独往，总包撒手不管，其防水分包队的施工方法总包并不过问，而防水分包队的施工方法存在"活糙"的问题，给工程留下了渗漏隐患。

②监理查验

监理现场查验防水施工存在操作不合格，监理整体验收存在与建筑节点要求不合格。由于现状地下防水施工质量难于保证，导致工程隐患在使用期的表现为房屋渗漏。

③总包做法

当前现场总包对防水工程的现状管理，并未深入到防水施工工序之中，所以房屋渗漏的深入追究，总包还是把防水分包请回来应付。

2）施工方法问题二（培训教育）

①施工方法的深入理解

对于防水分包，急需解决的问题是：防水施工操作的规范性，以及防水操作与房屋渗漏的关系。

对于现场总包，急需解决的问题是：了解防水工程的内涵是防水层与主体结构的结合，以及防水工程与房屋渗漏的深刻联系。

②施工方法的普及教育

对于防水分包，规范防水施工操作的同时，要了解主体结构、防水工程及房屋渗漏知识和信息。

对于现场总包，要认识主体结构、防水工程及房屋渗漏的现状，认识到地下防水工程的施工方法存在的问题和如何解决。

（2）地下室底板防水和墙体防水的保护层

1）施工方法问题一（防水保护）

①现状做法存在的问题是：地下室底板防水和墙体防水的保护层（保护墙）施工，其施工单位临时派人操作，不规范，对防水层的保护不可靠。地下结构防水及其保护做法，并未引起施工方主管的足够重视。

②纵观地下室底板防水和墙体防水的保护层（保护墙）施工中存在的隐患，以及给房屋地下渗漏带来的影响，反思现状施工方法，有改进的必要。

2）施工方法问题二（整体防水）

①房屋地下结构发生渗漏与防水保护措施施工质量关系密切，施工单位缺乏对施工操作者的教育和培训。施工管理者和施工操作者缺乏对地下防水建筑节点图纸的深刻认识。

②地下防水建筑节点图纸中，对房屋的整体防水做法，有其深刻内涵，施工管理者和施工操作者应加强认识。

（3）地下室及基础回填土

1）施工方法问题一（回填土）

①现状做法存在的问题是：地下室及基础回填土，施工单位临时派人操作，不规范，不密实，通常无施工方案。

②地下室及基础回填土质量，与房屋地下结构渗漏有密切关系，并未引起施工方主管的足够重视。

2）施工方法问题二（技术交底）

①施工方主管在基础回填土施工时，缺乏对施工管理者和施工操作者的技术交底，导致回填土施工质量不到位。

②回填土及房屋地下防水的效果，其施工方法的关键点，并未引起施工方主管的足够重视。

【改进】

在地下结构工程现状施工操作方法的上述剖析中，分析了若干存在的问题，以下讨论改进措施。

1. 改进思路

（1）总包主管重视

地下结构施工中，整治地下渗漏的工程隐患，从改进当前的施工方法抓起，需要总包主管重视。

（2）管住防水分包

地下结构防水施工中，防水分包队是主角，整治地下渗漏的工程隐患，从管住防水分包抓起，需要总包主动出击。

（3）整体防水意识

地下结构施工中，地下防水是重头戏，要树立整体防水意识，需要施工管理者和施工操作者齐抓共管。

（4）渗漏修补很难

从用户反映看出，地下结构渗漏修补难度较大，必须从施工阶段抓起，在各分项工程的细节上，改进施工方法，最大限度地减少工程隐患。

2. 改进要点

（1）地下室底板防水和墙体防水

1）防水质量保证

地下室底板防水和墙体防水施工中，要明确总包对分包队防水施工的全面管理，制订质量管理制度，明确操作程序，改变当前防水分包队独来独往的局面，改变当前总包对分包撒手不管的局面，对防水工程质量实施总包保证和分包保证的双控局面。以合格的成品和部位交监理查验。

2）提防隐患部位

地下室底板防水和墙体防水施工中，从防水层垫层施工开始，现场施工管理者及施工操作者，就明确哪里是容易出现渗漏隐患的部位。

① 开卷检查

防水卷材开卷后全面检查，防水卷材搭接尺寸要符合规范要求，并经总包现场施工管理者检查确认合格，再报监理查验。

② 粘结检查

对防水粘结材料进行全面检查，粘结操作工艺符合规范要求，并经总包现场施工管理者检查确认合格，再报监理查验。

3）培训及再教育

地下室底板防水和墙体防水施工中，地下结构为什么会渗漏？雨水（地下水）是如何透过防水层渗漏到结构内部的？结合这些问题，施工企业技术主管要组织防水工程质量教育和培训（参加人：总包及防水分包队的现场施工管理者和施工操作者），培训内容：地下结构隐蔽部位，如何治理房屋渗漏。

（2）地下室底板防水和墙体防水的保护层

地下室底板防水和墙体防水的保护层（保护墙）施工时，要改变当前施工无专人管理，以及随便派人操作的现状。建议做法：

1）专人负责管理

由现场施工管理者专人负责，对地下室底板防水和墙体防水的保护层（保护墙）施工，做一总体安排，保护墙的砌筑要连续，与回填土同步。

2）技术培训及交底

地下结构为什么会渗漏？雨水（地下水）是如何透过防水层、保护层渗漏到结构内部的？结合这些问题，施工企业技术主管要组织防水工程质量教育和培训（参加人：总包及防水分包队的现场施工管理者和施工操作者），培训内容：地下结构隐蔽部位，如何治理房屋渗漏。

（3）地下室及基础回填土

主体结构基础周边的回填土施工时，施工单位要改变当前不规范的现状：其一，回填土施工要有专人管理。其二，要派专门人员操作。建议做法：

1）由现场施工管理者专人负责，对主体结构基础周边的回填土，其回填方案做一总体规划，不能想起哪里填哪里，防止回填土分层不匀、夯压不实、整体不连续的状态。具备回填条件的部位，按规范认真填实，防积水，防塌陷。

2）地下结构为什么会渗漏？雨水（地下水）是如何透过防水层、保护层渗漏到结构内部的？结合这些问题，施工企业技术主管要组织防水工程质量教育和培训（参加人：总包及防水分包队的现场施工管理者和施工操作者），培训内容：地下结构隐蔽部位，如何治理房屋渗漏。

4.4.2 钢筋工程

聚焦房屋渗漏的工程隐患，反思现状施工方法。

在以往钢筋工程施工过程中，现状施工方法存在不当之处，需要在剖析中取得共识。

在当前钢筋工程施工过程中，改进现状施工方法是当务之急，需要在创新中取得改善。

【剖析】

1. 剖析依据

（1）《建筑工程施工质量验收统一标准》GB/T 50300—2013 和《建设工程监理规范》GB 50319—2012

（2）监理监控记录分析及总结（监理会议纪要、监理月报等）

（3）房屋渗漏的用户反映（本书第 2 章）

2. 现状问题

（1）施工方法问题一（钢筋隐检）

监理统计表明，钢筋工程隐蔽工程验收及分项工程验收资料出现的数量相当大，涉及的验收部位相当广，其隐蔽工程的缺陷需要监理当场纠正。监理在钢筋工程查验中发现问题主要表现在，钢筋工程施工操作方法的不合理，以及钢筋配置与图纸要求的偏离。

（2）施工方法问题二（质量控制意识）

梁、柱、墙、楼板等各部位拆模之后，通常出现开裂的原因，在于施工单位主管缺乏对钢筋工程施工管理者及施工操作者教育和培训，缺乏隐蔽工程质量控制的意识和技术措施。

【改进】

在钢筋工程现状施工操作方法的上述剖析中，分析了若干存在的问题，以下讨论改进措施。

1. 改进思路

（1）结构开裂导致房屋渗漏，要充分认识到，钢筋工程施工方法与结构开裂有十分密切的关系。

（2）钢筋工程施工的工程量，是主体结构的重头戏，结构开裂需要从改进钢筋工程施工方法抓起。

（3）现场施工监理几乎天天在钢筋工程的施工中查验和校正，施工单位应从监理查验和校正中，借鉴改进施工方法的关键点。

2. 改进要点

（1）抑制结构开裂

1）开裂点

因为钢筋工程存在施工方法不当，导致结构出现开裂点。

抑制结构开裂是关键，企业主管应多一点新的思维，在庞大的钢筋工程的管理和操作中，寻找与结构开裂有关的细节，哪些部位是结构的开裂点，就从哪里下手改进施工方法，力争有所突破。

2）渗漏点

因为结构出现开裂点，导致房屋可能发生渗漏点。

施工单位的技术主管应当从房屋渗漏的反馈中，充分了解到结构开裂的机理，主体结构梁、柱、墙、楼板等各部位，其钢筋骨架配置是否合理（包括设计图纸和施工操作的合理性），是否存在引起结构开裂的隐患，从而导致雨水渗漏到结构内部。以科学分析的头脑，确立钢筋工程质量自我保证的信心，在施工管理的过程中，充分调动施工操作者改进施工方法的积极性，相信会有所改观。

（2）质量教育培训

施工人员多几分防渗漏的思维，在改进施工方法上下功夫，在钢筋工程的施工管理和操作中落实防渗漏的理念是关键。

施工企业技术主管要组织钢筋工程质量教育和培训（参加人：现场施工管理者和施工操作者），培训内容：主体结构隐患部位，以及如何治理施工隐患。

（3）服从监理纠正

监理工程师在钢筋工程中，会有多次查验，施工人员要认真对待监理工程师的意见，并纠正和整改，这是难得的施工方法的校正机会。如果施工方和监理方都尽职尽责，主体结构的质量将是值得信赖的。

4.4.3 模板工程

聚焦房屋渗漏的工程隐患，反思现状施工方法。

在以往模板工程施工过程中，现状施工方法存在不当之处，需要在剖析中取得共识。

在当前模板工程施工过程中，改进现状施工方法是当务之急，需要在创新中取得改善。

【剖析】

1. 剖析依据

（1）《建筑工程施工质量验收统一标准》GB/T 50300—2013 和《建设工程监理规范》GB 50319—2012

（2）监理监控记录分析及总结（监理会议纪要、监理月报等）

（3）房屋渗漏的用户反映（本书第 2 章）

2. 现状问题

（1）施工方法问题一（模板支护）

现状模板工程的操作方法是：梁、柱、墙、楼板等各部位支模之后，施工方自检，监理方查验，但是，经钢筋绑扎及混凝土浇筑之后，结构实际尺寸与图纸要求通常产生较大偏离。

（2）施工方法问题二（模板拆除）

现状模板工程的拆模方法是：梁、柱、墙、楼板等各部位浇筑混凝土之后，由施工方自行控制拆模时间和部位，监理方查验表明，由于拆除模板不当引起工程缺陷的现象比较普遍。

（3）施工方法问题三（质量控制意识）

梁、柱、墙、楼板等各部位拆模如何控制，如何做到不发生开裂，在于施工单位主管缺乏对模板工程施工管理者及施工操作者的教育和培训，缺乏主体工程整体质量控制的意识和技术措施。

【改进】

在模板工程现状施工操作方法的上述剖析中，分析了若干存在的问题，以下讨论改进措施。

1. 改进思路

（1）结构开裂导致房屋渗漏，要充分认识到，模板工程施工方法与结构开裂有十分密切的关系。

（2）模板工程施工的工程量，是主体结构的重头戏，结构开裂需要从改进模板工程施工方法抓起。

（3）现场施工监理主要的日常工作，就是在模板工程施工中的查验和校正，施工单位应从监理查验和校正中，借鉴改进施工方法的关键点。

2. 改进要点

（1）控制结构开裂

1）模板工程是形成结构正确尺寸的外包装，施工企业的"形象"和"活茬"就在这里体现，从防止结构渗漏的角度，不希望出现拆模后结构出现开裂。企业主管应多一点新的思维，在庞大的模板工程的管理和操作中，力争有所突破。

2）施工单位的技术主管应当从房屋渗漏的反馈中，充分了解到混凝土结构的从里到外，就是主体结构梁、柱、墙、楼板等各部位，是密实，还是开裂，这可是大是大非的问题。多一点这样的科学分析头脑，以这样的主导思想，确立主体结构工程质量自我保证的信心，在施工管理的过程中，充分调动施工操作者的积极性，相信会有所改观。

（2）质量教育培训

施工人员多几分防渗漏的思维，在模板工程的施工管理和操作中落实科学的理念是关键。

施工企业技术主管要组织模板工程质量教育和培训（参加人：现场施工管理者和施工操作者），培训内容：主体结构隐患部位，以及如何治理施工隐患。

（3）服从监理纠正

监理工程师在模板工程中的查验，会提出监控意见，施工人员要认真纠正和整改，这是难得的校正机会。如果施工方和监理方都尽职尽责，主体结构的质量将是值得信赖的。

4.4.4 混凝土工程

聚焦房屋渗漏的工程隐患，反思现状施工方法。

在以往混凝土工程施工过程中，现状施工方法存在不当之处，需要在剖析中取得共识。

在当前混凝土工程施工过程中，改进现状施工方法是当务之急，需要在创新中取得改善。

【剖析】

1. 剖析依据

（1）《建筑工程施工质量验收统一标准》GB/T 50300—2013 和《建设工程监理规范》GB 50319—2012

（2）监理监控记录分析及总结（监理会议纪要、监理月报等）

（3）房屋渗漏的用户反映（本书第 2 章）

2. 现状问题

（1）施工方法问题一（混凝土浇筑）

1）混凝土浇筑前

现状混凝土工程的操作方法是：梁、柱、墙、楼板等各部位支模后，或钢筋骨架绑扎后，混凝土浇筑开始。

混凝土浇筑前，施工方应完成模板及钢筋工程的查验，应完成混凝土浇筑的准备工作。此时，是质量事前控制的关键点。

2）混凝土浇筑中

混凝土浇筑过程中，检验施工方的综合能力，也是施工方法合理性的集中体现。

据监理统计表明，混凝土分项工程验收资料出现的数量相当大，涉及的验收部位相当广，其工程缺陷的暴露则是事后处理的问题了。

3）混凝土浇筑后

监理在混凝土工程查验中发现问题主要表现在，由于混凝土工程施工操作方法的不合理，出现振捣不密实和发生开裂的部位，以及结构尺寸与图纸要求的偏离。

（2）施工方法问题二（结构开裂）

经监理方查验，梁、柱、墙、楼板等各部位拆模之后发现开裂等缺陷，比较普遍。施工单位的主管面对结构开裂等问题，缺乏主动控制意识，缺乏对混凝土工程施工管理者及施工操作者的教育和培训，缺乏有效的整改措施。

【改进】

在钢筋工程现状施工操作方法的上述剖析中，分析了若干存在的问题，以下讨论改进措施。

1. 改进思路

（1）结构开裂导致房屋渗漏，要充分认识到，钢筋工程施工方法与结构开裂有十分密切的关系。

（2）混凝土工程施工的工程量，是主体结构的重头戏，结构开裂需要从改进混凝土工程施工方法抓起。

（3）现场施工监理大量的日常工作，是在混凝土工程施工中的查验和校正，施工单位应从监理查验和校正中，借鉴改进施工方法的关键点。

2. 改进要点

（1）浇筑和凝固

1）认识

混凝土的特性，就是在几小时之内就会初凝，所以，工地上混凝土浇筑进行时，正是混凝土结构质量一锤定音之时，出了问题将无法修补，只能砸掉返工。指出这一点，是提示施工现场管理者和施工操作者，混凝土工程的施工方法正确与否，对房屋结构的整体施工质量起着至关重要的作用。因此，本条既是混凝土工程施工方法改进的问题，也是一个值得深刻认识的问题。

2）事故

有一个案例值得关注（见本章），因商品混凝土出厂前缓凝剂配比错误造成质量事故，并经监理方工程暂停令而停工整改。此案例提醒我们，混凝土工程施工方法的改进，有其深刻的施工现场环境背景，施工企业的主管应铭记在心。

3）思维

有一种思维、机理和理念，从房屋渗漏的信息反馈中得到，从用户的反映中得到梳理，混凝土结构的开裂，是雨水浸入室内的路径。将混凝土工程施工方法——开裂（或事故）——房屋渗漏联系起来，建立一个完整的思维，抓住混凝土浇筑这个难忘的关键点，成为管理者的警钟长鸣。

4）关键

混凝土工程施工方法的治理和改进，最关键的节点，一是商品混凝土进场合格；二是混凝土振捣密实。对施工企业主管来讲，如果能理解和掌握这些要点，将会信心十足。

5）隐患

混凝土工程施工方法的改进，目标相当明确，就是针对治理工程隐患。施工单位的技术主管应当从房屋渗漏的反馈中，充分了解到主体结构梁、柱、墙、楼板等各部位，存在着引起结构开裂的隐患，从而导致雨水渗漏到结构内部。

（2）教育和培训

1）施工人员多几分防渗漏的思维，在混凝土工程的施工管理和操作中落实科学的理念是关键。

2）施工企业技术主管要组织混凝土工程质量教育和培训（参加人：现场施工管理者和施工操作者），培训内容：主体结构隐患部位，以及如何治理施工隐患。

（3）服从监理纠正

监理工程师在混凝土浇筑过程中，会提出监控意见，施工人员要认真纠正和整改，这是难得的校正机会。如果施工方和监理方都尽职尽责，主体结构的质量将是值得信赖的。

4.4.5 屋面防水工程

聚焦房屋渗漏的工程隐患，反思现状施工方法。

在以往屋面防水工程施工过程中，现状施工方法存在不当之处，需要在剖析中取得共识。

在当前屋面防水工程施工过程中，改进现状施工方法是当务之急，需要在创新中取得改善。

【剖析】

1. 剖析依据

（1）《建筑工程施工质量验收统一标准》GB/T 50300—2013 和《建设工程监理规范》GB 50319—2012

（2）监理监控记录分析及总结（监理会议纪要、监理月报等）

（3）房屋渗漏的用户反映（本书第 2 章）

2. 现状问题

（1）施工方法问题一（防水分包）

现状屋面防水工程当前做法：防水分包队在工地上独来独往，总包撒手不管，屋面防水施工质量难于保证，据监理现场查验表明，防水施工工程隐患的根源在于防水分包队。

（2）施工方法问题二（质量保证）

监理经验表明，屋面整体结构的渗漏，屋顶的第一道防线是防水层的施工质量，施工单位的主管缺乏对总包及防水分包队的教育和培训，缺乏屋面结构整体质量保证的意识。

【改进】

在屋面防水工程现状施工操作方法的上述剖析中，分析了若干存在的问题，以下讨论改进措施。

1. 改进思路

（1）总包主管重视

屋面防水工程施工中，治理屋顶渗漏的工程隐患，从改进当前的施工方法抓起，需要总包主管重视。

（2）管住防水分包

屋面防水工程施工中，防水分包队是主角，治理屋顶渗漏的工程隐患，从管住防水分包抓起，需要总包主动出击。

（3）整体防水意识

治理屋顶渗漏的工程隐患，既有防水层渗漏因素，又有屋面板结构因素；既有总包职责，又有分包职责。因此，要树立整体防水意识，需要施工管理者和施工操作者齐抓共管。

（4）渗漏修补很难

从用户反映看出，屋面渗漏修补难度较大，必须从施工阶段抓起，在各分项工程的细节上，改进施工方法，最大限度地减少工程隐患。

2. 改进要点

（1）明确总包管理

1）施工企业主管在屋面防水工程的管理中，应把"年年报修年年漏"作为鞭策自己企业的座右铭，因为使用阶段房屋渗漏的根源在于施工阶段的工程隐患，施工管理和操作者责无旁贷。

2）要明确总包对分包队防水施工的全面管理，制订质量管理制度，明确操作程序，改变当前分包队独来独往的局面，改变当前总包对分包撒手不管的局面，对防水工程质量实施总包保证和分包保证的双控局面，以合格的成品和部位交监理查验。

（2）提防隐患部位

屋面防水工程施工过程中，从防水施工开始，现场施工管理者及施工操作者就应明确哪里是容易出现隐患的部位。

1）防水卷材开卷后全面检查，防水卷材搭接尺寸要符合规范要求，并经总包现场施工管理者检查确认合格。

2）对防水粘结材料进行全面检查，粘结操作工艺符合规范要求，并经总包现场施工管理者检查确认合格。

（3）培训及再教育

屋面防水为什么会渗漏？雨水是如何透过防水层渗漏到结构内部的？施工企业技术主管要组织防水工程质量教育和培训（参加人：总包及防水分包队的现场施工管理者和施工操作者），培训内容：屋面防水工程隐患部位，如何治理房屋渗漏。

4.4.6　卫生间防水工程

聚焦房屋渗漏的工程隐患，反思现状施工方法。

在以往卫生间防水工程施工过程中，现状施工方法存在不当之处，需要在剖析中取得共识。

在当前卫生间防水工程施工过程中，改进现状施工方法是当务之急，需要在创新中取得改善。

【剖析】

1. 剖析依据

（1）《建筑工程施工质量验收统一标准》GB/T 50300—2013 和《建设工程监理规范》GB 50319—2012

（2）监理监控记录分析及总结（监理会议纪要、监理月报等）

（3）房屋渗漏的用户反映（本书第 2 章）

2. 现状问题

（1）施工方法问题一（防水分包）

现状卫生间防水工程当前做法：防水分包队只负责卫生间防水层施工，其他工序全部由总包完成，包括防水层的基层处理、卫生间地面及墙面施工等，总包和分包在卫生间地面施工的全过程施工中出现脱节。据监理现场查验表明，卫生间防水施工工程隐患的根源在于总包的管理误区，导致卫生间地面的施工方法相当不合理。

（2）施工方法问题二（教育培训）

卫生间楼上楼下的渗漏表明，施工单位主管的现场管理存在很大差距，并且缺乏对总包及防水分包队的教育和培训，缺乏卫生间地面整体质量保证的有效措施。

【改进】

在卫生间防水工程现状施工操作方法的上述剖析中，分析了若干存在的问题，以下讨论改进措施。

1. 改进思路

（1）总包主管重视

卫生间防水工程施工中，治理卫生间渗漏的工程隐患，从改进当前的施工方法抓起，需要总包主管重视。

（2）管住防水分包

卫生间防水工程施工中，防水分包队是主角，治理卫生间渗漏的工程隐患，从管住防水分包抓起，需要总包主动出击。

（3）整体防水意识

治理卫生间渗漏的工程隐患，既有防水层渗漏因素，又有楼板结构因素；既有总包职责，又有分包职责。因此，要树立整体防水意识，需要施工管理者和施工操作者齐抓共管。

（4）渗漏修补很难

从用户反映看出，卫生间渗漏修补难度较大，必须从施工阶段抓起，在卫生间防水各工序细节上，改进施工方法，最大限度地减少工程隐患。

2. 改进要点

（1）明确总包管理

明确总包对分包队防水施工的全面管理，制订质量管理制度，明确操作程序，改变当前分包队独来独往的局面，改变当前总包对分包撒手不管的局面，对卫生间防水工程质量实施总包保证和分包保证的双控局面。以合格的成品和部位交监理查验。

（2）提防隐患部位

从卫生间防水工程开始，现场施工管理者及施工操作者就明确哪里是容易出现隐患的部位：

1）防水材料要符合规范要求，并经总包现场施工管理者检查确认合格。

2）对防水粘结材料及粘结操作工艺要符合规范要求，并经总包现场施工管理者检查确认合格。

（3）培训及再教育

卫生间防水为什么会渗漏？楼上楼下卫生间为什么会渗漏？施工企业技术主管要组织防水工程质量教育和培训（参加人：总包及防水分包队的现场施工管理者和施工操作者），培训内容：卫生间隐患部位，如何治理渗漏。

| 经验提示：施工方法的改进 | 综上，如何看施工方法的隐患与差距？如何治理房漏？（1）地下结构施工方法：以防止地下渗漏及雨水倒灌为重点；（2）主体结构施工方法：以混凝土浇筑密实为重点；（3）防水工程施工方法：应以用户反映的"年年报修年年漏"为座右铭。 |

4.5 本章小结

1. 隐患在施工者手下

（1）当屋顶漏雨时，说明屋面防水层、屋面坡度、屋面防水边角、楼板结构层、女儿墙、电梯井墙等部位，均因为施工单位手下"活糙"留下了隐患。施工企业主管应认识到这一点。

（2）当楼上楼下卫生间因各种原因漏水时，说明卫生间防水层、卫生间地面坡度、卫生间防水边角、卫生间管接口、卫生间楼板结构层浇筑、卫生间楼板埋电管等部位，均因为施工单位手下"活糙"留下了隐患。施工企业主管应认识到这一点。

（3）当地下结构（地下室或一楼）返潮或渗漏时，说明地下结构防水工程出了问题，均因为施工单位手下"活糙"留下了隐患。施工企业主管应认识到这一点。

综上，施工单位前脚走（工程竣工），用户（使用单位）接着就反映漏水了，然后施工单位派几个人去修一下。年复一年的过去，施工保修期过了，转到开发部门和物业了。继续重复着上述漏雨或漏水故事。

2. 治理隐患改变观念

（1）改变观念需从挖土开始。重视工地上每个分项工程的每道工序，只要可能有隐患的部位，现场施工管理者就应自觉地上岗值勤，守住每块"阵地"，把隐患消灭在萌芽之中。

（2）改变观念需从交出施工组织设计开始。施工企业技术主管经手的施工组织设计，是施工单位在工地"怎么做"的重要文件，其中，如何治理工程隐患，应写入主要章节，并付之行动。

（3）改变观念需从第一次工地例会开始。施工工地主管应在监理工程师面前，讲述如何进行质量控制，如何治理工程隐患，整个工程的质量保证就从这次监理会议上施工方的承诺，以及监理会议纪要文件的要求开始。

3. 从施工品牌抓起

（1）抓品牌，抓质量，抓宣传，工地上的标语、标牌、口号等，都围绕工程质量为主题，都围绕治理工程隐患为内容，深入人心，落实到每道工序。

（2）抓培养人才，施工企业主管要抓好施工管理者和施工操作者的培训和再教育，其中，建设过程中如何防止渗漏，如何交出合格工程，如何确保竣工后用户（使用单位）满意，满意度在延续，延续到较长的使用期。

（3）思维的创新，在施工企业相当重要，从监理的视角，期望施工企业发展、进步。从用户（使用单位）的心态，期望建筑成品踏实、可靠。新建或在建项目的施工管理者们，观念在更新，思维在创新，建筑产品会焕然一新。

4.6 工程案例

工程案例是施工阶段施工单位施工过程中的记录。

工程案例也是施工阶段监理单位监控过程中的记录。

工程案例也是施工阶段工地上建设方管理的记录。

从施工方、监理方及建设方的文件中，寻找那些可以借鉴的工程案例，如：监理例会会议纪要、监理月报及工地上三方签认的验收表格。

直到工程竣工，这些案例仍存留在资料中，也存留在建设者的记忆中，在如今讨论房漏治理的时候，肯定是一份见证。

经验提示：发现商 混凝土异常	以下案例说商品混凝土中发现大块卵石，如西瓜大，直接反映到商品混凝土厂，并承认配比有问题。 在现场，类似的材料不合格现象时有发生，提醒现场施工管理者和操作者时刻警惕不合格材料进入在施部位。

【案例 4-1】 商品混凝土进场监控

商品混凝土进场，可能发现不合格品，施工单位应对商品混凝土负全面责任。

商品混凝土进场就出现不合格，应退回商品混凝土厂家，并负责整改。

商品混凝土从进场到浇筑，监理单位要负责全过程监控。

商品混凝土出现问题，工地甲方主管有责任提出处理意见，因为商品混凝土质量与房屋渗漏有直接关系。

（1）部位

在城西×××住宅小区施工工地，高层（12层）住宅楼（剪力墙结构）。

第4层楼板和部分墙体进行混凝土浇筑。

商品混凝土供应厂家：南郊×××混凝土厂。

（2）问题

在商品混凝土罐车卸料处，有工人从商品混凝土中挑出大块卵石，如西瓜大小。一上午，共挑出30余块。

（3）过程

1）从上午9点起，监理发现商品混凝土罐车卸料处，有工人挑出大块卵石（大块卵石无法装入泵车入料口）。商品混凝土沿泵车送至4层楼板浇筑。

2）监理工程师将上述大块卵石，捧到办公室，并约甲方、施工方主管共同到现场观察发生的异常情况。

3）一个上午，监理办公室中，总共堆满了大块卵石30余块，大小如大西瓜或小西瓜那样大。

4）监理立即通知停止浇筑，经与甲方、施工方主管商量后，通知商品混凝土厂家来现场处理。

5）厂家负责人来到工地，与监理方、甲方及施工方共同查看施工现场，并通知商品混凝土厂部注意监控。

6）下午，三方（监理方、甲方、施工方）共同前往商品混凝土厂家考察，在厂内未见异常，也不可能见到异常，不合格部位肯定已经整理。

7）事后，商品混凝土厂家发来了有关问题的书面报告，检讨了混凝土骨料控制不严格等。

8）现场混凝土浇筑继续，加强了对商品混凝土进场的监督，类似异常现象未再次发生。

9）有关对商品混凝土厂及现场相关部位的处置情况，从略。

（4）思考

建筑工地出现的材料不合格，是房屋渗漏的根源。查验和发现商品混凝土出现异常，是治理房屋渗漏的重要环节，现场施工管理者要意识到这一点，现场施工操作者要掌握房漏与防漏的基本操作知识。

1）思考之一

商品混凝土用于房屋结构的梁、板、柱、墙等主要承重部位，如混凝土质量出了问题，结构难以密实，肯定导致房屋出现渗漏。

值得思考：这家商品混凝土厂的产品出现这样的异常，竟挑出这么多大块卵石，对商品混凝土的质量（材料配比）肯定有影响。

2）思考之二

商品混凝土进场的管理、把关和鉴定，为现场质量控制提出了重要课题，施工总包单位应拿出具体的措施和办法。

值得思考：施工现场出现商品混凝土的异常现象，说明商品混凝土厂家质量有问题，也为施工企业在现场的质量管理提出了重要的课题。

3）思考之三

商品混凝土的质量控制，包括商品混凝土进场和在施部位的浇筑，现场施工的管理者及现场施工的操作者，要制订切实可行的质量控制措施，并付诸实施。

值得思考：在这个工地，出现了商品混凝土的异常现象，为监理方、甲方及施工方如何实施商品混凝土的质量监控，提出了重要课题。

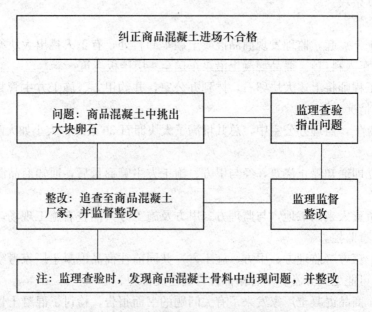

图 4-1　案例框图（纠正商品混凝土进场）

<table>
<tr><td>经验提示：发现商品
混凝土不合格</td><td>　　以下是一起质量事故，从没见过商品混凝土出现这样的不合格，触目惊心。商品混凝土厂的配比错误，使不合格商品混凝土进入现场，导致近 500m² 楼板砸掉。
　　施工管理者及施工操作者应吸取质量事故的教训。</td></tr>
</table>

【案例 4-2】 混凝土浇筑事故处理

混凝土浇筑过程中，发生质量事故的案例并不多见。

商品混凝土在浇筑过程中发现不合格品，比较少见。

施工单位应严把商品混凝土进场和浇筑关。

商品混凝土厂家应对其产品负责。此项质量事故的发生和处理，耐人寻味。

（1）部位

在城南×××住宅小区施工工地，高层（22 层）住宅楼（框架-剪力墙结构）。

此时，第 11 层楼板正在浇筑混凝土。

（2）问题

在施工现场浇筑混凝土过程中，有人（施工方主管和监理方均在现场）发现正在浇筑的商品混凝土出现异常。异常如何表现？如何处理？

（3）过程

1）商品混凝土卸车部位及在施楼板浇筑部位，均发现商品混凝土外观有异常。

2）经监理工程师在现场观察查明，商品混凝土的颜色比往日要深一些，坍落度比往日要大一些。

3）经监理工程师在现场观察查明，振捣商品混凝土时，发现平板振捣器离开时，混凝土并不密实，并微微向上鼓胀。

4）监理工程师在现场观察和判断，事态很严重，因为楼板浇筑接近尾声，其已浇筑的面积约 500m²。

5）经监理工程师要求，现场施工方负责人，通报了商品混凝土厂家速来人到现场处理。

6）当商品混凝土厂家人员到现场，并观察了已浇筑完的部位时，又听到现场的情况介绍，哑口无言。

7）此时，商品混凝土罐车仍在卸料，仍有施工人员对商品混凝土验收、检测。

8）此时，这一流水段的楼板混凝土浇灌完毕，商品混凝土的颜色和微微向上鼓胀的现象仍旧。

9）连夜，召开了各方人员会议，经监理坚持，决定立即停止浇筑，并砸掉全部已浇混凝土（约 500m²）。

10）次日，施工方组织工人开始砸掉已浇混凝土，砸下的混凝土块，有蜂窝，且易碎，其样品放在监理办公室展示，甲方领导也到场观看。

11）这日，商品混凝土厂家出具的报告称：商品混凝土事故的原因是，混凝土膨胀剂出现添加比例错误。

12）过程的叙述就到这里，中间还有细节略。

13）补充：面对这起施工现场出现的商品混凝土事故，三方（监理方、甲方、施工方）是如何表现的？

①施工方的主管，自始至终表现迟疑，对是否砸掉已浇混凝土，相当不果断，迟迟不表态。与商品混凝土厂家商量不出明确的主意。（在商品混凝土事故面前，没有表现出施工企业应有的质量保证决断。）

②监理单位，在这起商品混凝土事故面前，以已浇混凝土的异常状态为判断依据，果断地做出了处理决定，由于商品混凝土厂家的成品有问题（商品混凝土配比或添加剂问题），对已浇混凝土区段全部砸掉，重新浇筑混凝土。监理单位的举动，表现了现场监控的有效性，表现了奋战在建设战线上的监理工程师们，既辛苦又动脑子，在科技发展的今天，在火热而繁杂的建筑施工工地上，就需要这样的科学性。

③甲方（项目建设单位），在这起商品混凝土事故面前，支持监理单位的做法，立即砸掉了已浇混凝土部位。并对监理单位严格质量控制，确保结构安全的全部做法均给予肯定。

（4）思考

此案例，由于商品混凝土不合格，导致楼板发生酥裂的建筑成品，提醒现场施工管理者，以及现场施工操作者，这就是主体结构发生渗漏的根源。

浇筑商品混凝土可能出现不合格品，是治理混凝土楼板渗漏的要点之一，现场施工管理者，以及现场施工操作者，是否意识到这一点，值得深思。

1）思考之一

施工方，从地下基础，到主体结构封顶，常年（约 10 个月）浇筑的商品混凝土。

施工方，用什么方法控制商品混凝土不合格品进入工地？

施工方，在处理商品混凝土事故时，应抱什么态度？（在决定砸掉全部已浇混凝土的问题上，施工方负责人应果断、决策。）

值得思考：商品混凝土厂家为什么会出现这批不合格品？说明这家商品混凝土厂质量保证体系出了问题，并涉及所供料的工地。这起事故，被发现了，制止了，是否还有别的渠道进入其他工地，值得深思。

2）思考之二

如今，上述事故部位早已整改，并经验收手续，投入使用。

上述案例曾在许多章节讲述，旨在提醒施工企业、商品混凝土厂家，质量控制不严格，商品混凝土不合格品难以避免，提醒有关企业主管，吸取教训，加强和完善质量保证体系。

此后，上述案例应作为房漏与防漏的教材，旨在告诉人们，房屋结构有不合格的商品混凝土混入，将导致结构酥裂，雨水就会很容易地穿透，多一些防渗漏意识吧，多一些质量控制的责任心吧，用这种意识去观察和研究房漏与防漏的若干问题，才是治理房屋建筑隐患的关键。

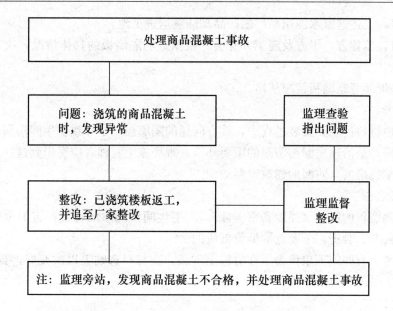

图 4-2　案例框图（处理商品混凝土事故）

以下案例说隔墙板考察中，如何鉴别材料不合格品和发现不合格，是工地上常发生的施工管理行为，在有监理把关的情况下，施工方的材料主管更应当具备合格品的鉴别能力，有责任治理房屋的渗漏隐患。

【案例 4-3】　隔墙板监控

建筑材料和构配件的采购、进场和安装的质量，由施工单位保证。

建筑材料和构配件的采购、进场和安装的质量，监理单位实施全过程控制。

建筑材料和构配件的采购、进场和安装的质量，工地上甲方代表应参与监督，因为建筑材料与房屋渗漏有关。

（1）部位

在城西××××住宅小区施工工地，高层（18 层）住宅楼（框架-剪力墙结构）。

现场，施工到第 16 层。

（2）问题

三方（施工方、监理方及甲方）人员共同考察水泥隔墙板，驱车前往郊区某水泥制品厂家。考察过程中，如何鉴别不合格品。

（3）过程

1）在这家水泥制品厂参观考察过程中，监理工程师发现隔墙板质量不是很理想，用锤子敲了几下，隔墙板出现酥裂。

2）在现场，甲方人员用上述同样方法敲隔墙板，且同样有酥裂。

3）在厂家，三方商量是否确定这家产品时，施工方的负责人，仍主张选用这家产品。监理方、甲方提出选择了另一家的产品。

4）次日，上述这家水泥制品厂的产品却陆续运进工地。

5）当日，监理方、甲方及施工方开会，根据进场隔墙板的具体情况，决定退回，另行考察选购。

6）后来继续考察墙板情况从略。

（4）思考

建筑工地材料进场和安装过程中，其有问题的隔墙板，是导致卫生间渗漏的根源。隔墙板是否合格，是治理房漏与防漏的重要环节，现场施工管理者应意识到这一点，现场施工操作者应掌握房漏与防漏的建筑材料知识。

1）思考之一

卫生间隔墙板的质量（强度和密实性），与卫生间治理渗漏有关，施工单位在选购隔墙板时，应公开、合理，不要选购低价低质的。

值得思考：有些施工单位为了在材料上省钱，在材料选购上以次充好，提醒监理方、甲方在监控上采取相应的对策。

2）思考之二

三方（施工方、监理方及甲方）人员共同考察水泥隔墙板，在考察现场应共同商定，要运用各方技术人员的智慧，鉴别和合理选购材料。

值得思考：施工单位材料质量保证，首先应从选购材料入手，要考虑经济性，同时要全面考虑投资造价，因材料质量差，导致维修费用的付出，不如当初就选购优质材料。

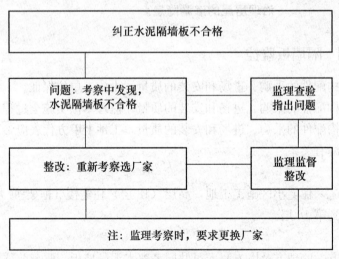

图 4-3　案例框图（纠正隔墙板）

经验提示：屋面渗水的隐患

以下案例说，屋面防水层收边有张口，屋面坡度不平有积水，是雨水浸入室内的隐患。

现场施工管理者和施工操作者的责任，就是要从细微之处杜绝工程隐患，从细微之处寻找渗漏的根源。

【案例 4-4】 屋面防水监控

屋面防水工程整体质量，应由施工单位总包和防水分包共同保证。

屋面防水工程中，主体结构的施工和防水层的施工均存在工程隐患。

屋面防水工程质量，由监理单位实施全过程监控。

屋面防水与房屋渗漏有直接关系，房屋渗漏的源头应从施工阶段抓起，工地上甲方代表应特别关注，并参与监督。

（1）部位

在城南××××住宅小区施工工地，多层（8层）住宅楼（剪力墙结构）。

屋顶为平屋面，屋顶上，突出的女儿墙高度为1.2米，油毡防水。

三方（施工方、监理方及甲方）竣工验收屋顶部位。

（2）问题

1）防水油毡与屋顶边角接合处有"张口"向上。

2）屋顶平面坡度偏平缓，部分区段未坡向雨漏口。

3）水龙头喷水试验时，有几处积水。

（3）过程

1）检查时发现，防水油毡与混凝土女儿墙突出的小台下方接合处（油毡收边部位），多处存在"张口"（油毡与墙未粘牢），且张口向上，存在雨水沿女儿墙流入屋面结构的隐患。

2）检查时发现，防水油毡与电梯间混凝土墙突出的小台下方接合处（油毡收边部位），多处存在"张口"（油毡与墙未粘牢），且张口向上，存在雨水沿混凝土墙流入屋面结构的隐患。

3）检查时发现，防水油毡与通风井混凝土墙突出的小台下方接合处（油毡收边部位），多处存在"张口"（油毡与墙未粘牢），且张口向上，存在雨水沿混凝土墙流入屋面结构的隐患。

4）检查时发现，防水油毡与排气钢管封堵接合处，有"张口"，张口向上，存在雨水沿张口流入屋面结构的隐患。

5）施工单位负责人（总包及分包），用手摸了上述油毡收边"张口"部位，认为应该整改。

6）检查时要求，大雨过后再验一次。

（4）思考

此案例，这样屋顶防水层"收边"张口的缺陷，是屋顶漏雨的根源。

查验和发现屋顶防水层收边张口，是治理屋顶漏雨的重要环节，现场施工管理者应意识到这一点，现场施工操作者是否掌握了治理渗漏的基本操作，值得深思。

1）思考之一

雨水从防水层的平面区段不易入室，除非防水层表面裂开口子。

哪里有"张口"的漏点，雨水就从哪里入室。

施工管理者和施工操作者的责任，就是要堵住（或封住）这些漏点。

值得思考：屋面防水工程中，防水材料与结构表面的粘结是一大难点，雨水无孔不入，提醒我们采取相应的对策。

2）思考之二

屋面上的雨水如能迅速排除，就是说雨水与防水层的接触是瞬间的，雨水就来不及入室。

防水层表面的合适的坡度（此坡度，设计时稍大一些为宜），可以使雨水迅速进入雨水天沟，所以，检查质量时，应特别关注防水层表面的坡度，是否坡向和走向合理。

值得思考：屋面防水工程中，由于防水面层坡度平缓或表面有下陷部位，就会产生积水，雨水在屋面长时间停留，雨水向下渗漏的可能性就大，因此，合理的顺畅的屋面坡度是一大要点，提醒我们注意屋面坡度的改进。

3）思考之三

由于雨水（特别是风雨飘摇时）无孔不入，女儿墙上的裂缝，电梯墙上的裂缝，通风口墙上的裂缝，都是雨水渗入室内的无形通道，检查质量时（或者浇捣这些部位时）混凝土内外是否密实？是治理渗漏特别关注的焦点。提醒施工单位负责人，要特别注意这一点。

值得思考：所有结构外露的表面，所有可能被大雨时淋湿（雨水浸入）的表面，只要有微细裂缝，雨水就会乘虚而入，此问题提醒我们要特别注意混凝土结构浇筑的密实性。我们特别强调主体结构的密实性，在前面论述中曾多次提到，这里，我们又将防水层与房屋结构如何结合紧密，如何抗袭雨水外浸内渗，综合起来讨论这个问题，或许能加深我们对屋顶防漏的思考。

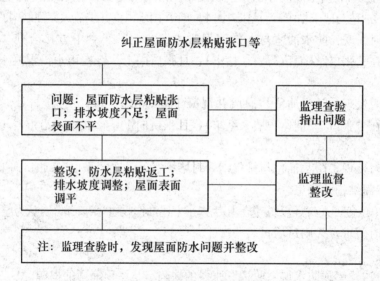

图 4-4　案例框图（纠正屋面防水）

经验提示：考虑雨水排放问题

以下案例说施工方，工程收尾三方验收时，小区雨水排放不合格。（1）查验部位存在问题：从散水、地面硬化到小区道路雨水井，未形成顺畅的排水坡度。（2）监理及甲方均要求施工方整改。（3）施工方应从此案例中，悟出治理房屋渗漏的道理。

【案例4-5】 雨水倒灌监控

小区雨水排放平面，包括雨水排放的合理坡度和设施，应由设计图纸表达。

小区雨水排放剖面，包括回填土夯实及合理坡度和设施，应由施工单位按图纸实施。

小区雨水整体排放的合理性，应由监理单位负责验收。

红线范围之内的雨水排放，以及与市政管线接口，应由甲方负责落实。

（1）部位

在城南××住宅小区施工工地，三方（甲方、监理方、施工方）竣工验收，检查小区内道路、绿化、庭院地面（地坪）硬化处理。

（2）问题

发现主体建筑的地下结构的肥槽土方回填有多处不实，散水宽度明显不够，地面硬化整体坡度无组织，且有部分区段坡向主楼根部，这种状况，难以避免主楼周边不积水、不塌陷，难以做到雨水按设计的坡度排除。

（3）过程

1）在三方（甲方、监理方、施工方）竣工验收时，经核实，施工单位无土方回填记录，无法核实回填土密实度。

2）经核实，散水宽度与图纸尺寸相符，但散水外缘低于相邻绿地，存在雨水倒灌主体结构基础的隐患。

3）经查验，庭院内地面硬化，其整体坡度无组织，且有部分区段坡向主楼根部，存在雨水积水渗入主楼结构的隐患。

4）在场的施工企业主管，同意上述意见。

5）经整改，庭院内出现的上述问题，施工单位均已纠正。

（4）思考

工程到收尾阶段，认真考虑肥槽土方回填及雨水合理排除问题，是治理地下室、地上一层墙体渗水或"出汗"的重要环节，现场施工管理者应意识到这一点，并在今后工程中吸取教训。

1）思考之一

施工方，为迎接竣工验收，庭院内地面硬化、绿化、小区道路等均以为具备验收条件，但忽略了小区内地面及道路，未按有组织雨水排放施工，无明确的排水坡度，给主楼地下结构留下了渗漏隐患。

值得思考的是，地下结构渗漏根源在于庭院施工不到位。

治理地下结构渗漏，首先要查找渗漏根源，地面积水及雨水无孔不入，提醒施工企业管理者主动采取相应的对策。

2）思考之二

竣工验收检查中，发现了上述问题，说明质量监控中要有防渗漏意识，用这种意识去观察和研究房屋渗漏隐患，并找出治理房屋建筑隐患的关键点。

负责质量保证的施工主管，在主抓治理地下结构渗漏的时候，实施工程质量保证，一定要有防渗漏的意识，从工地红线范围内整体施工现场考虑，控制庭院地面合理排水坡度，控制雨水流向雨水井箅子，控制雨天（特别是大雨天、暴雨天）地面、路面不积水，控制雨水迅速流向雨水井，决不应出现施工单位走了，使用单位接手了，大雨来了，院内积水一片，或者屋面也存在积水的隐患。在此，本案例提醒施工企业管理者应主动采取相应的防渗漏对策。

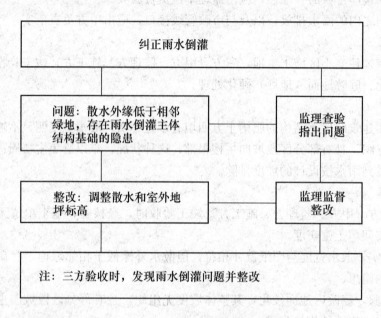

图 4-5　案例框图（纠正雨水倒灌）

第 5 章 防漏之监理监控

5.1 概述

5.1.1 概说监理

本书房漏与防漏的主题，从建设阶段治理工程隐患说起，从当前工程监理行业现状开始，从社会反映及用户反馈开始，以监理工程师的视角，以国家监理规范为依据，以监理业务经验为基础，说出监理业务的心得、体会、看法和建议等点点滴滴，抛砖引玉，仅供参考。

当前工程监理现状见表 5-1。

当前工程监理现状 表 5-1

项目	内容	依 据	注
工程监理的职责	(1) 质量控制 (2) 造价控制 (3) 进度控制 (4) 安全监控	国家规定《建设工程监理规范》GB 50319—2012: (1) 监理单位必须与建设单位签订书面建设工程委托监理合同。 (2) 监理单位对建设工程质量、造价、进度进行全面控制。 (3) 建设单位与承包单位之间与建设工程合同有关的联系活动应通过监理单位进行。 (4) 实行总监理工程师负责制。 (5) 监理单位应公正、独立、自主地开展监理工作，维护建设单位和承包单位的合法权益。	治理工程隐患是主要职责
工程质量的现状	按规范实施房屋建筑结构安全及功能的质量控制	质量控制的效果经受使用单位的检验	治理工程隐患要加强
工程监理与房漏	当前存在房漏等工程隐患	社会反映及用户反馈	当务之急治理房漏

我们从 20 世纪 90 年代进驻各类建设项目施工现场以来，曾经与多家施工企业的管理者、施工现场的操作者，共同完成了多项房屋建筑成品，一项项建筑成品交付了使用，都凝聚着施工单位和监理单位同行们的辛勤劳动。然而，许多使用单位的反馈意见表明，交工的建筑成品中，有渗漏，有缺陷。施工单位和监理单位都感到有必要查找内因、外因，给关注者一个答案。

施工，工地上任何进展，都曾经凝聚着施工者的汗水。工程中任何缺陷，施工方都应从施工业务的方方面面查找原因。

监理，建筑成品任何部位，都曾经有监理工程师的认可。工程中任何缺陷，监理方都应从监理业务的方方面面查找原因。

监理，从进驻工地起，给施工现场带来了什么？有何不足？监理的业务中还有哪些值得改进之处？

下面，以几个常用词语（来自监理规范，来自监理业务），说说我的理解。

（1）巡检

巡检就是监理工程师在工程的各个部位查看，是日常的查看，工程缺陷应当在查看中发现，在发现中纠正。未发现者，说明监理业务有缺失，值得监理工程师在今后的业务中改进。

监理工程师应当坚持巡检，这是监理规范的核心，同一道工序，施工方是如何操作的，监理是如何查看的，看出了什么问题，纠正了什么问题，监理工程师应当进一步体味巡检的内涵。

【发现】

发现，在监理业务中，发现就是巡检，在巡检中发现，发现检查工程隐患问题，巡检工作应做得再细一点，改进监理业务，把工作重点放到施工现场第一线，深入到施工操作的基层。

监理有责任协助施工单位在施工工序的各种节点上，发现施工过程中，可能发生工程隐患的部位，改进当前的施工操作。

（2）查验

查验就是监理工程师在工程的各道工序上检查校验，以设计图纸和规范为依据，在每道工序过程中实施质量把关，把可能发生的工程隐患治理于基层，监理工作应做得再细一点。

【图纸】

图纸是设计意图的体现，在监理业务中，吃透设计意图很有必要。很多监理看过图纸看施工操作，看过操作又回过头来看图纸，在比对中发现问题。建议监理工程师把图纸看得再细一些，把施工操作看得再细一些，努力改进监理工作。

监理有责任协助施工单位在施工工序的各种节点上，与设计图纸相符合，改进当前的施工操作。

（3）监控

监控是监理业务中很重要的基本功，在监理监控过程中，看出问题，说出问题，写出问题，这是一门监理工程师应掌握的管理艺术。通过监理规划、监理细则、工地例会纪要等监理文件表达监理的意见，达到监督控制施工现场的目的。

【例会】

工地例会是监理控制施工现场局面的舞台，把监理看出的问题，说出来，写出来，送到施工方手里，这是监理业务中很重要的一个环节，要很好地掌握和应用。监理工作需要交流，需要理解，在工地这个大课堂里，监理可以学到许多东西，更主要的是把监理掌握的知识和技能应用到监控现场的业务中去。

监理有责任协助施工单位的管理者学会科学管理，把治理工程隐患这个题目做下去，并做好。

（4）整改

整改是监理业务中很难坚持的环节，监理看出的问题，说出的问题，写出的问题，施工方是否服气，是否愿意改正，是否认真改正，是否已经改正，这是监理所关心的问题。治理工程隐患的具体行动，就表现在如何落实整改。

【改正】

期望施工方能把监理看出的问题，说出的问题，写出的问题，迅速改正过来，是一件很不容易的事情，工程隐患治理难，难在施工方对许多操作细节，距离施工质量标准存在一定差距，难在某些监理工程师不能坚持原则。

监理有责任协助施工单位的管理者学会科学管理，尊重监理要求整改的意见，从行动上把治理工程隐患这项工作做好。

（5）思维

用创新的思维，去审视建筑工地，从土方工程、主体结构工程、管线安装工程、内外装修工程、回填肥槽土方工程、庭院道路及小区围墙工程等，到竣工验收的全过程中，渗漏、塌陷等隐患在哪里，梳理一下监理工作有哪些差距，查找渗漏的原因，制订出治理的措施，以便着手改进，与施工方一起建设崭新的工地。

【创新】

创新，对监理来说，就是要用时代发展的变化，感悟、分析和认识那些已经建成的和正在建设的项目的长短。

（6）理念

用科学的理念，去分析和发现导致建筑房屋渗漏、塌陷等隐患的根本原因，施工方的施工操作、施工管理及施工验收等环节，确实存在漏洞。监理方的整体监控、跟班监控、查验等关键节点，也存在差距。当务之急，监理方与施工方应一起着手以科学的方法去改进，查找渗漏的原因，以科学的方法制订治理渗漏措施，用科学的方法改变房屋存在渗漏现状，用时代的精神，用科学的精神，交出一项项合格的建筑成品。

【科学】

科学，对监理来说，就是要不断地更新头脑中固有的知识，建筑结构、建筑工程、建筑技术、建筑风格在日新月异地变化，监理要跟上。

（7）措施

监理单位组织监理工程师们，从建筑工程施工的全过程分析渗漏原因，并制订措施，在新建和在建的工地上，通过监理细则、工地例会等形式，表达治理渗漏的思路、措施和信心。从发展的角度看工地，监理方与施工方共同构建比较完整的质量保证体系：主体结构工程的质量目标是"密实"，混凝土结构要振捣密实不开裂；防水工程的质量目标是"操作"，与防水有关的分项工程要精心操作不开裂；建筑节点涉及的相关工程质量目标是"构造"，建筑成品要在构造的合理性上下功夫，做到构造节点不开裂。许多用户反馈意见使工地上各方的管理者，头脑更清醒，要改进，要提高，要发展，在发展中取得实效。

【发展】

发展，主体结构重"密实"，防水工程重"操作"，建筑节点重"构造"。监理工作千头万绪，重要的在于我们总结已有的业绩，发展和展开新的思路、新的里程。

5.1.2　概说防漏

又一个话题，从发现渗漏隐患，到如何治理渗漏隐患，要经历认识和再认识的过程。

【隐患】

工程隐患，指因施工等各种原因，存在影响建筑结构使用安全的因素，存在影响房屋建筑使用功能（如：房屋渗漏）的因素，当然，这些都是不希望发生的。随着建筑行业法规的强化治理，工程隐患在减少，但不可忽视。相信建设中的建筑成品向着安全性、可靠性和适用性必有新的进步。

下面从监理的视角，从多年监理工地的实践，从用户反馈意见的分析和研究，说说如何发现渗漏隐患和如何治理渗漏隐患的要点。

房屋渗漏隐患部位内容包括：建筑结构、建筑防水和建筑节点。

【渗漏】

渗漏，指下列部位因施工不到位而产生开裂，导致雨水浸入室内。见表 5-2。

当前房屋渗漏现状

表 5-2

项目	渗 漏 部 位	主 要 原 因
建筑结构	基础及主体结构（梁、板、柱、墙等）开裂，产生渗漏	施工原因（施工管理、施工操作、施工材料、施工人员等），设计图纸原因（钢筋配置等）
建筑防水	建筑防水：地下防水、屋面防水、门窗防水、卫生间防水等施工不到位，产生渗漏	施工原因（施工管理、施工操作、施工材料、施工人员等），设计图纸原因（建筑构造等）
建筑节点	女儿墙节点、散水节点、阳台节点、雨篷节点等施工不到位，产生渗漏	施工原因（施工管理、施工操作、施工材料、施工人员等），设计图纸原因（节点构造等）

其一，建筑结构（基础及主体结构）开裂，产生渗漏。

其二，建筑防水（地下、屋面、门窗、卫生间等）施工不到位，产生渗漏。

其三，建筑节点（女儿墙节点、散水节点、阳台节点、雨篷节点等）施工不到位，产生渗漏。

以上，现场施工现状表明，施工方、监理方、设计方治理工程隐患的任务十分艰巨，十分严峻。许多工程隐患有待深入发现，深入研究，找出治理隐患的办法，各方共同采取合适的措施并付诸实施。

以下，将在建筑结构渗漏、建筑防水渗漏及建筑节点渗漏中，寻找房漏治理的线索和途径。

（1）建筑结构渗漏

1）现状

建筑结构（指：基础及地下结构、主体结构等）在整体工程中，其结构施工工程量和施工工期占较大部分。结构受力部件分别为：基础、梁、板、柱、墙等。结构与雨水接触的平面或立面，一般有防水层覆盖或结构表面外露。雨水通过防水层（破损）和结构层（开裂）进入室内。因此，建筑结构既承担着受力状态下安全可靠的功能，又承担着风雨状态下防渗漏功能。

【部位】

结构的哪些部位容易开裂渗进雨水，值得认真研究。

①地下结构

地下结构与防水层等组成了地下防渗漏体系，但结构有开裂时，则有渗漏可能。地下结构自身密实或采用防水混凝土浇筑，有利于防渗漏。

②屋面结构

屋面结构与防水层等组成了屋面防渗漏体系，但结构有开裂时，则有渗漏可能。屋面结构自身浇捣密实，有利于防渗漏。

③墙体结构

墙体结构与装修面层组成了防渗漏体系，但墙体有开裂时，则有渗漏可能。墙体结构自身浇捣或砌块成型密实，有利于防渗漏。

2）原因

建筑结构的渗漏，其可能产生结构开裂的原因是多方面的。

结构工程的各个部位（梁、板、柱、墙等）因施工操作原因、施工组织原因、施工荷载原因、气候温度原因、设计条件原因、材料变异原因等，均可导致结构可能产生开裂，留下渗漏隐患。

【开裂】

说清结构开裂的原因，其实是个很沉重的话题，原因来自施工、设计等诸多方面，从监理的角度，本章中做了较详细的讨论，仍有待深入探讨和研究，其具体内容为：

①施工操作原因

其一，混凝土工程浇筑过程中，不正确的施工操作，表现为混凝土振捣不到位、不规范、不密实，模板拆除之后，出现露筋、麻面、狗洞（较大面积凹陷）、开裂等质量缺陷。

其二，混凝土工程浇筑过程中，不正确的施工操作，表现为在混凝土浇筑时，发生钢筋骨架踩踏变形、移位，导致混凝土保护层偏大，引起结构开裂。

以上分析表明，施工单位治理工程隐患，应在施工操作上下功夫，狠抓工人技术培训，狠抓工人岗前教育，调动施工操作者的积极性，用科学、创新、发展的理念把施工技术水平提高一步，改变当前渗漏隐患现状。

②施工组织原因

其一，模板工程拆模时，不正确的施工组织，表现为拆模过早，不按混凝土拆模龄期实施管理和操作，导致结构开裂。拆模，这是一个很重要的环节，不能胡拆乱拆，拆完了，结构也裂了。

其二，模板工程拆模时或拆模之后，不正确的施工组织，表现为结构上胡乱堆放施工荷载，不考虑施工荷重已超过结构的承受能力，导致结构开裂。

其三，模板工程拆模后，不正确的施工组织，表现为不考虑现场的气候温度环境，不采取覆盖保温或浇水养护措施，因气候温度原因，引起结构开裂。

以上分析表明，施工单位治理工程隐患，应在施工管理上下功夫，应充分考虑现场具体的施工条件和施工环境，并采取合理的施工措施，用科学、创新、发展的理念管理好施工现场，改变当前渗漏隐患现状。

③设计图纸原因

其一，结构设计图纸，是现场结构施工的依据，钢筋和混凝土编织着无数构件，至于哪些部位有渗漏隐患，旁观者的意见仅供参考。例如，平屋面楼板，上部防水层一旦渗漏，楼板即成为水池底，迅速流下雨水。设想，采用坡屋面或把楼板起坡，屋面雨水排放或防渗漏不是可以明显改观吗。建议，设计图纸多在结构形式上加以改进，对防渗漏会有改善。

其二，结构设计图纸中的配筋图，是现场钢筋配置的依据，从施工操作和监理查验的角度看，设计图纸有改进的必要。例如，楼板配筋图中，有的钢筋间距偏大，施工操作人员在钢筋骨架上行走，踩弯钢筋现象时有发生；框架节点处钢筋密集，钢筋间净距离小于规范值，致使混凝土骨料难于进入钢筋骨架，导致混凝土振捣不密实现象时有发生。设想，结构设计配筋图中，对上述施工细节有所考虑，结构中工程隐患会减少。建议，设计图纸多在结构配筋细节上加以改进，对防渗漏会有改善。

以上分析表明，设计单位在治理工程隐患中，有着重要的作用，期望设计图纸的深层次表达能有所改进，有所提高，多听听使用单位对设计的反馈意见，为改变当前渗漏隐患现状做出新的努力。

④材料不合格原因

其一，不合格商品混凝土流入工地，并进入在施部位，导致工程隐患。责任涉及商品混凝土厂家及施工总包单位。

其二，不合格或有缺陷钢筋（钢材）流入工地，并进入在施部位，导致工程隐患。责任涉及施工企业材料主管。

上述事实表明，施工单位治理工程隐患，应在施工进场材料上下功夫，严把材料进场关，杜绝不合格材料进入在施部位，改变当前渗漏隐患现状。

以上，建筑结构渗漏现状和原因，有说不完的内容，本章后文中继续讨论。

（2）建筑防水渗漏

1）现状

从建筑结构部位上说，建筑防水指：屋面防水、卫生间防水、地下防水等。

【防水】

从使用单位反馈上说，对建筑防水工程隐患暴露比较充分，出现渗漏现象比较严重，是治理隐患的重头戏。

从施工单位的管理和操作上说，防水分包队工程质量的差距，总包管理不到位，面对防水工程隐患及当前用户反映的渗漏现象，施工企业应着手抓总结经验，抓制订治理隐患措施，抓改变防水工程面貌。

从监理监控的角度说，要总结的经验教训比较多，当务之急，正在施工的工地，监理工程师要盯住防水材料和防水操作这两个容易出现工程隐患的关口，发挥监理实施监控的作用，把防水工程的质量抓上去。

2）原因

建筑防水（屋面防水、卫生间防水、地下防水等）出现渗漏的原因较多，有防水材料不合格或材质差、防水施工管理不到位、防水施工操作不规范及防水施工验收不到位等多方面因素。

①材料进场

施工单位对防水材料进场把关不严，表现为防水材料不合格，或防水材料廉价，寿命低。造成防水层构造在风雨作用下，短时间内就发生开裂或渗漏。

②施工管理

施工单位对防水施工管理不严，表现为施工单位总包对防水施工分包队管理不到位，或总包撒手不管。造成楼体发生渗漏问题，总包说不清渗漏理由。

③施工操作

施工单位防水施工中，施工操作不到位，或不精心操作，活糙。缺乏技术培训，缺乏岗前教育。对防水层与结构不同部位的结合与设计图纸要求不符合，导致边角、接缝、收口等部位发生开裂和渗漏。

④质量管理

施工单位防水工程质量保证体系不到位，自查自检自我验收不到位。造成交监理验收时，仍有多处缺陷，或反复整改。

⑤结构原因

施工单位主体结构施工中，由于各种原因导致结构开裂，雨水渗入防水层周边的结构（如：屋面与墙交接处等），或雨水绕过防水层浸入室内。

⑥淋水试验

施工单位淋水试验不到位，没能检验出防水有缺陷的部位。造成有的工地防水已经验收，导致大雨过后房屋就开始渗漏。

以上事实表明，施工单位在治理防水工程的隐患中，有许多工作要做，施工企业的主管要从多方面查出防水工程施工管理和操作的差距，制订切实可行的整改措施，改变当前房屋渗漏现状。

（3）建筑节点渗漏

1）现状

建筑节点（指：阳台、雨篷、飘窗、散水等建筑节点）出现渗漏现象比较严重，是治理隐患的重点部位。

从设计图纸上说，建筑节点图是设计图纸中的一种表示方法，是建筑节点部位的放大描述。现场施工和监理经验表明，有些设计节点图表达得不清楚，没有把防渗漏突出应注意之处表达明白，需要放大标注之处却省略。如：窗台和窗过梁外伸较短，滴水无尺寸，或做得很小，而此处正是雨水外泄还是内浸的关键部位。类似窗滴水问题，还有屋面防水、地下防水、卫生间防水收边做法等同类问题，可参见本书相关章节内容。

从现场具体施工操作上说，往往建筑节点图纸并未被施工人员看懂，节点的建筑做法并未推广到全楼的各个部位，导致防渗漏的建筑节点做法，在立面和平面上未交圈，未闭合。雨水就是从那些不交圈和不闭合的空隙部位渗漏到楼内的。

【节点】

建筑节点图纸，设计者应在图中绘制清楚，表达那些建筑结构部位防渗漏的细节，那些能把雨水挡在室外的细节。

建筑节点图纸，施工人员一要看懂，二要用智慧，用创新的思维实现那些建筑结构部位防渗漏的细节，那些能把雨水挡在室外的细节。

2）原因

建筑节点（阳台、雨篷、飘窗、散水、女儿墙、地下室外墙等）出现渗漏的原因：

①外墙节点

雨水从阳台、雨篷、飘窗进入室内，这些建筑节点渗漏的原因，一是建筑外墙设计节点图纸表达不足，二是施工单位及分包队施工管理和操作不到位，三是监理查验后，施工方整改时顾此失彼，仍有工程隐患或缺陷。

②地下防水节点

雨水从散水、地下室外墙渗入室内，这些建筑节点渗漏的原因，一是建筑地下防水设计节点图纸表达不足，二是施工单位及分包队施工管理和操作不到位，三是监理查验后，施工方整改时顾此失彼，仍有工程隐患或缺陷。

③屋面防水节点

雨水从女儿墙根部或顶部渗漏到室内，此建筑节点渗漏的原因，一是建筑屋面防水设计节点图纸表达不足，二是施工单位施工管理和操作不到位，三是监理查验后，施工方整改时顾此失彼，仍有工程隐患或缺陷。

以上渗漏原因分析中，涉及了设计、施工及监理单位，这些单位有责任把房屋建筑工程防渗漏工作做得更细、更全面和更深入一些，知难而进，针对与本单位有关的渗漏现状和原因，采取相应的对策和措施，例如：

①设计防渗漏的建议

其一，设计单位主动下用户单位、施工单位和监理单位了解房屋渗漏的反馈意见，并落实本单位整改措施，期望防渗漏效果能有新的起色。

其二，对外墙节点、地下防水节点、屋面防水节点等主要建筑节点中，有渗漏隐患的部位和细节，结合有关设计原因导致渗漏的反馈意见，补充相关的详图，并对以往图纸（或通用做法）进行更新、改进，以崭新的面貌，给用户单位、施工单位和监理单位一个满意的回答。

②施工防渗漏的建议

其一，施工单位主动下用户单位了解房屋渗漏的反馈意见，并落实施工单位整改措施，在施工管理、施工操作、施工材料、施工验收等方面有新的起色。

其二，对外墙节点、地下防水节点、屋面防水节点等主要建筑节点中，有渗漏隐患的部位和细节，一要看懂图纸，施工操作者要从建筑节点图中看出其防渗漏的内涵，要更新观念，要精心施工，不能活糙。以崭新的面貌，给建设单位和广大的用户交出一份满意的答卷。

③监理防渗漏的建议

通过建筑结构、建筑防水渗漏现状，以及外墙节点、地下防水节点、屋面防水节点等主要建筑节点的渗漏现状和综合分析，监理工程师从中感悟许多。

其一，房屋建筑治理渗漏工作，任重道远，设计、施工、监理单位有许多工作要做，当务之急是分析、研究和制订相应的对策，从千头万绪的工作中找出合适的方法，在治理工程隐患的工作中，发挥各单位的智慧和积极性。

其二，房屋建筑的施工现场和已竣工投入使用的房屋建筑，其实是一个大课堂，设计、施工、监理等单位的有关人员，在房屋建筑渗漏的反馈意见中看到了本单位的工作差距，学习到了许多知识，促使我们用更清醒的头脑、更科学的态度去改进我们的工作。

5.2　地下结构及防水监控

1. 内容

房屋建筑工程开工之时，地下结构及防水工程先行，其监理监控内容包括：

（1）基础验槽

1）通过验槽，核实现场土质土层构造与地勘报告的符合性，核实现场土质承载力与设计图纸的符合性。

2）通过监理组织基础验槽确认合格后，施工单位方可开展基础、地下结构及地下防水等施工。

（2）地下防水

监理地下防水监控中，通过监理查验防水施工分包队的施工能力、施工材料、施工操作及施工管理等确认合格后，施工单位方可进行防水保护等下道工序。

（3）防水保护及回填

1）防水层保护墙施工中，经监理确认未发生防水层破坏，方可进行回填土方。

2）基础回填土施工过程中，其分层夯实做法，要经监理查验合格。

（4）雨水排放

1）散水施工过程中，其混凝土浇筑做法，要经监理查验合格。

2）小区地坪硬化及道路施工中，其道路坡度等做法，要经监理查验合格。

2. 关注

基础、地下结构及基础整体防水，承担着房屋结构安全性和功能性的作用。安全性表现在地下结构的强度、刚度和抗裂性能，功能性表现在结构本身浇捣密实，且做好各项防水、防潮、防护、排水设施的情况下，抵制了雨水渗漏至基础及地下室内。因此，监理工程师应特别关注地下结构防水的监控。

（1）关注验槽

通过监理主持验槽，发现地基是否存在隐患，或如何采取地基加固措施。确保现场土质承载力与设计图纸的符合性。确保房屋建筑基础牢固可靠，不发生倾斜沉陷，这一点，无疑是施工、监理、设计、勘察等单位共同关注的头等大事。

（2）关注防水

通过监理监控地下结构防水施工，发现地基是否存在隐患，或如何采取地基加固措施。确保基础及地下室不渗漏，确保房屋地下结构的正常使用功能。这一点，是施工、监理、设计等单位共同关注的大事。

（3）关注回填

通过监理监控防水层保护墙及基础回填土施工，确保防水层不破裂，确保地下结构整体防水的可靠性。

（4）关注排水

通过监理监控散水、小区地坪硬化及道路施工，确保建筑结构及小区雨水排放的有效性，确保房屋底层雨水不倒灌。

以上，工程开工之时，正是从基础、地下结构及防水施工起步，正是施工单位的人员、材料、管理和操作等综合展示的环节。监理通过基础、地下结构及防水的监控，与施工方共同进入了建筑成品实施的状态，这是相当重要且值得珍惜的时刻，此时，施工方将筹划和展示如何施工，监理方将筹划和展示如何监控，带着质量总目标的重任，各方均将从这道起跑线奋力出发。

经验提示：关注地下结构防水	以下，在项目开工之时，监理业务中，特别关注地下结构及防水工程监控，其内容包括： （1）基础验槽；（2）地下防水；（3）防水保护及回填；（4）雨水排放。

5.2.1　地基基础验槽监理要点

【编制依据】

（1）《建设工程监理规范》GB 50319—2012 中，有关监理程序规定。

（2）《建筑地基基础工程施工质量验收规范》GB 50202—2002 中，地基基础条文。

（3）房屋建筑现场监理经验总结中，地基基础监理等参考资料。

【隐患现状】

房屋建筑基础是否牢固可靠，项目开工验槽之时，就与施工、监理、设计、勘察等单位均有密切的关系，各单位是否重视这一关键节点，有待警钟长鸣。

【监理要点】

以下为地基基础验槽监理要点。

房屋建筑工程开始阶段，当土方开挖至基础垫层底部标高时，经施工方将基坑底面平整后，由监理主持，对地基进行验槽，其监理要点为：

（1）地勘报告核实

验槽前，基槽开挖过程中，监理工程师将项目地勘报告与基槽外露各层土质相对照，查验是否存在异同之处。

（注：地勘报告是设计图纸的依据，房屋建筑是否建立在稳定安全的地基上，在建设工地的起步阶段，监理工程师要进行两个复核，一是地勘报告与设计图纸的符合性，二是地勘报告与开挖地槽的符合性。）

地质勘察报告，反映房屋建筑地基下土壤的实际情况，由地质勘察部门编制完成，监理单位、设计单位、施工单位要学习和研究，并核实报告内容与现场情况的符合性。

（2）查验开挖土质

验槽中，勘察单位、设计单位、监理单位及建设单位共同查验地下室基础开挖后土质状况，监理工程师与有关专业人员逐项核实现场土质与地勘报告的符合性，核实与设计图纸的符合性。

（注：验槽时，地勘单位和设计单位分别查验和认可签字，监理工程师对基槽现场进行综合评价，并在隐检单上签字。）

主要听取勘察单位在现场发表的意见，是否与地勘报告内容相符合，是否与设计图纸依据的地质数据相符合，是否与现场实际土壤状况相符合。

（3）验槽之后整改

验槽中，如发现隐患部位（指：局部地基土质与勘察报告不符，需要处理），要求施工单位按验槽记录处理。

地基是否进行处理，由勘察单位在现场核实后确定，如有与地勘报告内容不相符合区段，由勘察单位具体指出如何处理，并写在验槽记录上。

施工单位按验槽记录要求对地基进行处理，监理工程师检查验收。

监理经验表明，房屋是否做沉降观察记录，按设计图纸要求进行。如需要观测，则施工单位负责具体实施。

（4）工地例会通报

工地例会上，监理通报地基验槽结果及相关事宜。

工地例会由监理方主持，施工方、甲方参加。土方及基础验槽为内容的工地例会上，通常各方需要讨论、协调和预控的问题为：

1）设计数据

有关房屋地基勘察、设计数据的通报。如，地勘报告中地层土质内容的核实情况，哪些部位需要采取补充地基处理措施，以及设计图纸中采用的地基承载力标准值（kPa）是否符合地勘报告数据等。

2）地基处理

有关验槽后补充地基处理的要求。如，落实地基处理部位和方法，以及施工方专人负责等。

3）沉降观测

有关地基沉降观测点的布置及落实施工方专人负责。

4）基坑防护

有关验槽之后，对基坑采取防雨水、防冻等防护设施的预控意见。

（注：房屋基础不均匀沉陷等工程隐患，原因比较复杂，通常来自勘察、设计、施工等因素，施工监理当务之急在于，监理从工程土方开挖阶段就严格按建设程序实施，按相关规范验收，治理隐患从基础开始。）

（5）基础垫层施工

验槽后，现场施工单位应及时开展基础垫层等下道工序，防止天气变化等因素影响基槽土质。

基础垫层厚度按图纸标注施工，但要注意：

1）垫层要满铺基坑底部面积，不外露土质坑底。基底有高差需垫层加宽加厚的部位，按图纸要求进行。

2）垫层表面标高要与图纸标注相符合。

3）地下水排水坑积水要及时抽出。

（注：护坡桩、浇筑桩施工，需另行编制桩基施工的监理细则。）

以上，监理单位在基础验槽阶段的工作目标是，现场土质土层构造与地勘报告符合，土质承载力与设计图纸符合。房屋建筑整体作用在稳定的地基上，控制房屋建筑基础及地下结构受力稳定。

基础验槽监控目标及监理要点，见表 5-3。

基础验槽监控目标及监理要点　　　　　　　　　　表 5-3

序号	监控项目	监控目标	监理要点
1	基础验槽	（1）现场基坑土质土层构造与地勘报告符合，土质承载力与设计图纸符合。 （2）房屋建筑整体作用在稳定的地基上，控制房屋建筑基础及地下结构受力稳定	（1）地勘报告核实 （2）查验开挖土质 （3）验槽之后整改 （4）工地例会通报 （5）基础垫层施工

5.2.2　地下防水监理要点

【编制依据】

（1）《建设工程监理规范》GB 50319—2012 中，有关监理程序规定。

（2）《地下防水工程质量验收规范》GB 50208—2011 中，地下防水条文。

（3）房屋建筑工程监理工作总结中，地下防水监理等参考资料。

【隐患现状】

地下防水的可靠性，是否存在隐患，如何保证不渗漏，与施工、监理、设计等单位有密切关系。

【监理要点】

以下为地下防水监理要点。

（1）查验防水资质

监理工程师查验防水分包队进场资质（企业资质、上岗人员资质），并在监控过程中，核实上岗人员与资质是否相符。

防水分包队承包的地下结构的防水工程，对总包来讲，总包要有专人管理。对于监理来讲，监理监控分包的内容为：要落实分包与总包的实际关系，要严查分包队的企业资质、要严查分包队的上岗人员资质，并核实分包队人员的现场操作能力。

（注：如分包资质、人员、操作能力表现很差，监理要及时提出纠正，否则，地下防水施工将留下工程隐患。）

（2）查验总包管理

监理工程师查验总包管理人员必须到位，对防水工程的管理和操作全面负责，并核实防水工程始终处在总包的管理之中。

总包对地下防水施工的分包队不能撒手不管，监理监控总包管理的内容为：总包负责人对分包队要管人员、管材料、管操作、管质量，四管齐下。

（注：不管防水分包队能力表现如何，监理都要抓紧对总包管理的监控，因为质量责任在总包。）

（3）查验材料合格

监理工程师查验防水材料合格证明，并对防水卷材开卷后全面检查，巡查中，防水卷材搭接、转角尺寸要符合规范要求。

防水材料的质量保证，是防水工程的基础，材料的主控是总包，监理要深入到防水材料的采购、进场和检验之中，把这项工作做细。

（注：防水材料的工程隐患在于，材料的寿命和品质，材料采购主管是关键，地下防水材料不可更换，如选购低价，或根本不重视地下防水，则势必留下工程隐患。）

（4）查验粘结操作

监理工程师查验防水粘结材料合格证明，并对防水粘结材料进行检查，巡查中，粘结操作工艺应符合规范要求。

粘结是防水监控的主要工序，监理监控必查项目的内容为：粘结材料、粘结操作、搭接尺寸、转角尺寸等。

（注：地下防水操作中，雨天、低温等环境因素，影响防水材料的粘结效果，监理要注意现场实际粘贴质量。）

（5）制订监理细则

监理单位制订地下结构防水工程监理细则，加强操作工序的监控。由于防水作业连续施工，监理工程师也应跟班监控。

地下防水工程监理细则，反映监理对防水工程的监控能力，把要查的项目和标准写在纸上，落实到监理的行动上，同时，还要送到施工队的手中，确保操作到位，查验到位。

（注：地下防水监理细则中，主要查验项目为：防水层的底层处理是否合格，防水材料是否合格，防水操作是否合格，防水成品是否合格，水平防水层和垂直防水层是否形成交圈，不间断，连续成带。）

（6）纠正和整改

监理工程师监控地下结构防水工程中，发现问题当场要求施工操作者及时纠正和整改。

监理工程师监控地下防水中，提出的问题和要求整改的内容，对现场施工操作者和管理者都要讲清楚，以便举一反三，讲求实效。

（7）工地例会协调

工地例会上，监理单位在地下防水工程监控过程中发现的问题，进行讨论、协调，重点强调防止工程隐患，防止地下结构渗漏。

地下防水为内容的工地例会上通常各方需要讨论、协调和预控的问题为：

1）水平防水层及保护层施工，其防水材料、防水操作比较容易暴露问题和需要整改。基础和地下结构拆模之后的垂直防水层施工在交叉作业下进行，操作比较复杂，监控容易顾此失彼，要提醒施工方，清理基层、下部接头施工均要到位，基础外墙上不得遗留脚手架子横杆，垂直防水层一次连续铺完。

2）会上，防水队分包的施工人员、防水材料、防水操作、防水质量，以及总包管理等是否到位，是否有不合格部位，监理要提出具体意见。

3）防水层保护层的施工，要在现场具备条件的情况下，连续进行，防止地上结构施工破坏防水层，在会上，监理要提出预控意见。

（注：基础及地下室防水工程隐患表现为：防水层粘结不牢和破裂、保护层（墙）破损，导致地下结构渗漏。地下防水施工的全过程是一个比较重要的施工节点，同时，也是监理监控的重点。）

以上为监理单位在地下防水阶段的主要工作。监理在巡查中及工地例会上，均以防止工程隐患和防止地下结构渗漏为工作目标。

地下防水监控目标及监理要点，见表5-4。

地下防水监控目标及监理要点　　　　　　表5-4

序号	监控项目	监控目标	监理要点
1	地下防水	基础、地下结构规范施工及防水层规范操作。且做到防水层不破	（1）查验防水资质 （2）查验总包管理 （3）查验材料合格 （4）查验粘结操作 （5）制订监理细则 （6）纠正和整改 （7）工地例会协调

5.2.3 防水保护及回填土监理要点

【编制依据】

(1)《建设工程监理规范》GB 50319—2012 中,有关监理程序规定。

(2)《地下防水工程质量验收规范》GB 50208—2011 中,地下防水条文。

(3) 房屋建筑工程监理工作总结中,地下防水监理等参考资料。

【隐患现状】

(1) 防水保护

地下防水施工中,防水层的保护设施,保护墙或其他材料,其作用是为了防水层不遭到破坏,但由于施工管理不到位,存在保护设施遭到破坏的隐患。

(2) 回填土

在基坑回填土时,由于施工管理不到位,存在砸坏防水保护设施现象,因而存在保护设施遭到破坏的隐患。

【监理要点(防水保护)】

以下为防水层保护墙的监理要点。

防水层保护墙对地下结构垂直防水层起着保护作用。监控防水层保护墙很有必要,防水层是否破损属隐蔽工程,需跟踪监控。如有疏忽,一旦在地下结构室内发现渗漏时,很难修补。

(1) 防水是否破裂

监理工程师查验地下结构防水层保护墙施工时,应要求总包管理专人负责,保护墙砌筑之前,要全面检查防水层是否破裂,如发现有几处破裂,均需当面修补。

防水分包队负责修补防水层,总包专人管理保护墙砌筑、防水层施工和保护墙砌筑交叉作业,在这道工序上,要警惕防水层随时有破裂的可能,如发现有砸坏防水层现象,必须立即修补。

监理在这道工序的监控,要在防水施工和保护墙砌筑的交叉作业中,发现不合格部位,并及时指出整改。

(2) 要求跟班管理

监理工程师监控地下结构防水层保护墙砌筑时,要全面检查保护墙操作是否符合规范要求,并要求现场管理人员跟班管理,直到工序完成找监理报验。

要求施工方管理人员跟班管理地下结构防水层施工及防水保护墙砌筑,既要保护防水层不被破坏,保护墙本身又不要被回填土砸坏,层层保护,此时,三项作业同时进行,需要总包跟班管理。

监理在上述交叉作业中,也应跟班监控,防止防水层及防水保护层在回填土过程中出现不合格部位。

(3) 工地例会协调

工地例会上,对监理单位在地下结构防水层保护墙监控过程中发现的问题,进行讨论、协调,重点强调防止工程隐患,防止地下结构渗漏。

地下防水保护墙为内容的工地例会上通常各方需要讨论、协调和预控的问题为：

1) 基础及地下室防水层及保护层（墙）的施工，往往交叉作业。保护墙砌筑过程中，回填土作业也将展开。在上述交叉作业中，突出的问题是成品保护，防水层遭到破坏则前功尽弃，所以，监理要在会上，指出这段施工过程中可能出现的工程隐患。此时，施工方要专人跟班管理，不得在交叉作业中出现不合格部位。

2) 会上，还应对可能出现的防水层破裂，由防水分包队负责修补的要求，落实责任，不得扯皮。

【监理要点（回填土）】

以下为基础回填土监理要点。

基础回填土对地下结构防水层及保护层起着保护作用，同时，还起着在回填土顶部起坡排水的作用。监控基础回填土规范操作很有必要，回填土是否密实属隐蔽工程，需跟踪监控。回填时，不能砸坏防水层保护层。同时，回填土如松软不密实，易渗水。

（1）检查人员管理

监理工程师查验基础回填土施工时，应要求总包管理专人负责，其回填方案及分层操作做法，均应事先交监理认可。

基坑回填土时，施工方应将楼体四周的回填土实施方案报监理，结合整体防渗漏体系实施，不可随意操作。

（2）要求规范操作

监理工程师监控基础回填土施工时，要全面检查回填土压实情况，如发现操作中有不符合规范之处，要求施工单位立即整改，并要求现场管理人员跟班管理，直到工序完成找监理报验。

压实土方的具体方法按规范规定进行，同时，回填时要防止砸坏防水保护层，总包要跟班管理，监理要跟班监控。

（3）工地例会协调

工地例会上，对监理单位在基础回填土监控过程中发现的问题，进行讨论、协调，重点强调防止工程隐患，防止地下结构渗漏。

基础回填土施工为内容的工地例会上通常各方需要讨论、协调和预控的问题为：

1) 回填分层夯实是否认真，是否按规范操作，监理要在会上提出意见，并指出不合格部位，及时整改。

2) 会上，还应对下一步主体结构脚手架施工之前，地坪硬化提出预控意见，旨在确保脚手架地基稳定，以及防止回填土受积水、渗水而发生塌陷。

（注：基础及地下室防水层施工、保护墙砌筑，以及基坑回填土是三步很关键的防渗漏措施，监理要看到这是三个关键的节点，加强监控，治理隐患。监理经验表明，地下部分的防渗漏还有第四个节点，就是控制楼体周边积水措施，小区雨水有组织地排放，见 5.2.4 节内容。）

以上为监理单位在地下防水层保护墙施工及基础回填土施工中的主要工作。监理在巡查中及工地例会上，均以防止工程隐患和防止地下结构雨水（积水）渗漏为工作目标。

防水保护及回填土监控目标及监理要点，见表 5-5。

序号	监控项目	监 控 目 标	监 理 要 点
1	防水层保护	防水层保护墙规范施工	(1) 防水是否破裂 (2) 要求跟班管理 (3) 工地例会协调
2	基础回填土	基础回填土规范施工。 防水层不破,防止楼体底层发生雨水倒灌	(1) 检查人员管理 (2) 要求规范操作 (3) 工地例会协调

5.2.4 雨水排放监理要点

【编制依据】

(1)《建设工程监理规范》GB 50319—2012 中,有关监理程序规定。

(2)《地下防水工程质量验收规范》GB 50208—2011 中,地下防水条文。

(3) 房屋建筑工程监理工作总结中,雨水排放监理等参考资料。

【隐患现状】

(1) 散水

地下防水的可靠性,是否存在隐患,如何保证不渗漏,与施工、监理、设计等单位有密切关系。

(2) 雨水排放

小区地坪及道路排水,并未引起重视,但房屋底层雨水倒灌的隐患确实存在,在竣工收尾之时,勿忘检查落实。

【监理要点(散水)】

以下为散水施工监理要点。

当前散水现状,不是散水平面上不闭合,就是散水标高不对,未起到散水防渗漏的作用。

(1) 检查人员管理

监理工程师查验散水施工时,应要求现场管理人员专人负责,要全面检查散水的宽度和标高是否符合图纸要求,如发现有不合格处,均需当面修补。

散水,通常在工程收尾时施工,其宽度、坡度既要符合图纸,又要符合现场实际地面标高,旨在防止楼体周边雨水积水、地基渗水、雨水倒灌。

(2) 要求跟班管理

监理工程师监控散水施工时,要特别要求:散水基层要压实,与外墙根部要填实,散水外缘要坡向小区地坪,与地坪紧密接合。并要求现场管理人员跟班管理,直到工序完成找监理报验。

由于散水平面在楼体周围构成环形防渗带,它具有较多的功能,监理方要提醒施工方

155

现场管理者，注意散水施工的要点，做到散水标高到位，散水宽度到位，散水坡度到位，散水施工质量到位。

1）散水功能之一，混凝土散水表面承受楼上雨水冲击，雨水迅速排除。

2）散水功能之二，混凝土散水形成坡度，将雨水引向硬化地坪、至小区道路、最终至雨水井。

3）散水功能之三，混凝土散水加固了楼体周围回填土的表层，提高了地基抗渗漏能力。

4）散水功能之四，混凝土散水强化了楼体根部与勒脚的封堵，确保了垂直防水层抗渗漏功能。

5）散水功能之五，散水与硬化地坪合理衔接，阻挡雨水积水向楼体基础渗漏。

上述散水五项功能表明，监理工程师有责任要求散水施工时，其宽度、标高、坡度等主要尺寸要确保到位，强化散水抗渗漏功能。

（3）工地例会协调

工地例会上，对监理单位在散水施工中发现的问题，进行讨论、协调，重点强调散水是楼体的硬化保护带，雨水从散水流向小区道路，并经小区道路集中雨水井排放。特别强调，散水施工到位可防止楼边积水，防止地下结构渗漏。

散水施工为内容的工地例会上通常各方需要讨论、协调和预控的问题为：

1）混凝土散水表面要抹压平实。

2）散水坡度要与硬化地坪、小区道路及雨水井标高相协调，确保雨水排放顺畅。

3）散水基层回填土要夯实。

4）散水与勒脚、垂直防水层的接茬要封堵严实。

5）散水与硬化地坪合理衔接，除绿化池外，不留土质地面。

上述散水五项施工要求，监理工程师要在会上结合现场情况，提出监控意见。其宽度、标高、坡度等主要尺寸如需调整，可补充设计变更手续。使施工方明确强化散水抗渗漏功能的重要性，并认真实施。

【监理要点（雨水排放）】

以下为雨水排放——小区地坪及道路监理要点。

当前小区地坪硬化及道路现状，不是没有小区道路图纸，就是未按小区道路图纸施工，存在雨水排放无序，导致雨水倒灌楼内。

上述两项雨水排放方面的设施，并不被人们所重视，但我们却在此强调论述，因为上述设施的意义在于：

①监控散水施工，突出散水抗冲刷和雨水排放的功能，将能得到事半功倍的抗渗漏功能和效果。

②监控小区地坪硬化及道路，突出小区地坪硬化及道路雨水排放的功能，将能得到事半功倍的抗渗漏功能和效果。

（1）检查人员管理

监理工程师查验小区地坪硬化及小区道路施工时，应要求现场管理人员专人负责，要全面检查地坪及道路是否符合图纸要求，如发现有不合格处，均需当面修补。

硬化地坪，要在楼体竣工时同时完成，旨在使小区雨水排放及早形成。地坪上雨水经小区道路，排放至雨水井。要求地坪的坡度设计、道路的坡度设计均以雨水排放是否顺畅为前提。

（2）要求跟班管理

监理工程师监控小区地坪硬化及小区道路施工时，要特别要求：地坪及道路的基层处理要压实，并将散水、地坪、小区道路连成一片（花池、树池除外），造成小区内有组织排水。并要求现场管理人员跟班管理，直到工序完成找监理报验。

小区道路的整体设计，往往在设计图中表达不够详细，此时，需要补充设计完善。如小区地坪、小区道路设计图纸中，路面构造无详图时，施工单位应主动请设计单位补充详图。

（3）工地例会协调

工地例会上，对监理单位在小区地坪、小区道路施工中发现的问题，进行讨论、协调，重点强调小区地坪和道路是形成有组织排水的重要设施，雨水经小区道路集中雨水井排放，可防止楼边积水，防止地下结构渗漏。

小区地坪硬化及道路为内容的工地例会上通常各方需要讨论、协调和预控的问题为：

1）小区地坪硬化要以设计图纸为依据，其地坪构造及坡度，关系到雨水的合理排放，不得由施工方自行施工。

2）小区道路要以设计图纸为依据，其道路路面构造及坡度，关系到雨水的合理排放，不得由施工方自行施工。

3）雨水井要与小区周边市政管线合理衔接，请甲方办理相关手续。

上述小区地坪硬化、道路雨水井施工要求，监理工程师要在会上结合现场情况，提出监控意见。其小区总图设计如无详细图纸，可补充设计图纸。使施工方明确小区雨水排放的重要性，并认真实施。

以上为监理单位在散水及小区地坪及道路施工中的主要工作。监理在巡查中及工地例会上，均以防止工程隐患和防止地下结构雨水（积水）渗漏为工作目标。

散水及小区道路监控目标及监理要点，见表 5-6。

散水及小区道路监控目标及监理要点 表 5-6

序号	监控项目	监 控 目 标	监 理 要 点
1	散水	（1）散水平面上要闭合，做防渗漏处理。 （2）散水遇高差，做防渗漏处理	（1）检查人员管理 （2）要求跟班管理 （3）工地例会协调
2	小区地坪及道路	小区地坪硬化及道路施工中，确保小区地坪硬化及道路雨水排放的功能，确保不发生雨水倒灌	（1）检查人员管理 （2）要求跟班管理 （3）工地例会协调

5.3 钢筋工程监控

1. 内容

房屋建筑主体结构施工开始时，钢筋工程施工是重头戏，其监理监控项目的内容包括：

（1）监控钢筋下料

通过监理工程师对钢筋下料的监控，确保结构配筋及混凝土保护层尺寸准确。

（2）监控梁、柱、墙钢筋骨架绑扎

通过监理工程师对钢筋骨架绑扎的监控，确保梁、柱、墙内配筋及混凝土保护层尺寸准确。

（3）监控楼板及结构节点钢筋绑扎

通过监理工程师对钢筋骨架绑扎的监控，确保楼板及结构节点内配筋及混凝土保护层尺寸准确。

2. 关注

钢筋通过手工绑扎或机械焊接成钢筋骨架，在结构中承担着与混凝土相匹配的受力作用，承担着结构安全性和功能性的作用。

结构的安全性，表现在结构的承载力、刚度和抗裂性能。

结构的功能性，表现在结构浇捣密实的情况下，抵制了雨水渗漏至室内。

经验表明，监理工程师对钢筋工程的监控，其关注点为：

（1）安全可靠

主体结构施工中，监理特别关注钢筋工程的准确配置和规范操作，旨在确保主体结构的安全可靠，也是主体结构发挥作用的头等大事。

（2）防止渗漏

主体结构施工中，钢筋工程的准确配置和施工到位，有利于主体结构的抗渗漏性能，防止房屋渗漏功能，要在主体结构施工的监控中体现。

（3）钢筋操作

在施工现场，钢筋工程施工周期长，工程量大，钢筋操作技术比较有难度，因此，监理工程师监控钢筋施工的过程中，特别关注钢筋操作的规范性。

（4）关注合格

主体结构的施工过程中，施工管理者和操作者要深入理解图纸和规范，监理工程师的查验过程，也是与施工方反复对照图纸校对的过程，其共同的目标是，整体钢筋工程质量合格。

（5）关注成品

钢筋工程的施工，施工单位要花很大力气抓人员、抓材料、抓操作，在漫长的主体结构施工过程中，接受监理在多道工序中的查验和认可，质量目标是，钢筋下料和钢筋骨架成品的合格。

（6）关注设计

结构设计图纸，为钢筋工程施工的基本依据，设计单位的图纸也在不断地适应当前施工技术的发展，施工现场出现与设计有关的问题，期望能及时处理，并在设计变更中表达和体现。

<table>
<tr><td>经验提示：关注钢筋
工程监控</td><td>综上，监理业务中，特别关注钢筋工程监控，特别关注结构承载力和功能：
（1）安全可靠；（2）防止渗漏；（3）钢筋操作；（4）关注合格；（5）关注成品；（6）关注设计。</td></tr>
</table>

5.3.1 钢筋下料监理要点

【编制依据】

（1）《建设工程监理规范》GB 50319—2012 中，有关监理程序规定。

（2）《混凝土结构工程施工质量验收规范》GB 50204—2002（2010 年版）中，钢筋工程条文。

（3）房屋建筑现场监理经验总结中，钢筋工程监理等参考资料。

【隐患现状】

施工现场现状，存在钢筋下料尺寸不准确，导致混凝土保护层不准确，存在影响结构受力，以及结构开裂的隐患。

【监理要点】

以下是钢筋下料监理要点。

（1）核实人员资质

监理工程师查验钢筋下料（制作）管理及操作人员资质（上岗人员资质），并在监控过程中，核实上岗人员与资质是否相符。

（注：现场施工管理及操作者，应进行岗前培训，掌握钢筋工程的技术要求，以及治理工程隐患知识。）

钢筋下料（制作）这道工序上，施工方通常出现的问题，以及监理着重查验的内容为：

1）下料表的校核时，监理常常在加工的操作台上发现，钢筋下料尺寸，与设计图纸相比，有的长有的短，长的浪费材料，短的影响受力。

2）下料表应以规范为依据，监理常常在钢筋下料表校对时发现，钢筋下料尺寸，与规范规定不符，施工操作者需加强规范业务培训。

3）下料成品的查验表明，钢筋尺寸的校对，应在钢筋加工的操作台上完成，到了楼里的操作面上，修改和更换已比较困难。

4）在钢筋下料表中发现的问题，同时追溯到预算表中的钢筋量计算，对相应钢筋尺寸进行修改。

（2）查验钢筋证明

监理工程师查验钢筋（钢材）合格证明，并对现场钢筋（钢材）检查，发现有不合格（或缺陷）时，及时指出，并与现场施工管理者商定处理办法。

钢筋合格证明，表现在合格证、外观及抽样试验，施工方通常出现的问题，以及监理着重查验的内容为：

1）钢筋（钢材）出厂合格证明、铭牌所注规格、指标等与设计图纸要求不符者，为不合格品。

2）钢筋（钢材）外观污迹、锈斑、磨损等缺陷，是否视为不合格，可提出异议。

3）钢筋（钢材）试验取样及结果，是否合格，按规定判断。

以上为钢筋（钢材）进施工现场、堆放、下料阶段，监理工程师鉴别不合格品的常用方法。进入在施部位的绑扎阶段的监控内容，见 5.3.2 节。

（3）复核钢筋下料

监理工程师巡查中，严格查验钢筋下料、制作、焊接尺寸，要符合设计图纸及规范要求，发现不合格半成品，要求及时整改。

按《混凝土结构设计规范》GB 50010—2010 中有关钢筋搭接长度、弯钩长度等，施工方通常出现的问题，以及监理着重查验的内容为：

1）搭接长度

钢筋下料的搭接长度，通常按图纸标注为依据，当监控钢筋下料尺寸出现异议时，按规范规定为准，其钢筋搭接长度，以不同部位、不同钢种等多因素为计算依据，修正后的下料尺寸，要相应修正钢筋表。

2）弯钩长度

钢筋下料的弯钩长度，通常按图纸标注为依据，当监控钢筋下料尺寸出现异议时，按规范规定为准，其钢筋弯钩长度，以不同直径、不同弯钩形式等多因素为计算依据，修正后的下料尺寸，要相应修正钢筋表。

以上为规范规定的钢筋搭接长度、弯钩长度等在下料阶段的应用，监理工程师检查钢筋下料表时，如发现问题，则要求改正。

（4）制订监理细则

监理单位制订钢筋工程监理细则，以规范规定为依据，监理工程师应加强钢筋下料、制作、焊接等操作工序的监控。

钢筋下料监理细则中，主要内容为：

1）查验钢筋搭接长度是否符合图纸及规范规定。

2）查验钢筋锚固长度是否符合图纸及规范规定。

3）查验钢筋弯钩长度是否符合图纸及规范规定。

4）查验其他有关钢筋尺寸的项目。

（注：图纸标注的尺寸，是设计者应用规范在该项目中的具体表达，如有异议，以规范为准。）

（5）要求纠正整改

监理工程师监控中，发现钢筋下料、制作、焊接等操作工序上的问题，当场要求施工操作者及时纠正和整改。

钢筋下料阶段，监理工程师要求施工操作者整改的主要内容为：

1）钢筋下料的搭接长度与图纸及规范规定有不符合处，需修正下料表及钢筋表。

2）钢筋下料的锚固长度与图纸及规范规定有不符合处，需修正下料表及钢筋表。

3）钢筋下料的弯钩长度与图纸及规范规定有不符合处，需修正下料表及钢筋表。

4）其他有关钢筋尺寸需要修正的问题。

（6）工地例会协调

工地例会上，对监理单位在钢筋下料监控过程中发现的问题，进行讨论、协调，重点强调防止工程隐患。

钢筋下料为内容的工地例会上通常各方需要讨论、协调和预控的问题为：

1）监理查验钢筋下料过程中，发现的搭接长度、锚固长度、弯钩长度等尺寸的问题，指出与图纸和规范的差距，并要求整改。

2）钢筋下料长度修正的同时，工程预算中的钢筋表要相应改正。

3）确保钢筋下料阶段尺寸的正确性，其意义在于，把问题解决在绑扎骨架之前，提高查验实效。

以上为监理单位在钢筋下料施工中的主要工作。监理在巡查中及工地例会上，均以钢筋下料及钢筋尺寸与图纸及规范要求相符合为工作目标。

钢筋工程监控目标及监理要点，见表5-7。

钢筋下料监控目标及监理要点

表 5-7

序号	监控项目	监控目标	监理要点
1	钢筋下料	钢筋下料及钢筋尺寸与图纸及规范要求相符合	（1）核实人员资质 （2）查验钢筋证明 （3）复核钢筋下料 （4）制订监理细则 （5）要求纠正整改 （6）工地例会协调

5.3.2 梁、柱、墙钢筋骨架绑扎监理要点

【编制依据】

（1）《建设工程监理规范》GB 50319—2012 中，有关监理程序规定。

（2）《混凝土结构工程施工质量验收规范》GB 50204—2002（2010 年版）中，钢筋工程条文。

（3）房屋建筑现场监理经验总结中，钢筋工程监理等参考资料。

【隐患现状】

施工现场现状，存在梁、柱、墙钢筋骨架绑扎尺寸不准确，导致混凝土保护层不准确，存在影响结构受力，以及结构开裂的隐患。

【监理要点】

以下为梁、柱、墙钢筋骨架绑扎监理要点。

（1）核实人员资质

监理工程师查验钢筋绑扎（焊接）管理及操作人员资质（上岗人员资质），并在监控过程中，核实上岗人员与资质是否相符。

（注：现场施工管理及操作者，应进行岗前培训，掌握钢筋工程的技术要求，以及治理工程隐患

知识。）

钢筋骨架绑扎阶段，从小处着眼，大处把关，施工方通常出现的问题，以及监理着重查验的内容为：

1) 钢筋骨架的绑扣（铁丝，或铅丝）外露小尾巴，是否朝外，如朝外，则应纠正为朝里，因为拆模后外露铅丝，易锈蚀，雨水易从此渗入。

2) 钢筋骨架与模板间的净距离如果偏大，则结构的混凝土保护层也相应偏大。导致结构受力状态下开裂，是雨水浸入结构的途径。

3) 上述钢筋骨架绑扣和混凝土保护层的检查可以发现，有的钢筋骨架绑扎操作者，不懂结构配筋的基本知识，不适合钢筋骨架绑扎在岗操作，施工单位应抓技术培训，否则更换操作人员。

（2）发现钢筋缺陷

监理工程师查验在施部位钢筋（钢材），发现有不合格（或缺陷）时，及时指出，并与现场施工管理者商定处理办法。

在下料阶段已查验过不合格品，这里，是指在施部位继续发现钢筋材料的不合格品。其监控的内容为：

1) 下料阶段发现的不合格品，不得混入钢筋半成品上楼。

2) 在施部位不得出现钢筋不合格品，查出后即予以清除。

（3）查验钢筋骨架

监理工程师巡查中，严格查验钢筋绑扎（焊接）骨架尺寸要符合设计图纸及规范要求，发现不合格品，要求及时整改。

主体结构施工过程中，钢筋骨架是监理巡查的重点，施工方通常出现的问题，以及监理着重查验的内容为：

1) 整体观感

查钢筋骨架的整体观感，应表现为钢筋骨架横平竖直，整体骨架无扭曲变形。

（注：如发现骨架松松垮垮，原因来自绑扣不紧，或钢筋尺寸不准。监理工程师应在巡查中提出整改意见。）

2) 与图复核

以图纸为依据，查钢筋骨架中的钢筋配置，其钢筋直径、间距、搭接长度、锚固长度、弯钩长度、混凝土保护层等，应与图纸相符合。

3) 规范依据

以规范为依据，查钢筋骨架中，钢筋直径、间距、搭接长度、锚固长度、弯钩长度、混凝土保护层等，应与规范规定相符合。

（注：一般图纸与规范规定是一致的，但那些图纸未注明的部位，则以规范规定为准。）

4) 绑扎质量

钢筋骨架中，从操作质量考虑，其钢筋绑扣不应甩靠模板（防止锈蚀渗漏雨水）。查焊接部件的焊缝高度和长度是否符合要求。

5) 施工条件

钢筋骨架中，从施工条件考虑，其一，查钢筋直径是否过细，间距是否过大，导致浇筑混凝土操作时，被踩弯和变形。其二，查出钢筋直径是否过粗，钢筋净距是否过小，导致浇筑混凝土骨料难以进入骨架，且可能影响混凝土振捣操作的部位。

（注：发现与设计图纸有关的钢筋直径、间距等问题，可根据需要办理设计变更调整。）

6）结构受力

钢筋骨架中，从结构受力条件考虑，其受力钢筋、架立钢筋的相互位置是否正确。查板梁相交、柱梁相交节点处，其钢筋的相互位置是否正确。查剪力墙暗梁、暗柱钢筋的相互位置是否正确。

7）查预埋件

钢筋骨架中，相关专业预埋件、预埋电线套管、水管套管是否到位，在其交叉处是否与钢筋位置相挤相碰，导致混凝土保护层偏小。

经验提示：如何查验钢筋骨架	综上，钢筋工程监控中，监理工程师查验钢筋骨架，是关键的监理业务，其关注点为： **（1）整体观感；（2）与图复核；（3）规范依据；（4）绑扎质量；（5）施工条件；（6）结构受力；（7）查预埋件。**

（4）制订监理细则

监理单位制订钢筋工程监理细则，以规范规定为依据，监理工程师应加强钢筋绑扎（焊接）操作工序的监控。

钢筋绑扎监理细则中，主要内容为：

1）查验钢筋骨架钢筋直径、间距等主要尺寸，与图纸及规范规定相符合。

2）查验钢筋之间相互位置与受力条件相符合，包括：其一，受力钢筋、架立钢筋的相互位置。其二，板梁相交、柱梁相交节点处钢筋的相互位置。其三，剪力墙暗梁、暗柱钢筋的相互位置。

3）查验钢筋绑扣尾巴不得靠模板（防止锈蚀渗漏雨水）。焊接件焊缝与图纸及规范规定相符合。

4）查验钢筋骨架中钢筋直径、间距等，不满足浇筑混凝土操作要求的，办理设计变更调整。

5）查验预埋件、预埋水电线套管，与图纸内容相符合。

（5）要求纠正整改

监理工程师监控中，发现钢筋绑扎（焊接）骨架问题当场要求施工操作者及时纠正和整改。

钢筋绑扎阶段，监理工程师要求施工操作者整改的主要内容为：

1）钢筋骨架中，钢筋直径、间距等主要尺寸图纸及规范规定有不符合处。

2）钢筋之间相互位置与受力条件不符合处。

3）钢筋绑扣尾巴靠模板的，焊接件焊缝与图纸及规范规定不符的。

4）钢筋直径、间距等，不满足浇筑混凝土操作要求的。

5）预埋件、预埋水电线套管，与图纸内容不符的。

（6）严格隐检签认

监理工程师隐检签认之前，应与现场施工管理者到现场对钢筋骨架进行全面检查，监理认为合格后，方可进行下道工序。

钢筋绑扎阶段，监理工程师要求施工操作者整改复查合格，在隐蔽工程表格签认的主要内容为：

1）钢筋直径、间距等主要尺寸符合图纸及规范规定。

2）钢筋之间相互位置与受力条件相符合。

3）焊接件焊缝与图纸及规范规定相符合。

4）钢筋直径、间距等，满足浇筑混凝土操作要求。

5）预埋件、预埋水电线套管，与图纸内容相符合。

<table>
<tr><td>经验提示：工地例会
如何协调</td><td>以下，钢筋工程监控中，监理工程师工地例会协调，是关键的监理业务，其关注点为：
（1）钢筋骨架；（2）钢筋表调整；（3）成品保护；（4）设计变更；（5）质量通病。</td></tr>
</table>

（7）工地例会协调

工地例会上，对监理单位在钢筋绑扎监控过程中发现的问题，进行讨论、协调，重点强调防止工程隐患。

钢筋绑扎为内容的工地例会上通常各方需要讨论、协调和预控的问题为：

1）钢筋骨架

监理查验钢筋绑扎过程中，发现钢筋直径、间距、位置、焊接件与图纸及规范规定、与受力条件、浇筑混凝土操作条件不相符合的，在例会上讲述清楚，以便下一个流水段不再出现。

2）钢筋表调整

钢筋绑扎直径、长度修正的同时，工程预算中的钢筋表要相应改正。

（注：监理现场质量控制与造价控制同步实施。）

3）成品保护

监理对钢筋绑扎骨架进行隐检之后，下一步则进入合模或浇筑混凝土阶段，此时，监理要提醒施工单位注意钢筋骨架的成品保护，在支模板和准备浇筑混凝土的交叉作业中，不准踩踏或碰撞钢筋骨架，防止发生钢筋移位和变形。

（注：此项成品保护的要求，为监理对下道工序的预控。）

4）设计变更

监理可根据钢筋绑扎阶段发现的施工或设计问题，请设计人员到现场或到会上，发表设计单位对现场钢筋骨架的意见，有需要钢筋调整或变更的可同时办理。

（注：设计单位对现场的指导，很有必要，可及时完善设计意图。）

5）质量通病

工地例会上，结合监理细则及查验出的问题，指出质量通病，以便下阶段钢筋骨架绑扎施工中不再出现。

监理经验表明，钢筋骨架施工中的质量通病为：

其一，钢筋尺寸

监理查验中，常发现钢筋搭接长度、钢筋间距尺寸有误，监理在现场与施工管理者对照图纸，当场纠正和整改。

（注：钢筋长度错误常发生在不同直径钢筋的搭接尺寸。钢筋间距尺寸错误常发生在跨中与支座交界的范围。）

其二，钢筋绑扣

监理查验中，常发现钢筋绑扣尾巴靠在模板上，当场要求施工操作者及时纠正，钢筋绑扣尾巴向里。

（注：拆模板时，常发现墙体钢筋绑扣尾巴外露，锈蚀后易引起雨水渗入。）

其三，混凝土保护层

监理查验中，常发现混凝土保护层不准，当场要求施工操作者及时纠正和整改。

（注：混凝土保护层偏大，易引起结构开裂。混凝土保护层偏小，易引起结构钢筋外露，锈蚀后易引起雨水渗入。）

以上为监理在钢筋工程施工中主要监控工作。钢筋工程系主体结构主要分项工程之一，监理在巡查及工地例会上，均应以防止工程隐患为工作目标。

梁、柱、墙钢筋骨架绑扎工程监理监控目标及监理要点，见表5-8。

梁、柱、墙钢筋骨架绑扎监控目标及监理要点　　　　　　　　表 5-8

序号	监控项目	监控目标	监理要点
1	梁、柱、墙钢筋骨架绑扎	（1）钢筋骨架绑扎尺寸与图纸及规范要求相符合。 （2）墙钢筋骨架尺寸准确，控制混凝土保护层不能过大	（1）核实人员资质 （2）发现钢筋缺陷 （3）查验钢筋骨架 （4）制订监理细则 （5）要求纠正整改 （6）严格隐检签认 （7）工地例会协调

5.3.3　楼板及结构节点钢筋绑扎监理要点

监控楼板及结构节点钢筋绑扎（简称"板筋及节点筋"），因为楼板及结构节点，从房屋防止渗漏，加强监理监控的角度，有其特殊的内涵：

① 屋顶层楼板，雨水易穿过楼板的裂缝进入室内。

② 中间各层楼板，如开裂，楼上积水楼下漏。

③ 阳台板、雨篷板，雨水易穿过混凝土板的裂缝进入室内。

④ 板与墙（梁、柱）节点、框架节点、门窗洞口节点、女儿墙节点等，雨水易穿过墙体的裂缝渗入室内。

以下为楼板及结构节点钢筋监理要点。

（1）核实人员资质

监理工程师查验楼板钢筋绑扎管理及操作人员资质（上岗人员资质），并在监控过程中，核实上岗人员与资质是否相符。

（注：不懂楼板及结构节点钢筋绑扎特点的现场施工管理和操作者，需岗前培训。以这些部位为什么会发生渗漏为题目进行岗前教育，在施工现场普及房屋建筑防渗漏知识。此项工作属监理预控职责内容。）

（2）查验钢筋证明

监理工程师查验钢筋（钢材）合格证明，并对现场钢筋（钢材）检查，发现有不合格（或缺陷）时，及时指出，并与现场施工管理者商定处理办法。

（注：清除在施部位钢筋不合格品。）

（3）发现不合格部位

监理工程师巡查中，严格查验楼板钢筋绑扎，要符合设计图纸及规范要求，发现不合格部位，及时指出，并与现场施工管理者商定处理办法。

经验提示：钢筋工程监理细则	以下，钢筋工程监控中，监理工程师制订监理细则，是关键的监理业务，其关注点为： （1）钢筋尺寸：①板筋，②节点筋；（2）受力条件；（3）施工条件：①板筋，②节点筋。

（4）制订监理细则

监理单位制订板筋及节点筋绑扎监理细则，以规范规定为依据，监理工程师应加强板筋及节点筋绑扎操作工序的监控。

板筋及节点筋绑扎监理细则中，主要内容为：

1）钢筋尺寸

查验板筋及节点筋绑扎，其钢筋直径、钢筋间距等主要尺寸，应与图纸及规范规定相符合。

① 板筋

板筋中，板底钢筋、板顶钢筋、板跨中钢筋、支座钢筋、伸入相邻跨钢筋、悬臂板伸入梁板或墙柱中的钢筋等，其钢筋数量、长度、间距等均应分别核实，并与图纸及规范规定相符合。

② 节点筋

节点筋中，柱伸入梁中的甩筋、板伸入梁、墙中的甩筋等，其钢筋数量、长度、钢筋净距等均应分别核实，并与图纸及规范规定相符合。

（注：监理发现上述配筋有错漏时，及时提出，要求施工方整改。）

2）受力条件

查验钢筋之间相互位置与受力条件相符合。

① 板筋

受力钢筋、架立钢筋的相互位置，特别是悬臂板中受力钢筋的位置均应分别核实，并与图纸及规范规定相符合。

② 节点筋

板梁相交、柱梁相交节点处钢筋的相互位置，特别是框架-剪力墙结构中，上下柱变换截面时，柱与柱、梁与柱相交节点的甩筋及交叉筋均应分别核实，并与图纸及规范规定相符合。

3）施工条件

查验钢筋骨架中钢筋直径、间距等，不满足浇筑混凝土操作要求的，办理设计变更调整。

① 板筋

板筋中，特别是板上部钢筋的直径和间距，要充分考虑浇筑混凝土时，可能发生的施工人员踩踏和料斗堆压，致使钢筋变形。因此要求钢筋直径不能过细，间距不能过大。

② 节点筋

节点筋中，梁板柱钢筋集中交叉和甩出，要充分考虑浇筑混凝土时，可能发生混凝土骨料难以进入钢筋骨架中，造成节点混凝土振捣不密实，易引起节点开裂，导致雨水渗入。

经验提示：钢筋工程质量通病

以下，钢筋工程监控中，监理工程师小结楼板及节点筋绑扎通病，是关键的监理业务，其关注点为：（1）板筋：①屋顶层楼板，②中间各层楼板，③阳台板及雨篷板；（2）节点筋：①板墙交界处，②框架节点处，③门窗洞口节点。

（5）楼板及节点筋绑扎通病

监理工程师监控板筋及节点筋绑扎中，发现问题当场要求施工操作者及时纠正和整改。监理经验表明，小结分项工程的质量通病，有利于监理业务的深入开展。

1）板筋

① 屋顶层楼板

屋顶层楼板钢筋绑扎的质量通病为：屋顶层楼板混凝土保护层不准，或由于电线预埋管交叉，迫使混凝土保护层不足，导致楼板开裂。

女儿墙、电梯井墙、通风道墙等与屋顶楼板交接处，因混凝土振捣不密实，存在微细裂缝。

（注：此条由于屋顶层楼板混凝土浇筑不密实产生开裂，或由于屋顶层楼板与女儿墙、电梯井墙、通风道墙交接部位开裂，均引起雨水浸入结构。）

② 中间各层楼板

中间各层楼板钢筋绑扎的质量通病为：楼板上表面或下表面混凝土保护层不准，或由于电线预埋管交叉，迫使混凝土保护层不足。

楼板混凝土保护层偏大，混凝土结构易开裂，楼板混凝土保护层偏小或露筋，混凝土结构钢筋易锈蚀。

（注：此条由于中间各层楼板混凝土浇筑不密实，或混凝土保护层不准引起楼板开裂，导致楼上楼下漏水或存在结构其他不安全因素。）

③ 阳台板、雨篷板

阳台板、雨篷板钢筋绑扎通病为：上部受力钢筋伸入楼板内长度不足；阳台板、雨篷板上表面或下表面混凝土保护层不准。

阳台板、雨篷板混凝土保护层偏大，混凝土结构易开裂，楼板混凝土保护层偏小或露筋，混凝土结构钢筋易锈蚀。

（注：此条由于阳台板、雨篷板混凝土浇筑不密实，或混凝土保护层不准引起开裂，导致楼上楼下雨篷板、阳台板漏水或存在结构其他不安全因素。）

2）节点筋

① 板墙交界处

板与墙（梁、柱）节点钢筋绑扎通病为：外墙、女儿墙、电梯井墙、通风道墙等甩筋位置不准确或未与板筋固定；相关结构混凝土保护层不准。

（注：此条造成楼板等部位混凝土浇筑不密实，引起板与外墙、女儿墙、电梯井墙、通风道墙开裂，导致雨水浸入结构。）

② 框架节点处

框架节点钢筋绑扎通病为：楼板钢筋与框架梁（柱）伸入的锚固钢筋之间，其钢筋过分密集，钢筋之间的净距离偏小，导致混凝土中骨料难以进入，相关结构节点混凝土浇筑不密实。

（注：此条造成楼板与相关结构节点混凝土浇筑不密实，易引起楼板与相关结构节点处开裂，导致雨水浸入结构。）

③ 门窗洞口节点

门窗洞口节点钢筋绑扎通病为：门窗洞口处加固钢筋位置不准，影响洞口模板定位，导致拆模后门窗洞口尺寸不准。

（注：此条门窗洞口尺寸不准，将造成门窗缝隙过大，填充料脱落时，引起雨水浸入室内。）

④ 女儿墙钢筋

女儿墙节点钢筋绑扎通病为：女儿墙钢筋与板（梁、墙）钢筋连接定位不准确，女儿墙钢筋骨架绑扎不到位，导致女儿墙混凝土浇筑不密实。

（注：此条女儿墙钢筋骨架绑扎不到位，易引起女儿墙表面（侧面及顶面）出现开裂，风雨飘摇时，雨水从女儿墙面缝隙中进入屋顶。）

（6）工地例会协调

工地例会上，对监理单位在楼板及节点筋绑扎监控过程中发现的问题，进行讨论、协调，重点强调防止工程隐患。

以上为监理在钢筋工程施工中主要监控工作。钢筋工程系主体结构主要分项工程之一，监理在巡查及工地例会上，均应以防止工程隐患为工作目标。

楼板及节点筋绑扎工程监控目标及监理要点，见表5-9。

楼板及节点钢筋绑扎工程监控目标及监理要点　　　　表 5-9

序号	监控项目	监控目标	监理要点
1	楼板及结构节点钢筋绑扎	（1）楼板钢筋绑扎尺寸与图纸及规范要求相符合。 （2）结构节点钢筋绑扎尺寸与图纸及规范要求相符合。 （3）楼板钢筋绑扎尺寸准确，控制混凝土保护层不能过大。 （4）结构节点钢筋净距不得小于规范规定值及混凝土骨料粒径	（1）核实人员资质 （2）查验钢筋证明 （3）发现不合格部位 （4）制订监理细则 （5）板筋及节点绑扎通病 （6）工地例会协调

经验提示：钢筋工程与渗漏

　　综上，根据监理规范和监理实践，监控钢筋工程的指导思想：（1）钢筋工程施工和监控不到位，会影响结构的强度、刚度和抗裂性能。（2）钢筋工程施工和监控不到位，与房屋渗漏有直接关系。

5.4　模板工程监控

1. 内容

房屋建筑主体结构施工中，与钢筋工程、混凝土工程相配套的模板工程，对整体结构工程起着举足轻重的作用。其监理监控项目的内容包括：

（1）监控墙、梁、柱模板工程；

（2）监控楼板、阳台板、雨篷模板工程；

（3）监控拆模龄期；

（4）监控洞口模板。

2. 关注

模板工程的监控重点关注：

（1）缝隙

要注意模板的板缝不可有张口、接缝不可跑浆，填补要到位，整平要到位。

（2）变形

要注意模板整体结构不可有扭曲变形，不可有坍塌倾斜。要与结构图纸相对照，模板成型后的尺寸要与结构外形尺寸相吻合。

（3）混凝土保护层

模板与钢筋骨架形成成品后，要确保墙、梁、柱等结构混凝土保护层尺寸的准确性。

（4）支撑

所有墙、梁、柱模板支撑，均要坚固、稳定。要特别关注施工和拆模安全，一是确保混凝土浇筑过程中的施工操作安全；二是确保拆模时结构不发生开裂。

（5）拆模

要控制拆模的龄期，避免拆模过早，引起结构开裂。

5.4.1　墙、梁、柱模板工程监理要点

【编制依据】

（1）《建设工程监理规范》GB 50319—2012 中，有关监理程序规定。

（2）《建筑工程施工质量验收统一标准》GB/T 50300—2013

（3）房屋建筑现场监理经验总结中，模板工程监理等参考资料。

【隐患现状】

施工现场现状，墙、梁、柱模板外观、模板强度、模板刚度、模板组装、模板支护等，存在缺陷，不能确保结构尺寸的准确性，影响混凝土浇筑密实，存在结构渗漏隐患。

【监理要点】

以下为墙、梁、柱模板工程监理要点。

（1）检查人员管理

监理工程师查验墙、梁、柱模板时，要求现场管理者专人负责，并核实上岗管理及操作人员与资质是否相符。

（注：现场施工管理及操作者，应进行岗前培训，掌握墙、梁、柱模板工程的技术要求，以及房屋防渗漏的知识。）

（2）发现模板缺陷

监理工程师查验墙、梁、柱模板时，发现有不合格（或有缺陷）的模板，及时指出，并与现场施工管理者商定处理办法。

（3）复核模板尺寸

监理工程师巡查中，严格查验墙、梁、柱模板尺寸、平整度是否符合设计图纸及规范要求，发现不合格部位，及时指出，并与现场施工管理者商定处理办法。

（4）制订监理细则

监理单位制订墙、梁、柱模板工程监理细则，以设计图纸和规范规定为依据，监理工程师应加强墙、梁、柱模板制作、组装等操作工序的监控。

（5）常见质量通病

监理工程师监控墙、梁、柱模板工程中，发现问题当场要求施工操作者及时纠正和整改。监理经验表明，小结分项工程的质量通病，有利于监理业务的深入开展。

1）墙模板

墙模板质量通病为：主体结构墙用大模板平整度误差偏大，合模后支撑不足，墙厚度误差偏大；合模后检查墙体混凝土保护层两侧不等，合模后检查墙体绑钢筋的铅丝甩头触碰模板等。

（注：此条造成墙体拆模后，发生露筋、露铅丝甩头、墙表面开裂等缺陷，导致雨水浸入结构。）

2）梁模板

梁模板质量通病为：梁体合模后，整体模板支撑不足，合模后检查混凝土保护层两侧不等，梁与柱节点、梁与板节点结合部位接缝不严密，合模后检查绑钢筋的铅丝甩头触碰模板等。

（注：此条造成梁体拆模后，发生露筋、露铅丝甩头、梁表面开裂等缺陷，导致雨水浸入结构。）

3）柱模板

柱模板质量通病为：柱子合模后，整体模板支撑不足，合模后检查混凝土保护层四周不等，梁与柱节点处结合部位接缝不严密，合模后检查柱内绑钢筋的铅丝甩头触碰模板等。

（注：此条造成柱子拆模后，发生露筋、露铅丝甩头、墙表面开裂等缺陷，留下结构安全隐患）

4）女儿墙模板

女儿墙模板质量通病为：合模后支撑不足，女儿墙厚度误差偏大；合模后检查女儿墙混凝土保护层两侧不等，合模后检查女儿墙绑钢筋的铅丝甩头触碰模板等。

（注：此条造成女儿墙体拆模后，发生露筋、露铅丝甩头、墙表面开裂等缺陷，导致雨水浸入女儿墙，流入屋面结构。）

（6）工地例会协调

工地例会上，对监理单位在墙、梁、柱模板监控过程中发现的问题，进行讨论、协调，重点强调防止工程隐患。

以上为监理在模板工程施工中主要监控工作。模板工程系主体结构主要分项工程之一，监理在巡查及工地例会上，均应以防止工程隐患为工作目标。

墙、梁、柱模板工程监控目标及监理要点，见表5-10。

墙、梁、柱模板工程监控目标及监理要点　　　　　　　　　　表5-10

序号	监控项目	监控目标	监理要点
1	墙、梁、柱模板工程	墙、梁、柱模板外观、模板强度及模板支护的稳定性	（1）检查人员管理 （2）发现模板缺陷 （3）复核模板尺寸 （4）制订监理细则 （5）常见质量通病 （6）工地例会协调

5.4.2　楼板、阳台板、雨篷模板工程监理要点

【编制依据】

（1）《建设工程监理规范》GB 50319—2012中，有关监理程序规定。

（2）《建筑工程施工质量验收统一标准》GB/T 50300—2013

（3）房屋建筑现场监理经验总结中，模板工程监理等参考资料。

【隐患现状】

施工现场现状，楼板、阳台板、雨篷模板外观、模板强度、模板刚度、模板结合、模

板支护等，存在缺陷，不能确保结构尺寸的准确性，影响混凝土浇筑密实，存在结构渗漏隐患。

【监理要点】

以下为楼板、阳台板、雨篷模板工程监理要点。

（1）检查人员管理

监理工程师查验楼板、阳台板、雨篷模板时，要求现场管理者专人负责，并核实上岗管理及操作人员与资质是否相符。

（注：现场施工管理及操作者，应进行岗前培训，掌握楼板、阳台板、雨篷模板工程的技术要求，以及房屋防渗漏的知识。）

（2）发现模板缺陷

监理工程师查验楼板、阳台板、雨篷模板时，发现有不合格（或有缺陷）的模板，及时指出，并与现场施工管理者商定处理办法。

（3）复核图纸尺寸

监理工程师巡查中，严格查验楼板、阳台板、雨篷模板尺寸、平整度是否符合设计图纸及规范要求，发现不合格部位，及时指出，并与现场施工管理者商定处理办法。

（4）制订监理细则

监理单位制订楼板、阳台板、雨篷模板工程监理细则，以规范规定为依据，监理工程师应加强楼板、阳台板、雨篷模板制作、组装等操作工序的监控。

（5）常见质量通病

监理工程师监控楼板、阳台板、雨篷模板工程中，发现问题当场要求施工操作者及时纠正和整改。监理经验表明，小结分项工程的质量通病，有利于监理业务的深入开展。

1）楼板模板

楼板模板的质量通病为：主体结构楼板使用的大模板平整度误差偏大，支模后支撑不足，支撑上下垫板不牢；楼板模板与梁、柱节点接合处接缝不密实等。

（注：此条造成楼板拆模后，楼板底面不平或局部倾斜，楼板底面或顶面出现裂缝，导致楼上楼下漏水或结构存在不安全因素。）

2）阳台板模板

阳台板模板的质量通病为：阳台板模板平整度误差偏大，支模后支撑不足，支撑上下垫板不牢，阳台板外倾；阳台板模板与梁、墙节点接合处接缝不密实等。

（注：此条造成阳台板拆模后，阳台板底面不平或外缘下倾，阳台板支座处上表面出现开裂，导致雨水浸入结构。）

3）雨篷模板

雨篷模板的质量通病为：雨篷模板平整度误差偏大，支模后支撑不足，支撑上下垫板不牢，雨篷外倾；雨篷模板与梁、墙节点接合处接缝不密实等。

（注：此条造成雨篷拆模后，雨篷底面不平或外缘下倾，雨篷支座处上表面出现开裂，导致雨水浸入结构。）

（6）工地例会协调

工地例会上，对监理单位在楼板、阳台板、雨篷模板监控过程中发现的问题，进行讨论、协调，重点强调防止工程隐患。

以上为监理在模板工程施工中主要监控工作。模板工程系主体结构主要分项工程之一，监理在巡查及工地例会上，均应以防止工程隐患为工作目标。

楼板、阳台板、雨篷模板工程监控目标及监理要点，见表5-11。

楼板、阳台板、雨篷模板工程监理要点　　　　　　　　　　　　表 5-11

序号	监控项目	监控目标	监理要点（提要）
1	楼板、阳台板、雨篷模板工程	防渗漏监控：楼板、阳台板、雨篷模板的强度、稳定性及控制倾斜坍塌措施	(1) 检查人员管理 (2) 发现模板缺陷 (3) 复核模板尺寸 (4) 制订监理细则 (5) 常见质量通病 (6) 工地例会协调

5.4.3　拆模龄期监理要点

【编制依据】

(1)《建设工程监理规范》GB 50319—2012 中，有关监理程序规定。

(2)《建筑工程施工质量验收统一标准》GB/T 50300—2013

(3) 房屋建筑现场监理经验总结中，模板工程监理等参考资料。

【隐患现状】

(1) 施工单位在模板工程施工中，因拆模龄期不足，导致结构开裂，给房屋建筑留下渗漏隐患。

(2) 监理单位在模板工程施工监控中，发现拆模龄期不足，导致结构开裂的现象时有发生，因此，监理要特别关注这一环节，在治理房屋渗漏中采取必要的控制措施。

经验提示：拆模龄期与渗漏

以下，根据监理规范，模板工程质量控制，要准确判断和处理现场问题，并从中悟出其中的道理：因施工单位原因，不按科学规律办事，拆模龄期控制不当，导致结构楼板出现开裂，导致结构发生渗漏的隐患。因此，监理对拆模的监控十分必要。

【监理要点】

以下为拆模龄期监理要点。

监理工程师查验和监控主体结构各部位模板的拆除，特别是屋面楼板、中间各层楼板、雨篷及阳台板模板的拆除，拆模的龄期控制格外重要。

(1) 检查人员管理

监理工程师查验和监控屋面楼板、中间各层楼板、雨篷及阳台板模板的拆模时，要求现场管理者专人负责，并核实上岗管理人员与资质是否相符。

（注：现场施工管理及操作者，应进行岗前培训，掌握拆模龄期的技术要求，以及房屋防渗漏的知识。）

（2）核实拆模龄期

监理工程师查验和监控屋面楼板、中间各层楼板、雨篷及阳台板模板的拆模时，要求现场管理者出示混凝土试块试验报告，并考虑现场实际条件，考虑天气温差变化等条件，控制拆模龄期，共同商定是否可以拆模。

混凝土试块试验报告达到多少强度指标时，可以拆模，如何控制拆模龄期，影响混凝土结构因拆模过早而开裂的因素较多，合适的拆模时间应结合现场实际情况综合考虑。

1）拆模与龄期

拆模时，混凝土试块试验报告已达到 100％强度指标时，如发现结构混凝土开裂，可认为是其他因素造成。

拆模时，混凝土试块试验报告未达到 100％强度指标时，如发现结构混凝土开裂，可认为是拆模过早造成。

（注：通常，施工单位在混凝土试块试验报告未达到 100％强度指标时拆模，原因是模板周转需要。建议这种情况下拆模，要谨慎。）

2）拆模与气温

拆模时，气温偏低，如处于冬季施工状态，拆模龄期不可过短。气温偏高，如处于夏季，且浇水养护，拆模龄期可按经验实施。

（注：拆模与气温有相当密切的关系，拆模龄期的掌握，要谨慎。）

3）拆模与荷载

拆模前，楼板上部荷载主要为楼上（混凝土浇筑）的全部施工荷载。

拆模后，楼板上部荷载仍为楼上（混凝土浇筑）的全部施工荷载。

拆模前后，楼板上部荷载随着施工进展在变化，同时结构混凝土龄期在变化，难以预料楼板受力的具体变化，通常，拆模龄期的确定，均根据现场条件综合考虑后按经验实施。

（注：拆模与上部施工荷载有相当密切的关系，拆模龄期的掌握，要谨慎。）

（3）常见质量通病

监理工程师监控中，发现屋面楼板、中间各层楼板、雨篷及阳台板拆模不符合龄期要求时，应及时制止。监理经验表明，小结模板拆除工程的质量通病，有利于监理业务的深入开展。

1）屋面楼板拆模通病为：现场施工管理者不充分考虑现场条件和天气温差变化条件，拆模的龄期无试验依据，导致屋面板拆模后上板面及下板面均有开裂。

（注：此条造成屋面板拆模后，楼板出现裂缝，导致雨水浸入结构。）

2）中间各层楼板拆模通病为：现场施工管理者未充分考虑上下层楼板浇筑混凝土的施工荷载，未充分考虑天气温差变化条件，且拆模的龄期无试验依据，导致中间各层楼板拆模后上板面及下板面均有开裂。

（注：此条造成中间各层楼板拆模后，楼板出现裂缝，导致楼上楼下漏水或存在结构安全隐患。）

3）雨篷拆模通病为：现场施工管理者未充分考虑天气温差变化条件，且拆模的龄期无试验依据，导致雨篷拆模后上板面及下板面均有开裂。

（注：此条造成雨篷拆模后，楼板出现裂缝，导致雨水穿过雨篷板漏入楼下，导致雨水穿过外墙渗入室内，导致雨水穿过女儿墙漏入屋顶楼板，导致室内顶棚漏雨。）

（4）工地例会协调

工地例会上，对监理单位在模板拆除监控过程中发现的问题，进行讨论、协调，重点强调防止工程隐患。

以上为监理单位在拆模的龄期控制中的主要工作。拆模关系到房屋结构的强度、刚度及抗裂度，因此，监理在巡查中及工地例会上，均应以控制拆模的龄期防止工程隐患为工作目标。

拆模的龄期监控目标及监理要点，见表5-12。

拆模龄期监控目标及监理要点   表5-12

序号	监控项目	监控目标	监理要点
1	拆模龄期	（1）监控：主体结构各部位模板拆除龄期。 （2）防渗漏监控：控制屋面楼板、中间各层楼板、雨篷及阳台板模板拆除龄期	（1）检查人员管理 （2）核实拆模龄期 （3）常见质量通病 （4）工地例会协调

5.4.4 门窗洞口模板工程监理要点

【编制依据】

（1）《建设工程监理规范》GB 50319—2012 中，有关监理程序规定。

（2）《建筑工程施工质量验收统一标准》GB/T 50300—2013

（3）房屋建筑现场监理经验总结中，模板工程监理等参考资料。

【隐患现状】

由于主体结构窗洞口、阳台门窗洞口尺寸偏离图纸尺寸，导致门窗框与洞口缝隙较大，存在渗漏隐患，易引起雨水浸入室内。

【监理要点】

以下为门窗洞口模板工程监理要点。

（1）检查人员管理

监理工程师查验和监控主体结构门窗洞口模板时，要求现场管理者专人负责，并核实上岗管理人员与资质是否相符。

（注：现场施工管理及操作者，应进行岗前培训，掌握模板工程的技术要求，以及房屋防渗漏的知识。）

（2）复核图纸尺寸

监理工程师查验和监控主体结构门窗洞口模板时，发现门窗洞口模板与设计图纸不符合，其尺寸误差不符合规范要求时，要求现场施工管理者负责整改，直到监理查验合格。

（3）常见质量通病

监理工程师监控主体结构门窗洞口模板工程中，发现问题当场要求施工操作者及时纠正和整改。监理经验表明，小结模板工程的质量通病，有利于监理业务的深入开展。

1）洞口粗糙

门窗洞口模板用料尺寸不足，墙混凝土浇筑时漏浆。

（注：门窗洞口模板用料不符合要求时，支撑不住混凝土的挤压，易产生漏水泥浆，脱模后洞口表面不平，增加了后续砸洞口的工作量，窗子安装后，易发生窗缝和填胶不匀而开裂漏雨。）

2）洞口偏斜

门窗洞口模板用料尺寸不准，导致拆模后洞口偏斜。

（注：门窗洞口模板尺寸偏斜时，脱模后洞口四周误差不匀，增加了后续砸洞口的工作量，窗子安装后，易发生窗缝和填胶不匀而开裂漏雨。）

（4）工地例会协调

工地例会上，对监理单位在门窗洞口模板监控过程中发现的问题，进行讨论、协调，重点强调防止工程隐患。

以上为监理单位在门窗洞口模板工程中监控的主要工作。监理在巡查中及工地例会上，均应重视门窗洞口模板的支护，以杜绝工程隐患为工作目标。

门窗洞口模板工程监控目标及监理要点，见表 5-13。

门窗洞口模板工程监控目标及监理要点　　　　　　　　　　表 5-13

序号	监控项目	监控目标	监理要点
1	门窗洞口模板工程	（1）门窗洞口模板尺寸误差。 （2）门窗洞口模板接缝。 （3）防渗漏监控：门窗洞口与门窗框之间缝隙	（1）检查人员管理 （2）复核模板尺寸 （3）常见质量通病 （4）工地例会协调

经验提示：模板工程与渗漏

综上，根据监理规范和监理实践，监控模板工程的指导思想：

（1）模板工程施工和监控不到位，会影响结构的规格、尺寸的准确性。（2）模板拆除工程施工和监控不到位，结构发生开裂，与房屋渗漏有关。

5.5　混凝土工程中监理实施预先控制

5.5.1　预控的意义

根据《建设工程监理规范》GB 50319—2012，监理实施质量控制的 3 个工作阶段：事前控制、事中控制及事后控制，其工作内容及相关监理文件见表 5-14。

工程质量的事前、事中、事后控制 表 5-14

序号	监控阶段	监控手段及措施	注
1	事前控制	以专题会议、监理通知、监理规划、监理细则、材料检验等实施质量控制	把可能发生的质量问题，提前说出来、写出来
2	事中控制	以监理查验、监理巡视、监理旁站、监理例会等实施质量控制	查验中，把问题发现出来，并监督整改
3	事后控制	以工作总结、监理月报（发甲方）等实施质量控制	把质量问题总结出来

表 5-14 中所列内容，是我们监理工作的经验总结，在对混凝土工程实施质量控制的时候，其监理实施预先控制，就是上述事前控制的集中表现。

施工现场进入混凝土浇筑阶段，由于混凝土浇筑对确保建设进度、确保工程质量、治理工程隐患有其特别意义，所以，监理召开专题会议，专门对混凝土工程实施预先控制。

对施工方提出要求，讲述如何以混凝土浇筑为重点的监理业务，向施工方交底，必要性在于：

① 混凝土工程的启动，意味着主体结构从此逐日上长，建设进度进入实质性进展。

② 混凝土浇筑，意味着模板、钢筋、混凝土分项工程开始流水、交叉作业。

③ 到混凝土浇筑阶段，要求各工种施工人员、材料备齐，并全面启动。

④ 到混凝土浇筑阶段，施工方应明确监理要求和适应监理查验程序。

经验提示：混凝土工程预控

以下，根据监理规范，对混凝土工程实施预先控制：（1）经验表明，混凝土工程实施质量控制，事前控制比较有效。（2）以专题会议、监理通知、监理规划、监理细则、材料检验等实施质量控制。（3）把可能发生的质量问题，提前说出来。

5.5.2 监理预控（防止开裂）

（1）流水段划分的预控

1）从工序上划分，三个分项工程：模板工程——钢筋工程——混凝土工程，混凝土浇筑为最后一个流水段，拆模之后，又开始一个新的循环。此时，施工管理和方法应突出工种和工序的特点。

2）从建筑平面图上（考虑平面形状和特点）划分，流水段面积的范围，要考虑施工工程量的均衡性。此时，施工管理和方法应突出施工模板周转量及塔吊配置的合理性。

以上，混凝土浇筑阶段的展开，将检验施工组织是否科学，工程量是否均衡，材料、模板、商品混凝土供应是否衔接合理等，监理对施工流水段的核实，旨在检验现场施工组织的合理性和科学性，以及为防止工程隐患实施预控。

（2）跟班和交叉作业管理的预控

1）专人跟班管理

跟班监控是监理工程师主要业务之一,施工单位的管理人员,在主要的施工工序也要跟班管理,负起岗位专人管理的责任。特别是混凝土浇筑过程之中,施工管理人员要跟班管理,确保混凝土振捣密实。现场施工操作者要确保规范操作,并接受监理工程师的现场监控。

2)交叉作业管理

混凝土浇筑时,与模板、钢筋分项工程流水、交叉作业,施工管理要确保钢筋骨架不错位,不变形。

混凝土浇筑时,与模板、钢筋分项工程流水、交叉作业,施工管理要确保模板不塌不陷不变形。

混凝土浇筑时,与模板、钢筋分项工程流水、交叉作业,施工管理要及时覆盖及按时养护。并合理掌握拆模时间,防止拆模过早。

(3)可能发生工程隐患的预控

1)关注结构开裂

主体结构为什么会开裂?屋面板开裂,墙开裂,导致雨水渗漏是人所共知的,但开裂的原因是否了解得很清楚呢,这要问施工企业的技术主管,或现场施工的管理者,对此问题是关心,还是特别关心。

2)关注用户反馈

通过用户(使用单位)的反馈,房漏的多项信息表明,施工方不得不特别关注主体结构为什么开裂,人所共知的原因有如下几条:

其一,施工操作振捣不密实,导致结构开裂;

其二,施工材料(商品混凝土等)出现问题,导致结构开裂;

其三,施工管理(施工堆料超载)不到位,导致结构开裂;

其四,施工调度(拆模过早)不到位,导致结构开裂。

5.5.3　监理预控(渗漏治理)

在监理召开专题会议上,建设单位关注现场混凝土浇筑,通常,对施工方和监理方提出了恳切的要求:

(1)项目开发单位在建设过程中,期望商品混凝土不出现问题,不希望施工单位出现事故,总之,期望建设工地给用户留下良好的形象。

(2)项目开发单位在建设过程中,期望逐渐长高的主体结构外观雄姿挺立,不希望施工出现缺陷。良好的施工建设形象,会给用户留下良好的印象。

(3)项目开发单位在建设过程中,期望主体结构验收时合格,同时,甲方对施工方和监理方的管理和监控寄予厚望。在防渗漏这个课题上,期望采取有效措施治理工程渗漏隐患。

5.5.4　监理预控(关注混凝土浇筑全过程)

根据监理规范规定,监理对混凝土浇筑的预控,就是在混凝土工程开始之际,监理根据工地的实际情况所形成的整体监理思路,如何从商品混凝土进场到结构模板拆除全过程中，不放过操作工序的细节，实施全过程质量控制，旨在确保建筑结构成品的可靠性。

监理预控经验表明，混凝土浇筑工程是完成建筑成品的关键环节，在主体结构工程的施工的全部过程中，监理工程师要根据不同工序、环境情况，实施混凝土浇筑的质量控制。并把预控意见提前通知施工单位。

混凝土浇筑工程监理预控内容，见表 5-15。

混凝土浇筑工程监理预控内容　　　　　表 5-15

序号	预控项目	预控内容	预控目标
1	商品混凝土进场	商品混凝土进入施工工地的检验和把关	材料控制：清除不合格商品混凝土
2	混凝土振捣操作	操作技术是否符合规范要求	工序过程控制：混凝土振捣密实
3	混凝土浇筑布料	泵送混凝土的布料要均匀、连续，不可随意卸料	工序过程控制：混凝土浇筑布料合理
4	泵送商品混凝土送料	泵送商品混凝土的送料不可发生长时间待料，否则要采取处理措施	工序过程控制：混凝土浇筑送料连续
5	商品混凝土外观	"察颜观色"，坍落度是否发生异常，否则要采取处理措施	工序过程控制：商品混凝土外观无异常
6	钢筋骨架定位	控制钢筋骨架踩扁、踩变形、踩串位的情况发生	工序过程控制：混凝土浇筑时，钢筋骨架无变形，无串位
7	混凝土养护	混凝土浇筑后，监督混凝土表面覆盖和养护	施工现场预控：混凝土浇筑后养护，控制气温影响开裂
8	模板拆除	控制合适的龄期拆模	施工现场预控：控制拆模龄期，控制坍塌和开裂

在监理召开专题会议上，对混凝土工程施工全过程的监控，监理的预控要求为：

（1）鉴别不合格品

监理跟班监控，商品混凝土进入施工工地的检验和把关，要善于鉴别商品混凝土原材料是否合格。

（2）监控振捣密实

监理跟班监控，在浇筑过程中，混凝土的振捣是否密实，操作技术是否符合规范要求。

（3）监控布料合理

监理跟班监控，浇筑过程中，泵送商品混凝土的布料是否合理，其工作面要均匀、连续，不可随意卸料。

（4）监控送料连续

监理跟班监控，浇筑过程中，泵送商品混凝土的送料是否连续，不可发生长时间待料，发生特殊情况时，要采取处理措施。

（5）监控商品混凝土

监理跟班监控，浇筑过程中，要"察颜观色"，看商品混凝土的颜色，商品混凝土的坍落度是否发生异常，如发生特殊情况时，要采取处理措施。

（6）钢筋骨架定位

监理跟班监控，浇筑过程中，要保证钢筋骨架的正确位置，严格控制钢筋骨架踩扁、踩变形、踩串位的情况发生。

（7）混凝土养护

监理跟班监控，根据气温环境情况，对混凝土表面覆盖和养护。

（8）控制拆模龄期

监理现场监控，控制合适的龄期拆模，否则结构将发生坍塌和开裂。

以上，监理工程师对混凝土浇筑过程的监控，适用于主体结构的各个部位，各监理单位都有自己的监理经验，共同交流和丰富我们的业务技能，旨在寻求治理混凝土结构工程隐患的途径。

5.6　混凝土浇筑监控

1. 内容

主体结构施工中，混凝土工程监理监控项目包括：

（1）监控墙、柱混凝土浇筑。

（2）监控梁、楼板、阳台板、雨篷混凝土浇筑。

2. 关注

（1）墙、柱混凝土浇筑密实，拆模后，外观不裂、不酥。

（2）梁、楼板、阳台板、雨篷混凝土浇筑密实，拆模后，板面不开裂。

5.6.1　墙、柱混凝土工程监理要点

【编制依据】

（1）《建设工程监理规范》GB 50319—2012 中，有关监理程序规定。

（2）《混凝土结构工程施工质量验收规范》GB 50204—2002（2010 年版）中，混凝土工程条文。

（3）房屋建筑现场监理经验总结中，混凝土工程监理等参考资料。

【隐患现状】

混凝土浇筑过程中，存在商品混凝土出现不合格、混凝土振捣不密实等不规范操作因素，导致主体结构出现开裂，成为雨水浸入室内的隐患。

【监理要点】

以下为墙、柱混凝土工程监理要点。

（1）检查人员管理

监理工程师查验墙、柱混凝土浇筑时，要求现场管理者专人负责，并核实上岗管理及操作人员与资质是否相符。

（注：现场施工管理及操作者，应进行岗前培训，掌握墙、柱混凝土浇筑的技术要求，以及房屋防渗漏的知识。）

（2）查商品混凝土进场

监理工程师跟班查验梁、柱、墙混凝土浇筑时，从商品混凝土进场卸料查验开始，发现商品混凝土不合格（或有异常），要及时指出，并与现场施工管理者商定处理办法。

从商品混凝土进场，到梁、柱、墙混凝土浇筑部位，监理工程师要盯住商品混凝土的状态是否异常：

1）查商品混凝土进场合格证明件，并与实物对照核实。

2）查商品混凝土的颜色是否正常，如发现颜色有异常，则要求商品混凝土厂家来工地落实。

3）查商品混凝土的骨料是否正常，如发现骨料粒径有异常，则要求商品混凝土厂家来工地落实。

4）查商品混凝土的坍落度是否正常，如发现坍落度有异常，则要求商品混凝土厂家来工地落实。

5）查商品混凝土浇筑过程中，发现颜色、凝固状态异常，均要求商品混凝土厂家来工地落实。

（注：关注商品混凝土的进场质量，关注骨料、添加剂等可能不合格，特别值得监理工程师严格把关。）

（3）查模板是否松动

监理工程师跟班监控墙、柱混凝土浇筑时，严格查验混凝土浇筑是否规范操作，同时，检查墙、柱模板的支护，其尺寸、标高是否在浇筑中发生松动或错位，如发现有不合格部位，应及时指出，并与现场施工管理者商定纠正和整改。

（4）查钢筋是否移位

监理工程师跟班监控墙、柱混凝土浇筑时，严格查验混凝土浇筑是否规范操作，同时，检查墙、柱的钢筋骨架是否有移位、变形，如发现有不合格部位，应及时指出，并与现场施工管理者商定纠正和整改。

（5）查振捣是否密实

监理工程师跟班监控墙、柱混凝土浇筑时，严格检查混凝土浇筑操作是否规范，观察现场施工操作者振捣是否密实，同时，要注意在施部位商品混凝土颜色和状态是否发生异常。如发现有不合格操作、不合格部位或出现商品混凝土材料不合格，应及时指出，并与现场施工管理者商定纠正和整改。

（6）常见浇筑通病

监理工程师监控中，发现墙、柱混凝土浇筑存在不合格部位和不规范操作时，应及时指出和制止。监理经验表明，小结混凝土浇筑工程的质量通病，有利于监理业务的深入开展。

墙、柱混凝土浇筑常见质量通病为：

1）墙体混凝土浇筑过程中，要自下而上分层入料，同时要自下而上分层振捣，此处，入料顺序、振捣顺序及确保混凝土密实性的操作，是混凝土工人的基本功。监理常发现有工人操作不正确，说明施工单位应进行岗前培训。

（注：此条混凝土浇筑错误操作，将造成墙体拆模后，发生露筋、墙表面开裂等缺陷，这现象是不允许发生的，然而，还有人（现场施工管理者或现场施工操作者）在拆模后迅速将缺陷处用砂浆填补或抹平，这样做，只在外观上给人以表象，并不能阻止雨水浸入结构。）

2）墙体混凝土浇筑过程中，墙体大模板发生串动，导致墙体向外鼓胀。

（注：此条拆模后，墙体将向外鼓肚，影响墙体外观，修补砸平时影响墙体混凝土质量。）

3）墙体混凝土浇筑收尾时，墙上部甩筋定位不准确，或发生串动，以至于与上层墙体钢筋不对应，无法接茬绑筋。

（注：此条影响上层墙体钢筋骨架定位，影响上层墙体混凝土质量。）

4）女儿墙混凝土浇筑中，因墙高度较小，又在结构收尾阶段施工，施工管理疏忽，模板和振捣机械配置均不到位，常发生女儿墙混凝土振捣不密实。

（注：此条造成女儿墙体拆模后，发生露筋、墙表面开裂等缺陷，导致雨水浸入女儿墙，流入屋面结构。）

（7）工地例会协调

工地例会上，对监理单位在墙、柱混凝土浇筑监控过程中发现的问题，进行讨论、协调，重点强调防止工程隐患。

以上为监理单位在混凝土工程中监控的主要工作。监理在巡查、旁站及工地例会上，均应重视混凝土浇筑的全过程，以杜绝工程隐患为工作目标。

墙、柱混凝土浇筑工程监控目标及监理要点见表5-16。

墙、柱混凝土工程监控目标及监理要点　　　　　　　　　表 5-16

序号	监控项目	监控目标	监理要点
1	墙、柱混凝土浇筑工程	（1）混凝土振捣密实。 （2）确保混凝土振捣、养护、拆模等全过程中，不开裂	（1）检查人员管理 （2）查商品混凝土进场 （3）查模板是否松动 （4）查钢筋是否移位 （5）查振捣是否密实 （6）常见浇筑通病 （7）工地例会协调

5.6.2　梁、楼板、阳台板、雨篷混凝土工程监理要点

【编制依据】

（1）《建设工程监理规范》GB 50319—2012 中，有关监理程序规定。

（2）《混凝土结构工程施工质量验收规范》GB 50204—2002（2010 年版）中，混凝土工程条文。

（3）房屋建筑现场监理经验总结中，混凝土工程监理等参考资料。

【隐患现状】

混凝土浇筑过程中，存在商品混凝土出现不合格、混凝土振捣不密实等不规范操作因素，导致主体结构出现开裂，成为雨水浸入室内的隐患。

【监理要点】

以下为梁、楼板、阳台板、雨篷混凝土工程监理要点。

(1) 检查人员管理

监理工程师查验梁、楼板、阳台板、雨篷混凝土浇筑时，要求现场管理者专人负责，并核实上岗管理及操作人员与资质是否相符。

（注：现场施工管理及操作者，应进行岗前培训，掌握混凝土工程的技术要求，以及治理工程隐患知识。）

(2) 查商品混凝土进场

监理工程师跟班查验梁、楼板、阳台板、雨篷混凝土浇筑时，从商品混凝土进场卸料查验开始，如发现商品混凝土不合格（或有异常），应及时指出，并与现场施工管理者商定处理办法。

(3) 查模板是否松动

监理工程师跟班监控梁、楼板、阳台板、雨篷混凝土浇筑时，严格查验混凝土浇筑是否规范操作，同时，检查梁、楼板、阳台板、雨篷模板的支护，其尺寸、标高是否在浇筑中发生松动或错位，如发现有不合格部位，应及时指出，并与现场施工管理者商定纠正和整改。

(4) 查钢筋是否移位

监理工程师跟班监控梁、楼板、阳台板、雨篷混凝土浇筑时，严格查验混凝土浇筑是否规范操作，同时，检查梁、楼板、阳台板、雨篷的钢筋骨架是否有移位、变形，如发现有不合格部位，应及时指出，并与现场施工管理者商定纠正和整改。

(5) 查振捣是否密实

监理工程师跟班监控梁、楼板、阳台板、雨篷混凝土浇筑时，严格检查混凝土浇筑操作是否规范，观察现场施工操作者振捣是否密实，同时，要注意在施部位商品混凝土颜色和状态是否发生异常。如发现有不合格操作、不合格部位或出现商品混凝土材料不合格，应及时指出，并与现场施工管理者商定纠正和整改。

混凝土振捣密实在梁、楼板、阳台板、雨篷等结构部位尤为重要，监理经验表明：

1）梁混凝土振捣不密实的后果，梁脱模后出现露筋、开裂。

2）楼板混凝土振捣不密实的后果，楼板脱模后出现开裂，裂缝方向纵横均有。

3）阳台板混凝土振捣不密实的后果，阳台脱模后出现开裂，裂缝位于与墙和楼板交接处。

4）雨篷混凝土振捣不密实的后果，雨篷脱模后出现开裂，裂缝位于与墙交接处。

（注：由于梁、楼板、阳台板、雨篷等结构部位混凝土振捣不密实，导致结构开裂屡见不鲜，值得监理工程师特别关注。）

(6) 常见浇筑通病

监理工程师监控中，发现梁、楼板、阳台板、雨篷浇筑过程中，存在不合格部位和不规范操作时，应及时指出和制止。监理经验表明，小结混凝土浇筑工程的质量通病，有利于监理业务的深入开展。

梁、楼板、阳台板、雨篷混凝土浇筑常见质量通病为：

1）梁、楼板混凝土浇筑过程中，注料顺序、布料范围、振捣顺序等以尽量减少水平施工缝为原则。同时，确保混凝土密实性的操作，是混凝土工人的基本功。监理常发现有工人操作不正确，说明施工单位应进行岗前培训。

（注：此条混凝土浇筑错误操作，将造成楼板表面开裂等缺陷，将引起楼上楼下结构漏水。）

2）阳台板、雨篷混凝土浇筑过程中，振捣不密实，模板下沉，导致阳台板、雨篷板上板下均易发生开裂。

（注：此条阳台板、雨篷混凝土浇筑过程中，由于管理不到位，拆模后，常发现阳台板、雨篷板上板下开裂，导致雨水渗漏。）

（7）工地例会协调

工地例会上，对监理单位在梁、楼板、阳台板、雨篷混凝土浇筑监控过程中发现的问题，进行讨论、协调，重点强调防止工程隐患。

以上，为监理单位在混凝土工程中监控的主要工作。监理在巡查、旁站及工地例会上，均应重视混凝土浇筑的全过程，以杜绝工程隐患为工作目标。

梁、楼板、阳台板、雨篷混凝土浇筑工程监控目标及监理要点见表 5-17。

梁、楼板、阳台板、雨篷混凝土浇筑工程监控目标及监理要点　　　　表 5-17

序号	监控项目	监控目标	监理要点
1	梁、楼板、阳台板、雨篷混凝土浇筑	（1）混凝土振捣密实。 （2）确保混凝土振捣、养护、拆模等全过程中，不开裂	（1）检查人员管理 （2）查商品混凝土进场 （3）查模板是否松动 （4）查钢筋是否移位 （5）查振捣是否密实 （6）常见浇筑通病 （7）工地例会协调

5.7　防水工程中监理实施预先控制

（1）防水预控

防水，指：采取各种措施，防止楼内各个部位均不渗漏。

防水层，指：建筑物屋顶、墙体（或卫生间）的防水隔层，隔住渗漏，其防水层质量取决于施工管理、材料和操作。

渗漏隐患，指：雨水（积水）穿透防水层而发生的房屋渗漏等。

防水工程，本节主要指：屋顶防水、卫生间防水等。

防水预控，指监理主持专题会议，说明防水工程监控的要求。

（2）防水专题

按监理程序，到屋面防水施工阶段，监理主持的以防水为内容的专题会议，监理结合防水工程的现状说出存在的问题，并与施工方、甲方交流信息、意见、看法和探讨解决问题的措施和办法。

1）说用户反馈

工地上，进入屋顶防水、卫生间防水施工阶段，意味着主体工程混凝土浇筑已经完成，主体结构施工的工人相继转移。防水分包队进场开展屋顶防水、卫生间防水施工。

用监理的视角，深入讨论防水工程，是因为用户对防水工程反馈的信息中，反映房屋出现渗漏的意见较多，问题出在哪里，本节将深入展开讨论。

2）说监理做法

面对防水问题，用监理的观点，把施工方、监理方和甲方在同一个工地上应该做的事情说清楚，出于监理的责任，对用户、对社会和谐发展负责。

用监理的经验，把防水工程的监控经历说出来，说工程隐患，说施工方存在的差距，是为了探索和发现困扰房屋渗漏的根源。

5.7.1 监理预控（防水隐患）

1. 概况

以防水问题为内容的专题会议上，监理方、施工方及甲方各抒己见，畅谈了与防水工程有关的若干问题，内容包括：说防水现状、说施工现状、说甲方关注、说监理做法等。

从屋顶防水构造功能上说，在设计图纸中，屋顶防水工程的构造，自上至下主要由两部分组成：

（1）屋面的上层

屋面构造的上层——防水层（找坡层、保护层等）。

从房漏与防漏的观点来看，值得各方关注和思考的问题是，如何使防水层（风吹日晒，风雨飘摇，急风暴雨下）不漏雨。

（2）屋面的下层

屋面构造的下层——屋顶楼板（结构层，现浇混凝土楼板，或预制空心板）。

从房漏与防漏的观点来看，值得各方关注和思考的问题是，如何使结构层在雨水浸泡之下，不渗不漏。

屋顶楼板，即结构层，在防水功能中的作用是什么？是阻挡雨水下渗，还是雨水自由渗漏，这是一个比较复杂的话题。屋顶的结构形式，怎么就不能把楼板顶面做成有坡度的，使雨水顺坡流向集中排水点，这又是一个比较复杂的话题，当然，这是设计者思考的问题。

现状防水设计，现状防水施工，以及建筑物投入使用后的状况，监理经验表明，监理对防水设计、施工的现状比较熟悉，而对建筑物投入使用后的防水状况尚需深入了解，旨在面对建筑物的整体去深入发现渗漏隐患。

2. 防水隐患

梳理一下，监理防水工程施工过程中，防水施工的承包关系、防水材料、防水施工管理和操作等各个环节中，发现和值得思考的防水隐患问题是：

（1）防水分包

通常，屋面防水工程由防水分包队承担，工地上总包与分包队的责任关系应弄清楚，因为监理要明确监控对象。

屋面防水质量难以保证的原因很多，首先是防水施工质量的责任单位，是由防水分包队来保证，还是施工总包来保证。在现场看到的现象是，总包防水施工管理和操作并不专业，质量撒手不管，只是办理有关表格的签认。

某些工地防水施工现状　　　　　　　　　　表 5-18

序号	工作内容	总包	防水分包队	监理	注
1	防水层（材料及操作）	—	施工	查验	①
2	结构层、找平层、保温层施工	施工	—	查验	②
3	防水层周边结构防裂处理	施工	—	查验	③
4	隐检及竣工验收	负责	—	负责	④
5	使用阶段	保修	—	—	⑤
注	① 防水分包队负责材料及施工操作，监理查验对总包。 ② 总包负责结构层、找平层、保温层施工，监理查验对总包。 ③ 总包负责防水层周边结构防裂处理，监理查验对总包。 ④ 总包负责隐检及竣工验收，监理查验对总包。 ⑤ 房屋建筑使用阶段，总包负责保修（保修期内）。				

从表 5-18 中可以看出，当前某些工地防水施工存在的问题是：

1）责任脱节

防水分包队负责材料及施工操作中，所谓总包负责的防水工程管理，由于并不深入其工序环节之中，等于对工序操作撒手不管，所以，实质上是责任脱节。

2）范围脱节

总包负责结构层、找平层、保温层施工，分包队只对防水层本身负责，互不衔接，等于施工范围脱节。

3）工艺脱节

总包负责防水层周边结构防裂处理，分包队并不介入，表现为防水层与周边在工艺上无衔接的概念，工艺上的不衔接，导致整体防渗漏不成体系。

4）查验脱节

总包负责隐检及竣工验收，验收通过了，大雨之后室内漏了，找谁？是防水层有漏点，还是周边结构开裂，是一笔糊涂账。

5）维修脱节

房屋建筑使用阶段，总包负责保修（保修期内），用户反映漏了，留守的总包人员，找来几个人上房修补，是否专业，是否到位，得过且过。

以上对当前防水现状的分析表明，房漏与防漏的形势比较严峻，当务之急是认清问题的根源，采取有效措施，这是各方的责任。

（2）防水材料

1）材料与粘结

防水层质量主要取决于材料和操作，防水卷材（或防水涂料）的寿命（使用年限）在施工阶段无法准确判断，在使用阶段经受风风雨雨的考验之后，可能当年就漏了，或者几年漏了，原因：

其一，防水材料破裂。（材料问题）

其二，防水层与结构粘结的接缝处开裂。（粘结材料和操作问题）

2）材料与采购

防水卷材（或防水涂料）的质量、材料寿命（使用年限）在施工阶段，材料进场谁把关？

其一，施工企业材料主管，负责采购和进场。（材料价格决定材料寿命）

其二，监理工程师对材料粘结把关。（防水操作决定粘结质量）

（3）屋面积水

防水层渗漏隐患的外因是屋面积水，大雨过程中的屋面积水以及大雨过后的屋面积水令人深思：

1）施工原因

大雨中，我们上房查房漏，处处是积水，原因：一是屋面上坑洼不平；二是排水口堵塞或不畅。均为防水施工不到位造成。

2）设计因素

房屋设计采用"平屋顶"，一旦屋面积水，必然浸泡防水层的边边角角，雨水肯定向下渗漏。为克服房屋造型采用"平屋顶"造成屋面积水的缺点，建议尽量把屋面坡度放陡，控制雨水急流至雨水口的合适坡度。同时，房屋造型设计为"坡屋顶"，是解决屋面积水的根本办法。

（4）结构渗漏

说防水，有太多的隐患不可思议，结构渗漏就不太被认识、理解和重视，其实有许多迹象表明，房屋建筑结构渗漏不可忽视。

1）楼板渗漏

风雨中，人在室内，顶棚漏雨了，雨水从结构层漏下来。

风雨中，我们上房查房漏，屋面上无积水，防水层并无明显裂痕，怎么室内漏雨不断？雨水是怎样穿透屋面结构进入室内的。深层次原因，是混凝土浇筑不密实，楼板结构层阻止雨水往下渗漏的能力相当脆弱，导致楼板结构渗漏。负责房屋建筑整体抗渗漏的管理者，在风雨中多到住户室内室外观察一下，研究一下，去体味一下，整体结构的渗漏部位、路径、原因、隐患在哪里。

（注：据观察，雨水是通过防水层的边角接缝，通过女儿墙、电梯墙的开裂处进入结构层的。）

2）墙体渗漏

风雨中，人在室内，墙漏雨了，是楼板与外墙交角处漏雨，且滴水不断。

风雨中，我们上房查房漏，屋面上无积水，在雨篷板上有积水，显然，雨水是从板与墙交角处进入室内的。深层次原因，是墙体及其相连接部位的混凝土浇筑不密实，导致墙体结构渗漏。

（注：很显然，雨水进入室内，是多渠道的，结构上有多少开裂，雨水就乘虚而入，雨水是无孔不入的。）

经验提示：防水工程预控	以下，根据监理规范和监理工作经验，对防水工程实施预先控制：（1）防水施工：从人员、材料到操作，要防水总动员。（2）防水设计：从房屋造型到建筑节点，需要太多改进。（3）防水监理：从预控到跟班监控，要付出太多艰辛。

5.7.2　监理预控（防水施工）

1. 概况

在讨论防水问题的专题会上，面对当前防水施工的工程隐患，以及如何改变防水施工的现状，监理提出两点意见，一是施工企业主管的管理思路要拓宽，二是施工企业主管的管理思路要创新。上述意见得到会上各方的共识，值得深思。

（1）思路拓宽

从监理的视角，施工企业主管的管理思路应拓宽。

现状一："主体"管理的思路不足。

总包是主体，防水分包队只是下属。施工单位（总包）是防水工程质量的主体，对建筑结构的质量应负起主体的责任，防水分包队的施工质量有相当的差距，总包应实施主体管理。

现状二："整体"管理的思路不足。

房屋建筑是整体，屋面防水只是一个分部。总包管理涉及主体结构防水和屋面防水的整体管理，其中，主体结构防渗漏管理和操作相当复杂，屋面防水层的防渗漏管理和操作相当艰巨，要实施整体管理。

（2）思路创新

从监理的视角，施工企业主管的管理思路应创新。

现状一："工序"管理的思路不足。

当前的总包管理，没有深入到防水施工的工序之中，对防水分包队的工序施工质量并不知情，导致房漏隐患。总包应学习和掌握屋面防水施工技术，每道防水施工工序上，都要设专人管理，这是一条新的思路。

现状二："操作"管理的思路不足。

当前的总包管理，没有深入到防水施工的操作之中，对防水分包队的操作质量并不熟悉，导致房漏隐患。总包应学习和掌握屋面防水施工技术，在防水施工操作上，都要设专人管理，这是一条新的思路。

防水施工中，具体操作技术并不复杂，对防水施工的管理是关键，渗漏隐患频发的原因，出在整体建筑物的防水认识和观念上。监理经验表明，现场防水施工的管理者，只盯着防水层的一道工序，并不关心各工种交叉作业的相互影响。有经验的监理工程师善于在交叉作业中发现问题，并在工地例会上，提醒施工单位总包要注意综合管理到位。

2. 防水施工

防水施工中，工序上，操作上，存在着各工种的重叠交叉作业，需要施工管理者做细致的协调工作，表现为：结构找平层、保温层施工、施工管理、防水操作、淋水试验、成品保护、用户反馈等方面。

（1）结构找平层

屋顶防水整体工程中，值得施工方关注的问题是：现状做法是清扫一下，就开始做找平层了。

（注：在找平层施工之前，整个屋顶结构层是否有开裂？结构层是否过淋水试验检验一下，建议施

工单位的施工管理者考虑这个问题，以便做到心中有数。）

（2）保温层施工

屋顶防水整体工程中，值得施工方关注的问题是：现状（传统）的做法，找平层之后，就是堆保温层的材料，把结构层以及结构层与女儿墙、电梯墙交角都压上了，结构层及相关墙角有多少裂缝，施工单位无人过问和处理之后，保温层和又一层的找平层的施工开始了。

（注：整个屋顶结构层是否有开裂？是否检验一下，建议施工单位的施工管理者考虑这个问题，结构层至防水层之间，洞口、管道周边如何填补？应全面考虑。）

（3）施工管理

屋顶防水整体工程中，值得施工方关注的问题是：现状（传统）的做法，防水层的施工开始了，是交给防水分包队撒手不管呢，还是一般的管一管，全部操作无总包管理？

（注：总包管理很重要，监理查验防水施工管理和操作问题时，总包应有专人负责整体质量。）

（4）防水操作

防水施工中，值得施工方关注的问题是：防水层的施工开始之后，防水分包队的现状做法，操作上有很多缺陷，为什么当年竣工当年就漏？漏了就叫分包队来修，无人研究其中的原因所在。

（注：防水层的施工操作，说简单，很容易就完成了，说复杂，相当复杂。有待关心此项业务的人，深入研究。）

（5）淋水试验

防水施工中，值得施工方关注的问题是：现状做法，工地上三方验收时，施工单位用水龙头喷水试验给各方看看，就算了事。问题是：淋水试验与实际雨天淋雨根本大不相同，在大雨下，屋面防水层及相连的结构（女儿墙、外墙、电梯井墙、雨篷板及所有洞口边边角角）都在风雨冲刷中经受雨水的浸泡或淋湿，风雨无情的、连续的冲击下，哪里有缝隙雨水就从哪里进入室内。

（注：雨水浸入室内的路径，无人仔细研究，防水分包队完工走了，总包说漏了，又把他们请回来，如此反复。）

（6）成品保护

在防水施工过程中，值得施工方关注的问题是：防水层做完了，由于施工单位安排的原因，无专人负责屋顶防水工程的成品保护，许多不利于屋面防水层的施工操作行为，导致防水层的破裂，特别是这些事情发生在竣工验收之后，给工程留下了隐患。监理经验表明，成品保护常常发生的通病是：

1）刺破防水层

施工单位在屋面上搭脚手架刺破了防水层。

屋面防水层工程之后，施工单位又安排屋面上部的脚手架工程，如：进行屋顶特殊部位的装饰、装修等，由于搭脚手架而刺破了防水层，刺破之后，可能修补，或不规范修补。

（注：搭脚手架刺破防水层的现象，说明现场施工管理者无成品保护意识，现场施工操作者缺成品保护教育，建筑成品就在这施工管理的疏忽中留下工程隐患。应当指出，防水层的局部修补，要找原防水施工队进行修补。）

2) 钩破防水层

施工单位外墙装修时，钩破了防水层。

屋面防水层工程之后，屋面防水层上是不允许扎压或钩挂的，但是，施工单位又安排了楼体外墙装修工程，其中，外墙装修的运料、挂斗都要锚固在屋面的某个部位。由此钩破了防水层，钩破之后，可能修补，或不规范修补。

（注：钩破防水层的现象，说明现场施工管理者无成品保护意识，现场施工操作者缺成品保护教育，建筑成品就在这施工管理的疏忽中留下工程隐患。如上所述，防水层的局部修补，要找原防水施工队进行修补。）

3) 压破防水层

施工单位在屋面上堆积材料压破了防水层。

屋面防水层工程之后，屋面防水层上是不允许增加临时施工荷载的，但是，施工单位又安排了拆模板、堆模板、堆积各种建筑材料。由此压破了防水层，同时，施工荷载的增加，也会降低屋顶楼板结构的安全度，是否会造成楼板开裂，视荷载大小而定。防水层压破之后，可能修补，或不规范修补。

（注：压破防水层的现象，说明现场施工管理者无成品保护意识，现场施工操作者缺成品保护教育，建筑成品就在这施工管理的疏忽中留下工程隐患。同样，防水层的局部修补，要找原防水施工队进行修补。）

4) 防水层破裂

施工单位在屋面上操作，其他因素导致防水层破裂。

监理监控中发现，屋面防水层工程之后，还有其他因素导致防水层破裂，如：拉动焊机划破了防水层，工人打闹砸破了防水层，彩旗标语生根钻孔破坏了防水层等，都是不该发生的有损建筑成品的行为。

（注：上述引起防水层破损的现象，说明现场施工管理者无成品保护意识，现场施工操作者缺成品保护教育，建筑成品就在这施工管理的疏忽中留下工程隐患。经验表明，防水层的局部修补，要找原防水施工队进行修补。）

（7）用户反馈

防水工程的现状，还表现在房屋用户的反馈意见，就是说，漏了怎么办？

房漏的多项信息表明，施工方不得不特别关注房屋渗漏问题，施工企业的主管要着重思考的问题是：

1) 楼板漏雨

常见的现象，楼顶层楼板漏雨了，怎么办？是什么原因造成的？从哪里修补？

（注：施工企业技术主管，应当组织现场施工管理者认真讨论一下，房漏的根本原因，之后，再讨论修补的方法。）

2) 电管漏雨

常见的现象，楼顶层楼板上的电线管（或吊灯）漏雨了，雨水滴入室内怎么办？是什么原因造成的？从哪里修补？

（注：施工企业技术主管，组织现场施工管理者讨论房漏原因时，应从屋面结构整体分析，包括结构层。）

3) 墙角漏雨

常见的现象，楼顶层楼板与外墙交角处漏雨了，雨水渗漏成一片片怎么办？是什么原因造成的？从哪里修补？

（注：施工企业技术主管，组织现场施工管理者讨论房漏原因时，应从建筑结构整体分析，包括屋盖、雨篷及墙。）

4）人在工地

奇怪的现象，在施工单位尚未离开工地之前（已竣工），一场大雨过后，就发生了上述情况怎么办？是什么原因造成的？从哪里修补？

（注：施工企业技术主管，组织现场施工管理者讨论防水层修补方法时，应包括屋面防水层及结构层，修补时，保温层应清除，找平层应根据结构层的漏雨部位重新修补，且应加基层防水层。）

5）用户反映

房屋已竣工，已有用户入住，一场大雨过后，发生了上述情况怎么办？是什么原因造成的？从哪里修补？

5.7.3 监理预控（防水设计）

1. 概况

在讨论防水问题的专题会上，有经验的甲方技术主管，提出了两个方面的要求：一是施工单位防水施工应尽职尽责，期望房屋建筑防水的施工质量能经得起使用阶段的大雨考验。二是现场的设计图纸是否能满足建筑防水要求，如需要补充设计图纸，期望能有详细的设计节点图纸和相关说明，完善防水施工的设计图纸依据。上述甲方意见很中肯，很切题。

2. 防水设计

（1）对建筑防水的要求

1）良好形象

项目开发单位在建设开发过程中，期望房屋竣工验收时，房屋建筑成品合格，尤其是屋顶不渗不漏，期望房屋的建设阶段给用户留下良好的形象。

2）少出麻烦

项目开发单位在建设开发过程中，期望房屋投入使用后，满足使用单位的各项使用要求，尤其是屋顶不渗不漏，一旦屋顶有渗漏，会给建设单位带来麻烦。

3）严格监控

项目开发单位在建设开发过程中，期望建设项目整体验收合格，同时，甲方对施工方和监理方的全过程管理和监控寄予厚望。

（2）对设计图纸的要求

建设单位关注，设计图纸中应充分考虑那些导致防水层破裂的不利因素，如：

1）设计广告牌子

广告牌子、夜景照明支架安装容易刺破防水层。

设计图纸中应事前专门考虑广告牌子、夜景照明支架等预埋节点，充分考虑节点防水，支架安装过程中应尽量减少钻孔、打眼，防止破坏防水层，避免在安装部位发生雨后渗漏。

2）设计屋面绿化

屋面绿化设施容易引起水泡防水层。

设计图纸中应事前专门考虑屋顶绿化设施的布置和安装，控制养花养草浇水时不出现直接水泡防水层现象，避免绿化浇水引起屋顶渗漏。

3）设计屋顶装置

太阳能热水装置及冷却塔等设备安装，有压破防水层的隐患。

设计图纸中应事前专门考虑加太阳能热水装置等预埋和连接节点，充分考虑节点防水，安装过程中应尽量减少钻孔、打眼，防止破坏防水层，避免在安装部位发生雨后渗漏。

4）设计屋面平与坡

设计图纸中应尽量采用坡屋顶方案，坡屋面上雨水可顺利排除。如果房屋是平屋顶，在建筑造型上对排水不利，大雨时平屋面有积水，或雨水排除不畅的缺点。

5.7.4　监理预控（防水监理）

1. 概况

防水工程中，监理重点关注两个节点：

其一，房屋结构

关注房屋结构（楼板及与墙的交角）的施工过程控制，以抗裂性能和抗渗性能为监控目标，深入到房屋结构可能渗漏的部位，严格监控。

其二，防水操作

关注防水层（平面防水及边边角角）的施工操作过程控制，以防水性能和使用寿命为监控目标，深入到防水施工的每道工序，严格监控。

监理工程师对防水工程的监控，要有一个整体的思路，就是施工现场的全过程监控，在防水层施工的全过程中，不放过操作工序的细节，实施全过程质量控制，旨在确保建筑结构成品的可靠性。

监控方式：跟班监控防水操作。监控内容：从防水施工管理、操作到成品保护全过程。监理经验表明，防水分包队只顾自己防水活完即退场，施工方总包对房屋建筑整体防水工程无系统管理意识，施工企业技术主管并未把房屋建筑整体防水工程放在主要心思去抓。有经验的监理工程师，已经看到这个漏洞，有针对性地监控施工现场的系统管理。在防水施工的全部过程中，根据防水施工的不同工序、不同环境情况，实施防水工程的质量控制。通常，监理工程师重点监控的内容为：防水分包、总包监督、防水材料、跟班监控及成品保护等。

2. 防水监理

（1）防水分包

总包委托的防水分包队进场时，监理要检查其单位资质、人员资质，监督持证上岗，否则质量难以保证。

（2）总包监督

总包委托的防水分包队进场时，监理要监督总包专人管理，不可撒手不管，同时，要求总包管理人员跟班管理，否则质量难以控制。

（3）防水材料

监理工程师要监控防水材料进场，监控防水材料运到在施部位，查材料合格证明，同时查实物，防止以次充好，发现不合格品，立即清除。

（4）跟班监控

监理工程师要跟班监控，防水工程施工过程中，粘贴、搭接是否规范，尤其防水材料与结构搭接的边边角角的粘贴操作，要严格监控。

（5）成品保护

防水工程成品保护，监理工程师要监督现场施工管理者派专人负责，采取各种措施防止防水层破损。

以上，监理工程师防水工程施工监控，适用于屋面防水及卫生间防水，各监理单位都有自己的监理经验，共同交流和丰富我们的业务技能，旨在寻求有效治理工程隐患的途径。

5.8 防水工程监控

1. 内容

房屋建筑主体工程封顶之后，施工现场将逐步展开各项防水工程，其监理监控内容包括：

（1）屋顶防水工程

监理监控的屋顶防水工程，包括在屋顶建筑构造的整体施工之中，即从屋面板顶面到屋顶面层的全部屋顶构造施工，其中含屋顶防水层的施工。

（2）卫生间防水工程

监理监控楼内卫生间防水工程。

（3）窗、阳台、墙防水

监理监控窗、阳台、墙防水工程。

2. 关注

（1）要求做到屋顶防水不渗漏，但因投诉较多，监控有难度。

（2）要求做到所有卫生间防水不渗漏，但监控要细致。

（3）要求做到所有窗、阳台、墙防水不渗漏，但因量大面广，监控有难度。

5.8.1 屋顶防水工程监理要点

【编制依据】

（1）《建设工程监理规范》GB 50319—2012 中，有关监理程序规定。

（2）《屋面工程质量验收规范》GB 50207—2012 中，防水工程条文。

（3）房屋建筑现场监理经验总结中，防水工程监理等参考资料。

【隐患现状】

屋顶防水存在渗漏隐患，从房屋使用阶段用户反映中，有多项渗漏事例表明，渗漏隐患比较严重，比较普遍，应采取治理措施。

<table>
<tr><td>经验提示：屋顶防水监理要点</td><td>以下，屋顶防水工程监理要点，是治理房屋渗漏的关键业务，其关注点为：（1）查验施工人员；（2）查验防水材料；（3）查验基层处理；（4）查验防水层；（5）常见防水层通病；（6）工地例会协调。</td></tr>
</table>

【监理要点】

以下为屋顶防水工程监理要点。

屋顶防漏监理监控内容包括（从下往上）：屋顶楼板（结构层）上表面处理（含：女儿墙、电梯墙等表面修补）、保温层、防水层施工监控。

（注：如屋顶楼板为预制圆孔板，其表面应抹防水砂浆）

（1）查验施工人员

监理工程师查验屋面防水施工时，要求总包现场管理者跟班在岗，并核实上岗管理及操作人员与资质是否相符。

（注：现场施工管理及操作者，应进行岗前培训，掌握防水工程的技术要求，以及屋顶防渗漏的知识。）

（2）查验防水材料

监理工程师跟班查验屋面防水施工时，查验在施部位的防水材料，发现不合格品，及时指出，并与现场施工管理者商定处理办法。

（3）查验基层处理

监理工程师查验防水层的基层处理，监控的主导思想是：

1）顶层楼板无开裂

通过结构层的淋水试验，顶层楼板无开裂，说明楼板结构施工质量很好，很密实。能挡住渗下的雨水，此种情况楼板上表面的基层处理可按常规进行。

（注：主体结构施工期间，确保屋顶楼板混凝土浇筑密实，使其密而不裂，这是各方所期盼的，为防渗漏打下良好基础。）

2）顶层楼板有开裂

通过结构层的淋水试验，顶层楼板有开裂，说明楼板结构施工质量一般，不能挡住渗下的雨水，此种情况楼板上表面的基层处理不可按常规进行，建议加涂防水涂料，旨在力图做到楼板遇到雨水不至于直接漏下。

（注：主体结构施工期间，确保屋顶楼板混凝土浇筑密实，使其密而不裂，但是，因为各种原因，顶层楼板有开裂，这是不希望发生的，为房屋渗漏留下了隐患。对其楼板上表面进行处理很有必要。）

3）楼板洞口边缘处理

楼板上表面基层处理的同时，建议把所有楼板开洞的边缘加一个高台阶，旨在挡住积水下泄，少量积水停留在保温层中。

（注：这建议很好，是治理渗漏的好主意。）

4）女儿墙、电梯墙处理

楼板上表面基层处理的同时，检查一下楼板与女儿墙、电梯墙交角处，以及女儿墙全部墙体，看是否有开裂，如有开裂，建议加涂防水涂料，旨在阻止雨水渗漏。

（注：这一条是监理经验总结，雨水无孔不入，要警惕雨水从各种渠道进入室内，要尽一切办法阻止雨水浸入。）

以上，楼板上表面基层处理的建议，旨在阻止雨水下渗，少量积水停留在保温层之中，经雨后日晒蒸发。

（4）查验防水层

监理工程师跟班查验屋面防水施工时，注意监控屋面防水层的"平、坡、角"，含义是：

平——监控屋面防水层的平面，是否平坦，无起泡，无空鼓，无坑坑洼洼。

坡——监控屋面防水层要起坡，坡度多少按图纸，图纸上的坡度比较传统，比较小，可适当加大一些，使雨水下来无积水，或积水迅速流向雨水口。

角——监控屋面防水层的边边角角、各种墙角、阴角、阳角，只要有防水层搭接之处，就要查其接缝是否有张口，张口就要渗雨漏雨。

（5）常见防水层通病

监理工程师监控中，发现屋面防水施工过程中，存在不合格部位和不规范操作时，应及时指出和制止。监理经验表明，小结防水工程的质量通病，有利于监理业务的深入开展。

通病在屋面防水施工中的表现，监理经验表明，防水分包队施工中存在的问题，以及总包主体结构施工中存在的问题，都是在操作过程中瞬间发生的，很隐蔽，不外露。有经验的监理工程师比较注意跟班监控，同时注意在监理业务中汇集质量通病，并在工地例会上把监理看到的问题，耐心地说给施工方，施工方则应在整改中举一反三。治理渗漏通病，是一件很不容易的事情。

屋面防水施工常见质量通病为：

1）防水材料

防水材料不合格，包括防水卷材、防水涂料、防水粘结材料。

（注：检查防水材料合格证时，注意使用年限，含沥青品质等。并以实物鉴别，防止以次充好。）

2）防水操作

防水施工操作工序和成品不合格，包括粘层涂抹不匀，卷材搭接不足，边角接缝有张口。

（注：防水施工操作的过程控制比较重要，监理工程师尽量跟班监控，否则隐患难于发现。）

3）淋水试验

淋水试验不到位，与实际下大雨相差甚远，建议加大试验检验力度。

4）成品保护

防水层成品保护不到位，验收后无专人管理，使防水层容易遭到破损。验收后下大雨时，施工单位无专人负责检查、观察和处理屋顶渗漏情况。

（6）工地例会协调

工地例会上，监理单位在监控防水工程施工过程中发现的问题，进行讨论、协调，重点强调防止工程隐患。

以上为监理单位在屋顶防水工程中监控的主要工作。监理在巡查、旁站及工地例会上，均应重视屋顶防水工程的全过程，以杜绝工程隐患为工作目标。

屋顶防水工程监控目标及监理要点，见表 5-19。

屋顶防水工程监控目标及监理要点　　　　　　　　　　　　　　表 5-19

工程部位	监 控 目 标	监理要点
屋顶楼板 （结构层）	（1）楼板上表面防水处理。 （2）女儿墙、电梯墙等表面修补。 （3）如屋顶楼板为预制圆孔板，其表面应抹防水砂浆。	（1）查验施工人员 （2）查验防水材料 （3）查验基层处理 （4）查验防水层 （5）常见防水层通病 （6）工地例会协调
保温层（找平层、 保护层等）	（1）铺保温层应起坡。 （2）楼板上各种开口的边缘，应砌高台挡住雨水流入室内。	
防水层	（1）粘结工序查验 （2）与墙焊接接缝查验 （3）淋水试验 （4）大雨后查验	

5.8.2　卫生间防水工程监理要点

【编制依据】

（1）《建设工程监理规范》GB 50319—2012 中，有关监理程序规定。

（2）《建筑地面工程施工质量验收规范》GB 50209—2010 中，相关条文。

（3）房屋建筑现场监理经验总结中，防水工程监理等参考资料。

【隐患现状】

卫生间防水存在渗漏隐患，应采取治理措施。

【监理要点】

以下为卫生间防水工程监理要点。

卫生间防漏包括：卫生间地面及墙面。

（1）查验施工人员

监理工程师查验卫生间防水施工时，要求总包现场管理者跟班在岗，并核实上岗管理及操作人员与资质是否相符。

（注：现场施工管理及操作者，应进行岗前培训，掌握防水工程的技术要求，以及卫生间防渗漏的知识。）

（2）查验防水材料

监理工程师跟班查验卫生间防水施工时，查验在施部位的防水材料，发现不合格品，及时指出，并与现场施工管理者商定处理办法。

（3）查验基层处理

监理工程师查验防水层的基层处理，监控的主导思想是：

其一，各层楼卫生间楼板无开裂

通过各层楼卫生间楼板淋水试验，卫生间楼板无开裂，说明楼板结构施工质量很好，很密实。能阻止楼板积水渗下，此种情况楼板上表面的基层处理可按常规进行。

（注：主体结构施工期间，确保各层楼板混凝土浇筑密实，使其密而不裂，这是各方所期盼的，为防渗漏打下良好基础。）

其二，卫生间楼板有开裂

通过结构层的淋水试验，卫生间楼板有开裂，说明楼板结构施工质量一般，不能挡住积水渗下，此种情况楼板上表面的基层处理不可按常规进行，建议加涂防水涂料或抹防水砂浆，旨在做到楼板遇到积水不至于直接漏下。

（注：主体结构施工期间，确保各层楼板混凝土浇筑密实，使其密而不裂，但是，因为各种原因，楼板有开裂，这是不希望发生的，为房屋渗漏留下了隐患。对其楼板上表面进行处理很有必要。）

（4）查验防水层

监理工程师跟班查验卫生间防水施工时，注意监控卫生间防水层的"平、坡、角"，含义是：

平——监控卫生间防水层的平面，是否平坦，无起泡，无空鼓，无坑坑洼洼。

坡——监控卫生间防水层要起坡（建议在防水层之前，用防水砂浆找坡），坡度多少按图纸，图纸上的坡度比较传统，比较小，可适当加大一些，使地面无积水，或积水迅速流向地漏。

角——监控卫生间防水层的边边角角、各种墙角、阴角、阳角，只要有防水层搭接之处，就要查其接缝是否有张口，张口必须粘合。

（5）常见防水层通病

监理工程师监控中，发现卫生间防水施工过程中，存在不合格部位和不规范操作时，应及时指出和制止。监理经验表明，小结防水工程的质量通病，有利于监理业务的深入开展。

通病在卫生间防水施工中的表现，监理经验表明，如发现防水层渗漏，原因是防水分包队施工不到位。如发现楼板出现渗漏，则原因是总包主体结构施工不到位。有经验的监理工程师在闭水试验时会细心观察，水从楼板孔洞缝隙漏下，是防水层施工的问题，此时，防水层应返工重新操作。水从楼板直接漏下，是结构有开裂，此时，应对楼板结构表面进行防水处理。

卫生间防水施工常见质量通病为：

1）防水材料不合格，包括防水卷材、防水涂料、防水粘结材料。

（注：检查防水材料合格证时，注意使用年限，含沥青品质等。并以实物鉴别，防止以次充好。）

2）防水施工操作工序和成品不合格，包括涂料涂抹不匀，卷材搭接不足，边角接缝有张口。

（注：防水施工操作的过程控制比较重要，监理工程师尽量跟班监控，否则隐患难于发现。）

3）淋水试验不到位，要加大试验检验力度，建议三次：

一是检验楼板结构是否渗漏，如果有渗漏，抹防水砂浆修补。

二是检验防水层是否渗漏，如果有渗漏，防水层重做。

三是检验管道安装完毕是否渗漏，这次要检验卫生间地面、墙壁防水效果。

4）防水层成品保护不到位，验收后无专人管理。

（6）工地例会协调

工地例会上，监理单位在监控卫生间防水工程施工过程中发现的问题，进行讨论、协调，重点强调防止工程隐患。

以上为监理单位在卫生间防水工程中监控的主要工作。监理在巡查、旁站及工地例会上，均应重视卫生间防水工程的全过程，以杜绝工程隐患为工作目标。

卫生间防水工程监控目标及监理要点，见表5-20。

卫生间防水工程监控目标及监理要点　　　　　　　　表 5-20

序号	监控项目	监控目标	监理要点
1	卫生间防水工程	（1）楼板结构面防水处理查验 （2）找坡层查验 （3）防水层查验 （4）地面及墙面查验 （5）闭水试验查验 以上监控及查验均合格	（1）查验施工人员 （2）查验防水材料 （3）查验基层处理 （4）查验防水层 （5）常见防水层通病 （6）工地例会协调

5.8.3　窗、阳台、墙防水监理要点

【编制依据】

（1）《建设工程监理规范》GB 50319—2012 中，有关监理程序规定。

（2）《屋面工程质量验收规范》GB 50207—2012 中，相关条文。

（3）房屋建筑现场监理经验总结中，防水工程监理等参考资料。

【隐患现状】

窗、阳台、墙防水存在渗漏隐患，应采取治理措施。

【监理要点】

以下为窗、阳台及墙防水工程监理要点。

（1）查验施工人员

监理工程师查验墙体工程（窗、阳台及墙体浇捣或砌筑）施工时，要求总包现场管理者跟班在岗，并核实上岗管理及操作人员与资质是否相符。

（2）查验窗成品及材料

监理工程师跟班查验墙体工程施工时，查验在施部位的门窗成品及材料，发现不合格品，及时指出，并与现场施工管理者商定处理办法。

（3）查验窗、阳台及墙体渗漏部位

监理工程师查验窗、阳台及墙体渗漏部位，监控主要内容为：

其一，监控窗（阳台门）洞口与门窗框缝隙漏雨

① 监控窗（阳台门）洞口与门窗框缝隙要填实，注意填实过程，防止内空外实。

② 检查窗（阳台门）洞口与门窗框缝隙，以及窗扇是否漏雨，要进行淋水试验，室内不进水为合格。

其二，监控阳台结构及建筑构造节点漏雨

① 检查阳台板不得有开裂，如有开裂，要抹防水砂浆防漏。

② 检查阳台板地面坡度是否坡向地漏，并检查雨漏管线是否畅通。

③ 检查阳台整体结构是否漏雨，要进行淋水试验，室内不进水为合格。

其三，监控墙面漏雨

钢筋混凝土墙面不得有开裂，如有开裂，要抹防水砂浆修补。砌块墙墙面建议抹防水砂浆为基层，再做其他面层。

（4）工地例会协调

工地例会上，监理单位在监控窗、阳台及墙防水工程施工过程中发现的问题，进行讨论、协调，重点强调防止工程隐患。

以上为监理单位在窗、阳台及墙防水工程中监控的主要工作。监理在巡查及工地例会上，均应重视窗、阳台及墙防水工程的全过程，以杜绝工程隐患为工作目标。

窗、阳台及墙防水工程监控目标及监理要点，见表 5-21。

窗、阳台及墙防水工程监控目标及监理要点 表 5-21

序号	监控项目	监 控 目 标	监理要点
1	窗、阳台及墙防水工程	（1）窗扇、窗框、窗缝及窗台不漏雨，不积水 （2）阳台整体不漏雨，不积水 （3）墙体不渗漏 以上查验均为合格	（1）查验施工人员 （2）查验窗成品及材料 （3）查验窗、阳台及墙体渗漏部位 （4）工地例会协调

5.9 监理案例

监理案例是施工阶段监理单位监控过程中的记录。

监理案例也是施工阶段施工单位施工过程中的记录。

监理案例也是施工阶段工地上建设方管理的记录。

从施工方、监理方及建设方的文件中，寻找那些可以借鉴的监理案例，如：监理例会会议纪要、监理月报及工地上三方签认的验收表格。

直到工程竣工，这些案例仍存留在资料中，也存留在建设者的记忆中，在如今讨论房漏治理的时候，肯定是一份见证。

<table>
<tr><td>经验提示：钢筋绑扎监控</td><td>以下，根据监理规范，钢筋工程质量控制，要准确判断和处理现场问题，并从中悟出其中的道理：施工方对监理查验不满意，且反感。主体结构钢筋工程施工中，施工方只有在监理的纠正中，才有改进，一定要理解这一点。</td></tr>
</table>

【案例 5-1】 钢筋绑扎骨架监控

钢筋骨架绑扎不合格，在监理单位日常监控过程中发现。

钢筋骨架绑扎出现不合格，施工单位应立即整改。

钢筋骨架绑扎质量与房屋渗漏有直接关系，因此，监理方、施工方和工地上甲方代表均应引起足够重视。

（1）部位

在城南×××住宅小区施工工地，高层（11 层）住宅楼（剪力墙结构）。

第 9 层楼板和部分墙体进行混凝土浇筑。

（2）问题

钢筋骨架绑扎不合格部位有多处，监理在工地例会上细说钢筋搭接、弯钩、绑扣等不规范操作时，钢筋工长不满意，施工方企业主管不满意。

（3）过程

1）上午监理主持召开工地例会，会上，土建监理工程师讲述刚从工地查验回来的意见，要求施工方将钢筋骨架中存在的问题整改之后，再在隐检单上签字。

隐检，是监理在工序上把关的关键一步，有问题处理在隐检签认之前，监理应坚持这样做，施工方应理解。

2）会上，监理的做法遭到施工方钢筋工长的指责，说监理小题大做，延误混凝土浇筑的进度。

进度，建设进度与施工质量并不矛盾，监理坚持把质量抓上去非常必要，实践表明，没有质量保证，进度就成了空头指标。

3）会上，施工方企业技术主管也用同样口气指责监理延误混凝土浇筑的进度。

主管，施工企业的技术主管，较少参加工地例会，应当主动听取监理意见，坚持质量把关，施工企业技术主管特别要听听现场动态、质量动态。

4）此时，总监要求暂停会议，与会人员都到钢筋绑扎现场，逐条核实监理对钢筋骨架提出的意见。

核实，逐条核实监理工程师的意见，让施工企业技术主管、现场施工管理者、现场施工操作者共同听听监理的具体意见相当必要，因为，监理每天查验就是这样做的，就是在监理的查验中，纠正了施工操作者工序上存在的质量问题的点点滴滴。

5）经核实，主要问题是：板钢筋的上层钢筋多数踩扁、变形、移位。梁钢筋骨架中存在搭接、弯钩、绑扣不到位的缺陷。施工方企业技术主管及工长看后，同意立即整改。

整改，在工地上经常发生，修改的对不对，监理要把关，多少个大大小小的质量问题，在监理的查验中纠正。

6）工地例会又继续进行。中间插入总监理工程师的说明，监理查验的问题希望施工方虚心整改。

7）甲方负责人也在会上发表意见支持监理做法。

8）会后，施工方整改完毕，经监理查验合格并隐检签字，开始混凝土浇筑。

（4）思考

此案例表明，监理指出了问题，施工方不认真整改的现象时有发生，施工方不合格部位客观存在，监理方查验纠正是日常业务，但是，就在这极普通的查验之中，包含着监理的业务能力，是否坚守岗位职责和敬业。

此案例：钢筋骨架绑扎不到位的问题，是治理房漏的要点之一，现场施工管理者应意识到这一点，应抓一下现场施工操作者的培训教育，应掌握房漏与防漏的基本操作知识。

1）思考之一

监理在工地例会上，监理工程师坚持将查验中发现的问题细说出来，施工方能自觉地付诸行动，这是所期望的。

查验，其实就是把关，在把关中发现隐患，治理隐患。

2）思考之二

监理在工地例会上，监理工程师将查验中发现的问题细说出来，遭到施工方顶撞，就不敢坚持己见了，其实大可不必。

监理，其实就是一种坚守，工程隐患只有在坚持责任中修正。

3）思考之三

该工地，多次工地例会上，发生施工方顶撞或不尊重监理的现象，其实也正常，监理制度实行了这么多年，还有的施工人员不理解，以为监理查验影响了施工进度，此现象恰恰是治理工程隐患要解决的问题。这现象，对监理来说，是如何坚持原则的问题。这现

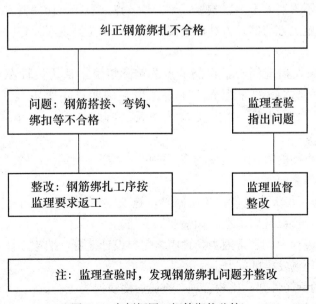

图 5-1　案例框图（钢筋绑扎监控）

象，对施工方来说，是如何教育现场施工管理者和操作者虚心听取监理合理性建议的问题。对参建各方来说，都是值得深思的话题。

工地，是一个大课堂，监理从施工方学到许多，施工方也应从各方面学习自己没有掌握的知识，这一点，多年监理实践体会颇深。

经验提示：框架节点监控	以下，根据监理规范，钢筋工程质量控制，要准确判断和处理现场问题，并从中悟出其中的道理：（1）框架节点钢筋密，且难以浇筑混凝土，是设计图纸的问题。（2）案例启发我们，设计、施工、监理等各方均有治理房屋渗漏责任。

【案例 5-2】　框架节点钢筋绑扎监控

框架节点钢筋绑扎，因为结构设计图纸表达的详细或简化，而成为施工难点。

框架节点钢筋绑扎和查验过程中，本案例成了施工、监理和设计的焦点。

框架节点钢筋绑扎中出现的问题，本案例因监理的协调而得到合理解决。

框架节点钢筋绑扎时，提醒施工单位应操作到位，因为直接影响房屋渗漏。

框架节点钢筋绑扎查验，提醒监理单位认真对照图纸，发现问题，监督整改，因为钢筋工程质量与房屋渗漏有直接关系。

（1）部位

在城南×××住宅小区施工工地，高层（21 层）住宅楼（框架剪力墙结构）。

第 5 层柱、梁、楼板钢筋查验及混凝土浇筑。

（2）问题

监理查验框架节点钢筋时发现：柱甩筋、梁钢筋及板钢筋全部绑扎完毕，节点处钢筋过分密集，几乎进不去混凝土，影响板、梁、柱节点处混凝土振捣密实。

工地例会上，施工方与监理方共同建议，请设计单位到现场处理解决。

（3）过程

1）设计单位来人到现场看了钢筋节点的实际情况，认为设计图纸确实存在问题：其一，框架节点钢筋之间的净距离小于规范值，确实进不去混凝土；其二，板上部钢筋直径偏小，且间距偏大，在施工操作中就已脚踩变形。设计单位决定回去发设计变更修改。

图纸，是设计意图的表达，是现场施工的可靠依据，期望设计图纸少出问题，有问题最好发生在施工下料之前。

2）施工现场等了一天未见设计单位回复，施工方与监理方共同前往设计单位，当面绘制设计变更附图，连夜赶回工地，调整现场钢筋。

设计，在施工过程中，常常因为各种因素需要设计变更，期望设计者能优先考虑现场的急需，快速处理现场发生的问题。

3）经调整后的钢筋骨架，比较合理，查验后浇筑混凝土。

钢筋，在施工过程中发生钢筋变更是经常的事，关键是设计者出钢筋图的时候，要充分考虑施工操作的合理性，以及混凝土浇筑的密实性。

4）因设计原因，影响工期2天。但现场钢筋绑扎质量得到了保证。

工期，在工地是很严肃的指标，建设进度与工程质量不矛盾，是矛盾的统一。

5）事后，施工方对监理工程师的评价说，监理严格把关，把钢筋图纸中疏密不匀的问题给解决了，确实值得。

（4）思考

此案例，监理指出问题，施工方认真研究监理意见，并请设计单位到现场来解决钢筋节点问题，体现现场各方配合比较和谐。

此案例：钢筋骨架绑扎影响混凝土浇筑问题，是治理房漏与防漏的要点之一，现场施工管理者应意识到这一点，应抓一下现场施工操作者的培训教育，应掌握房漏与防漏的基本操作知识。

1）思考之一

设计图纸中，框架柱节点钢筋框架节点钢筋之间的净距离小于规范值，确实进不去混凝土的骨料，必然导致混凝土浇筑不密实。

钢筋，在结构中钢筋关系到房屋建筑的强度和抗裂度，在施工中钢筋是各方关注的焦点。

2）思考之二

设计图纸中，板上部钢筋直径偏小，且间距偏大，在施工操作中容易脚踩变形，导致板上部混凝土保护层偏大，引起楼板开裂。

楼板，在治理工程隐患中扮演着重要角色，警惕楼板开裂的措施，本书中已谈了许多。

3）思考之三

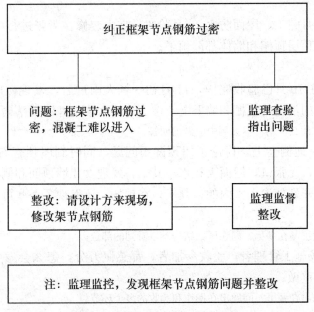

图 5-2　案例框图（框架节点监控）

设计图纸中，结构中钢筋的配置（直径、搭接、间距等）总有说不完的话题，引领着现场施工操作者，在智慧和力量中编织，引领着监理工程师在钢筋骨架中监控、查验，期望设计图纸准确无误。

设计，在建筑成品形成过程中，设计图纸扮演着重要角色，期望设计者精心、用心、创新。

经验提示：屋顶防水监控	以下，根据监理规范，防水工程质量控制，要准确判断和处理现场问题。此案例很蹊跷，现场已经过三方验收，一场大雨过后，楼内顶层顶棚和墙体都漏雨了，一是说明防水施工不到位，留下了隐患；二是验收并未查出问题。此问题值得监理方深思。

【案例 5-3】　屋面防水监控

屋面防水工程，由施工单位及防水分包队负责实施，并实施质量保证。

屋面防水工程全过程的查验，由监理单位实施质量控制。

屋面防水工程经现场三方验收后，经一场大雨过后，顶层室内出现了多处渗漏，于是本案例成了特例，也成了一个反面教材，使工地上三方人员头脑清醒。

屋面防水工程与房屋渗漏关系相当密切。本案例出现的渗漏，却是从工程未交工开始。

（1）部位

在城南×××住宅小区施工工地，多层（8 层）住宅楼（剪力墙结构）。

主体结构已完，屋面防水已验完。

（2）问题

主体结构于 9 月完工，屋面防水 10 月验收，室内装修在紧张进行中，11 月初一场大雨过后，发现楼内顶层顶棚和墙体都漏雨了。

（3）过程

1）屋面防水在 10 月已验收完毕，11 月初一场大雨过后，发现楼内顶层顶棚和墙体都漏雨了，刚刷完的洁白的顶棚和墙壁上，渗出片片水痕，并滴答落雨。

（注：验收，起了什么作用？本案例中应做出回答。）

2）监理召开工地例会上，讨论了屋顶漏雨问题，同时到屋顶查看，并发现：其一，防水层粘贴无破损，无张口，屋面无积水；其二，发现女儿墙顶面和侧面有微细裂缝，很明显，雨水是从墙开裂处渗入室内的；其三，在现场，还发现了一些可疑的漏雨点，但相当不明显。

（注：查看，究竟房漏在哪里？漏在屋面结构难以看到的部位。）

3）会上，现场施工管理者，验收参加者，都感慨万分，怎么会发生这种事情。讨论决定屋面防水返工重做。

（注：返工，问题出在哪里？问题出在操作和验收的多个环节。）

4）屋面防水返工之一：在屋面上，考虑施工荷载的均匀分布，分段铲除找平层、防水层和保温层。

5）屋面防水返工之二：对外露的墙体进行清理和冲洗，对女儿墙、电梯墙等相关墙面抹防水砂浆处理。

6）屋面防水返工之三：对楼板（结构层）上表面进行清理和清洗后，抹防水砂浆处理。

7）屋面防水返工之四：做找平层、保温层，以及防水层重新施工。这次施工操作比较认真。

8）之后，又经历了多次大雨检验，房屋未漏。

（注：此案例，在众目睽睽下返工的防水层，未发现渗漏。从中，各方人员悟出了许多防水层施工和验收的知识和道理。）

（4）思考

此案例，屋面防水漏雨是治理房漏隐患的要点之一，现场施工管理者应意识到这一点，应抓一下现场施工管理者和操作者的培训教育，应掌握房漏与防漏的基本操作知识。

1）思考之一

此案例，屋面防水验收之后，正赶上一场大雨，室内马上就发现漏雨了，马上就给施工者和验收者一个信息反馈，说明屋面防水是一个很不好驯服的部位，值得施工企业、监理单位深入研究。

2）思考之二

此案例，屋面防水验收之后，马上就漏雨，正好说明施工操作未到位，验收查验也未到位。借此防水层返工机会，监理方和施工方共同研究一下，雨水是怎样入侵到室内的。

操作，屋面防水施工操作，需要耐心、细心、敬业之心。这活不能糙。

验收，屋面防水工程怎样验收，值得研究，只看表面外观质量解决不了问题。

3）思考之三

此案例，经检查，女儿墙开裂使雨水浸入室内，提醒我们注意主体结构混凝土浇筑的密实性。

女儿墙，在屋顶起着安全防护的作用，同时，因为女儿墙上有微裂，又把雨水引进了室内。

4）思考之四

此案例，楼板（结构层）只要发现有开裂之处，雨水就迅速漏进室内，提醒我们注意主体结构混凝土浇筑的密实性。

楼板（结构层），起着屋面结构的承重作用，同时，又因为结构自身的不密实把雨水渗漏进了室内。

5）思考之五

此案例，防水层的返工，大家都说上了一堂生动的质量教育课，事后再想一想，受到的教育和收获在哪里呢？屋面防水的课题讨论还在继续。

教育，在工地这个大课堂里，人人都在受教育，操作的教育，质量的教育，具体说房漏与防漏的教育。

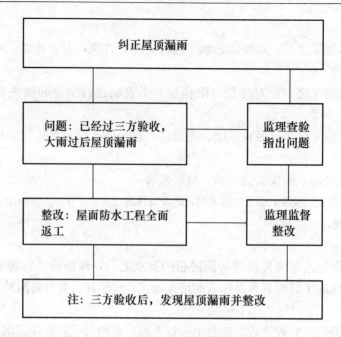

图 5-3　案例框图（纠正屋顶漏雨）

5.10　本章小结

5.10.1　监理方法小结

结合本书房漏与防漏的主题，执行建设工程监理规范，小结监理工作业务，或心得体会，或经验教训，仅供参考。

说监理的监控方法，其实是在探索用什么方法监理更有效。

以下说出了监控、查验、跟班监控、工地例会、监理细则等比较有实效的方法，是从许多监理项目的实践中得来的，来之不易。

1. 监控

（1）定义

监控的含义：在建设工地，在施工现场监理工程师对施工行为的监督和控制。

监理单位对施工现场的监督和控制，监理工程师按监理细则，上岗关键部位，有针对性地对关键工序实施控制，体现在工程质量取得实质性的改善和效果。

监控是指对整体工地而言，整个工地的施工行为，都在监理的监控范围之内。

（注：监理工程师把眼光放宽阔一些，整个项目，或者整幢楼都应装在心中，哪里的墙面在微微渗水，哪里的楼板有微小的裂缝，都是监控范围之内要处理的是是非非。）

（2）作用

监控的作用体现在监理工程师的职业技能、职业作风和职业道德，许多现场的问题被监理工程师在监控过程中发现了，纠正了。在建筑成品形成的过程中，现场的每一个分部工程的进展都凝聚了监理工程师的辛苦。

（注：监理工程师的职业技能，表现为专业、经验能力的积累，面对复杂的问题要有专业知识的底气；监理工程师的职业作风表现在勤勤恳恳的工作态度，面对施工现场的复杂环境，要有敢于判断是非的能力；监理工程师的职业道德表现在，面对施工现场工地内外的诸多问题，要有公平、公正的道德品质。）

以上，监理在监控中发挥的作用，其实是监理十分神圣的职责。

2. 查验

（1）定义

查验的含义是：监理工程师在施工现场分项工程，或某一流水段工序上的检查、验收。

工序隐检签认之前的现场查验，依据国家质量验收规范，为工序质量把关，尽到监理工程师应尽的职责，发现问题要求施工方及时整改。

查验是指监理工程师在十分微观的细节上实施质量控制，甚至要拿放大镜去看裂缝，用卡尺校出误差，旨在查验中做出公正的判断。

（2）作用

监理工程师的查验，是在现场施工操作者自检后查验的，是要在隐检单上签字的，所以，规范是依据，无情面可言。常常会引起施工方当事人的不理解，不情愿返工、整改，这要看监理工程师的耐心和组织协调能力。工地上的是是非非，或者说是否给后来留下了工程隐患，监理工程师的查验环节是关键。

以上，监理在查验中发挥的作用，其实是监理极普通的日常业务。

3. 跟班监控

（1）定义

对那些瞬间覆盖的工序（如：混凝土在浇捣过程中，纠正不合格操作；钢筋骨架的验收，纠正钢筋的型号和位置；防水层在粘贴过程中，纠正不合格部位），监理工程师要亲自在现场监督，发现问题及时指出。既站在那里，又要说出是非，鉴别真伪，为同一道工序把关。

跟班监控是动态的，出现问题如不当时纠正，则留下后患。

（2）作用

跟班监控是监理工程师比较辛苦的工作，但要坚持，因为防止渗漏隐患的许多措施，需要监理工程师跟班监控来实施。如：主体结构某些部位不该发生的开裂，防水层边角漏洞等，都是由于施工现场操作不规范和无人监控造成。经验表明，要坚持跟班监控，监理工程师从这项艰辛的劳动中，可以获得好的工程质量，好的建筑成品和好的企业品牌。

以上，监理在跟班监控的作用，其实是监理在最需要的地方出现。

4. 工地例会

（1）定义

由甲方、施工方、监理方参加，由监理主持的工地例会（监理例会），通常每周开一次，监理方主讲，讲出工地上，各在施部位进度、质量、安全等存在的问题及沟通、协调。对工程进展和工程质量来说，很重要，很必要，通过例会，将工地现状进行一个比较科学的小结，这是工地上参建各方十分关注的。

（2）作用

工地例会的作用有三点：

1）监理方通过工地例会，各专业监理工程师表达了在施部位存在的质量问题，包括要求施工方整改，或已经整改的。这个环节表明，监理工程师洞察问题的深度。有经验的监理工程师，能说清问题，并使施工方乐于改正和提高。如果工地例会上说不清问题的实质，则这种会议就有改进的必要。

监理方在工地例会之后，要写出会议纪要，发至各方。会议纪要要充分表达监理方的技术、业务和协调能力。比较有内容的会议纪要，将推动建设项目各主要环节的顺利进展。

2）施工方通过工地例会，应当收获很多信息，推动工地上各部位施工质量向健康的方向发展，这说明工地例会突出了科学性，施工技术和专业知识在工程实践中得到升华。当然，也不希望看到施工方对监理的意见无动于衷。

3）甲方通过工地例会，要发表建设方的意见，建设进度是否满意？施工质量是否满意？各方在工地上所执行的建设程序是否满意？工地例会在比较和谐的气氛中，小结着每周发生的事情。当然，不该发生的现象是，工地例会议而不决，无实效。

以上，工地例会的作用，其实是监理在主动与各方交流和协调。

5. 监理细则

（1）定义

监理细则是在监理规划的基础上，结合工地的实际情况，写下各专业监理工程师都要做什么。按分项工程、按工序、按工种细说出施工操作者做什么，监理要查验什么。这是监理业务的深化，是对每道工序要达到什么质量目标的具体要求。监理细则写出之后，发给施工方，共同切磋、落实。监理细则是监理行为的文字表达，很具体，很有说服力，因为监理是在工地上，依据设计图纸，依据国家规范，进行着创造性的劳动，关系到建筑成品终身质量的劳动。

（2）作用

监理细则的作用为：

1）监理工程师在工地上做什么，用什么与现场施工管理者和操作者对话，监理细则是依据，这依据来自规范和项目建设图纸的具体化，很切合实际的依据。监理细则使监理工程师上岗关键岗位时，充满自信。

2）监理细则是监理单位业务能力和综合实力的体现，看到这家监理单位的监理细则，就如同检录各专业监理工程师们，做了什么，正在做什么，以及将要做什么。监理细则是监理行为的具体体现。

以上，监理细则的作用，其实是监理说出了在哪些地方查验和如何查验。

经验提示：有效的监理方法

综上，根据监理规范和监理实践，有效的方法是：（1）监控：从开工到竣工全面监控；（2）查验：从工序到验收细查细验；（3）跟班监控：防水和混凝土施工时，特别需要跟班；（4）工地例会：说出、写出问题；（5）监理细则：凝聚监理经验的点点滴滴。

5.10.2 渗漏治理小结

1. 地下结构

（1）渗漏

1）主楼周边有积水，基础（地下室）防水层（防潮层）不起作用，首层用户（住户），或地下室房间，其地面、墙壁返潮（或渗漏）。

2）大雨时，雨水从首层门窗进入室内。

3）因各种原因，地基深陷，拉裂墙基，拉裂管道。

4）因雨天灌水，电梯等地下室设备停用。

5）大雨时，小区道路排水不畅，雨水倒灌至楼内。

以上，地下结构渗漏现象，在已经落成的建筑房屋项目中，或多或少均可见到，渗漏隐患给用户带来莫大烦恼，同时，引起了建设各方的极大关注。

（2）治理

治理地下结构防渗漏方法已在本书各章中论述，这里小结的是工地上参建各方应尽的职责：

1）监理方

监理单位深入研究治理隐患时，各专业监理工程师都会说出地下结构渗漏的各种原因，在新建或正在施工的项目中，对照上述渗漏事实，修订和补充"地下结构部分"监理细则。坚持监理对房屋建筑的整体监控，坚持监理跟班监控，做好监理细则中监理工程师应尽的职责。

2）施工方

施工单位深入研究治理隐患时，施工现场管理者和操作者从人员安排、材料使用到"地下结构部分"质量管理体系，均要从工序做起，以上述渗漏事实为借鉴，有针对性地改进管理，改进操作，做好施工企业应尽的职责。

3）建设方

甲方管理以建筑成品建设过程控制为目标，听取使用阶段的信息反馈意见，改善建筑成品的质量，做好建设单位应尽的职责。

2. 主体结构

（1）渗漏

主体结构（梁、板、柱、墙、阳台、雨篷等）施工拆模后有开裂，导致雨水浸入室内。

主体结构渗漏现象，在已经落成的建筑房屋项目中，或多或少均可见到，渗漏隐患给用户带来莫大烦恼，同时，引起了建设各方的极大关注。

（2）治理

主体结构渗漏原因比较复杂，有施工荷载、施工操作、材料品质等多种原因。还有房屋建筑结构形式、结构构造是否合理等设计原因。多方面的原因需要有关方面综合治理。

从施工的角度看，治理主体结构防渗漏方法已在本书各章中论述，这里小结的是工地上参建各方应尽的职责：

1）监理方

监理单位深入研究治理主体结构隐患时，应把目光盯在三个主要分部工程，即：模板工程、钢筋工程和混凝土浇筑工程。结构开裂的原因，根源在施工管理和施工操作。在新建或正在施工的项目中，监理工程师对照上述渗漏事实，修订和补充"主体结构部分"监理细则。坚持监理对房屋建筑的整体监控，坚持监理跟班监控，做好监理细则中监理工程师应尽的职责。

2）施工方

施工单位深入研究治理隐患时，施工现场管理者和操作者从人员安排、材料使用到"主体结构部分"质量管理体系，均要从工序做起，以上述渗漏事实为借鉴，有针对性地改进管理，改进操作，做好施工企业应尽的职责。

3）建设方

甲方管理以建筑成品建设过程控制为目标，听取使用阶段的信息反馈意见，改善建筑成品的质量，做好建设单位应尽的职责。

3. 屋顶防水

（1）渗漏

1）雨水穿过防水层（找平层、保温层、结构层）渗入室内。

2）雨水穿过女儿墙（电梯墙、外墙）渗入室内。

3）雨水沿着通风孔（烟道、人孔）边缘渗入室内。

4）雨水沿结构层中破裂的电线管，从室内吊灯滴落。

以上，屋面结构渗漏现象，在已经落成的建筑房屋项目中，或多或少均可见到，渗漏隐患给用户带来莫大烦恼，同时，引起了建设各方的极大关注。

（2）治理

治理屋面结构防渗漏方法已在本书各章中论述，这里小结的是工地上参建各方应尽的职责：

1）监理方

监理单位深入研究治理屋面结构隐患时，监理工程师能说出许多原因，在新建或正在施工的项目中，对照上述渗漏事实，修订和补充"屋面防水部分"监理细则。坚持监理对房屋建筑的整体监控，坚持监理跟班监控，做好监理细则中监理工程师应尽的职责。

2）施工方

施工单位深入研究治理屋面防水隐患时，施工现场管理者和操作者从分包管理、防水材料使用到"屋面防水部分"质量管理体系，均要从工序做起，以上述渗漏事实为借鉴，有针对性地改进管理，改进操作，做好施工企业应尽的职责。

3）建设方

甲方管理以建筑成品建设过程控制为目标，听取使用阶段的信息反馈意见，改善建筑成品的质量，做好建设单位应尽的职责。

4. 建筑节点

（1）渗漏

1）阳台建筑节点（阳台板坡度不对，雨水倒灌室内；阳台板开裂，雨水渗入室内；

阳台门窗缝隙浸入雨水。)

2）女儿墙雨篷建筑节点（女儿墙开裂、雨篷开裂、外墙开裂，导致雨水渗入室内。)

3）踢脚散水建筑节点（踢脚开裂、散水开裂、防水层开裂、防潮层开裂，导致楼周边雨水积水渗入楼内。)

以上，建筑节点渗漏现象，在已经落成的建筑房屋项目中，或多或少均可见到，渗漏隐患给用户带来莫大烦恼，同时，引起了建设各方的极大关注。

（2）治理

治理建筑节点防渗漏方法已在本书各章中论述，这里小结的是工地上参建各方应尽的职责：

1）监理方

监理单位深入研究治理建筑节点隐患时，监理工程师需从多方面查找原因，在新建或正在施工的项目中，对照上述渗漏事实，修订和补充"建筑节点部分"监理细则。坚持监理对房屋建筑的整体监控，坚持监理跟班监控，做好监理细则中监理工程师应尽的职责。

2）施工方

施工单位深入研究治理建筑节点渗漏隐患的时候，施工现场管理者和操作者从分包管理、材料使用到"建筑节点部分"质量管理体系，均要从工序做起，以上述渗漏事实为借鉴，有针对性地改进管理，改进操作，做好施工企业应尽的职责。

3）建设方

甲方管理以建筑成品建设过程控制为目标，听取使用阶段的信息反馈意见，改善建筑成品的质量，做好建设单位应尽的职责。

经验提示：渗漏治理小结	综上，根据监理规范和监理实践，渗漏治理小结：（1）地下结构：防水层的施工和保护。（2）主体结构：混凝土浇筑的密实性。（3）屋顶防水：防水层的外包密而不透。（4）建筑节点：有太多的部位需要设计的改进、施工的细化和监理的监控。

第6章 防漏之设计改进

6.1 概述

设计，或者说工地上依据的设计图纸，是房屋建设项目的源头，在讨论房屋出现渗漏等缺陷时，当然要从头说起。

设计，为建设项目提供了可实施的蓝图，于是，幢幢高楼平地起，人们对设计者充满敬仰。

监理工程师及施工单位的管理者，与设计单位、设计图纸有太多的对话：

(1) 设计交底会上，听设计师说清设计意图；

(2) 工地上的每一天，从施工操作到监理查验，均从查阅设计图纸开始；

(3) 从收到设计院的设计变更，到在施部位的修改和查验；

(4) 从在施部位出了问题，到要求设计单位出修改变更；

(5) 从单位工程竣工，到设计单位来现场验收签字；

(6) 从竣工图纸的绘制，到建设开发单位开始了房屋修补。

综上所述，因为设计图纸指导了房屋建设阶段由蓝图变成现实，因为设计图纸还要作为房屋修补的依据，所以，在讨论房屋渗漏治理时，本着对房屋建设项目全过程负责，对设计提出改进意见相当必要。

本章中，所谓"设计的改进"，是汇总了监理工程师的业务经验、意见和建议，在此，与设计师们共同交流、小结和对话。显然，设计师倾听工地人员的意见和建议，对改进设计工作是十分有益的。

6.1.1 编制依据

1. 用户反馈

本书中所列"用户的反映"（见第2章）的问题，一是明显的施工质量问题；二是设计存在不合理。其说法并不专业，但可供设计师参考。

用户说，房漏了，墙漏了，阳台进雨了，窗进雨了，底层倒灌了，等等反映，我们听了心感不安，建设项目的参加者，恐怕都有同感。

2. 监理反馈

我们在现场征求了监理工程师的意见，因为他们比较了解施工单位的管理和操作现状，查验中纠正了施工中不规范部位，建设过程中的质量有进步。由于各分部工程均要与设计图纸核对，经常发现设计图纸的细节或详图中的一些问题，并在设计交底会上与设计师核对和讨论改进意见。

结合房漏与防漏专题，分别在本章的各节中讲述了如下的意见，仅供参考。

（1）地基验槽

监理方、设计方、勘察方、施工方、甲方共同参加地基验槽时，设计单位应派有经验的设计师到现场核实，确认地基设计与现场实际的符合性。

（2）地下防水

监理监控地下结构过程中，地下防水构造设计的合理性相当关键，直接影响施工管理和操作质量的自我保证。设计单位有必要深入现场，结合用户渗漏反馈，考察施工的准确性，从而提高地下结构防水设计的严密性。

（3）屋面防水

监理监控屋面防水工程过程中，屋面防水整体设计的合理性相当关键，直接影响施工管理和操作质量的自我保证。设计单位有必要深入现场，结合用户渗漏反馈，考察施工的准确性，从而提高屋面防水设计的严密性。

（4）墙体及门窗

监理监控墙体及门窗工程过程中，墙体及门窗设计的合理性相当关键，直接影响施工管理和操作质量的自我保证。设计单位有必要深入现场，结合用户渗漏反馈，考察施工的准确性，从而，提高墙体及门窗设计的严密性。

（5）主体结构

监理监控主体结构工程过程中，主体结构设计的合理性相当关键，直接影响施工管理和操作质量的自我保证。设计单位有必要深入现场，结合用户渗漏反馈，考察施工的准确性，从而，提高主体结构设计的严密性。

6.1.2　建议要点

1. 地下防水设计有待改进

地下防水设计，关系到房屋地下室返潮和底层雨水倒灌的治理，所以，作为改进建议之一。

设计深度、节点构造及图纸说明中，要充分考虑地下结构的抗裂、抗渗性能；要充分考虑地下结构防水节点的可靠性；设计图中应注明防水层保护墙的防破裂要求；设计图中应注明回填土夯实及排水坡度要求。从而在设计图纸中，形成地下防水设计系统的完整表达，从整体到细节增强地下建筑的防渗漏能力。

从图纸表达到设计师现场交底，把设计意图如实传授给施工单位，改进地下防水设计及治理渗漏的所有设计做法，力争在施工方和监理方的配合下得到落实。

2. 屋面防水设计是重头戏

屋面防水设计，关系到用户反映比较强烈的房屋渗漏，以及设计单位如何参与治理，所以，是改进建议的重头戏。

设计深度、节点构造及图纸说明应有所改进，要充分体现屋面防水设计在三道防线上的加强：一是防水层如何严密；二是结构楼板如何坚实；三是屋面排水如何顺畅排到地面，排到小区道路的雨水井。这三道防线应是设计改进的思路，否则，我们拿什么行动治理房屋渗漏呢。

本条建议指出：

（1）建筑设计中，屋面坡度要从防止雨水积水、顺畅排放的观点去考虑，期望建筑师能在平屋面或坡屋面中，作出合适的选择；

（2）雨水斗的型号和距离，应充分考虑屋面不积水，以及雨水能顺畅排放；

（3）屋顶建筑构造设计，特别是防水层的设计，以及女儿墙泛水等，期望建筑设计师能在这阻止雨水进入室内的第一道防线上，作足局部和细节的改进；

（4）结构层的设计，是主体结构设计的一部分，期望结构设计师能在这阻止雨水进入室内的第二道防线上，作足配筋和结构模板尺寸的改进。

3. 墙及门窗防止雨水浸入

墙及门窗的防水设计，关系到建筑物立面防渗漏，所以，改进建议集中在墙及门窗的许多局部和细部。

本条建议指出：

（1）建筑设计图纸的表达及图纸说明中，飘窗的设计，应在框尺寸、框缝隙、框断面、框刚度及框安装等细节上，体现改进和防渗漏的措施；

（2）建筑设计图纸的表达及图纸说明中，雨篷的设计，应在雨篷排水、雨篷尺寸及坡度、雨篷防水、雨篷与过梁连接板根部防止开裂等细节上，体现改进和防渗漏的措施；

（3）建筑设计图纸的表达及图纸说明中，过梁的设计，应在过梁滴水尺寸、过梁挑檐宽度、过梁防水等细节上，体现改进和防渗漏的措施；

（4）建筑设计图纸的表达及图纸说明中，窗台的设计，应在窗台上表面处理、窗台上表面向外起坡、窗台外挑檐宽度及窗台滴水尺寸等细节上，体现改进和防渗漏的措施；

（5）建筑设计图纸的表达及图纸说明中，阳台的设计，应在阳台排水、阳台板坡度、阳台板排水口、阳台防水及栏杆挡板等防止开裂等细节上，体现改进和防渗漏的措施。

4. 主体结构设计的改进

建议在结构设计时，要充分考虑主体结构的抗渗漏功能，其构部件的截面尺寸及配筋，要在结构设计中特别考虑防渗漏措施。

6.2　设计图纸改进的建议

建筑及结构设计图纸改进建议包括：（1）地下防水构造设计；（2）屋面防水构造设计；（3）墙体及门窗构造设计；（4）主体结构防裂构造设计。

在我们提出设计改进建议时，为讨论设计现状与房漏治理的关系，文中用"附图"讲述其中存在的问题，并提出改进意见，相关附图编号见表 6-1。

设计改进相关附图编号　　　　　　　　　　表 6-1

序号	项目	相关设计附图	附图编号
（1）	地下防水构造设计	1. 地下室卷材防水构造图	图 6-1
		2. 砖墙身防潮层（含：室内、室外墙，不同地坪高差）	图 6-2
		3. 散水、勒脚、防潮层构造（含：地下室防潮层）	图 6-3、图 6-4
（2）	屋面防水构造设计	1. 平屋顶檐沟外排水三角形天沟（含：女儿墙断面、屋顶平面）	图 6-5
		2. 平屋顶檐沟外排水矩形天沟（含：女儿墙断面、屋顶平面）	图 6-6
（3）	墙体及门窗构造设计	1. 飘窗	图 6-7
		2. 雨篷（含：板式、梁板式）	图 6-8
		3. 钢筋混凝土过梁（含：平墙过梁、带窗套过梁、带窗楣过梁）	图 6-9
		4. 窗台（含：平墙窗台、带窗套平砌窗台、带窗套斜砌窗台）	图 6-10
		5. 阳台（含：阳台及栏杆连接）	图 6-11、图 6-12、图 6-13
（4）	主体结构设计	1. 楼板设计	表 6-10
		2. 雨篷板、阳台板设计	表 6-11
		3. 框架梁、柱节点钢筋设计	表 6-12

注：附图中，其构造做法及尺寸为举例，仅供参考。

6.2.1　改进建议（1）地下防水构造设计

1. 地下室卷材防水

（1）用户渗漏反馈

1）与设计的关系

本节内容依据用户渗漏反馈（见本书第 2 章内容）（表 6-2），涉及房屋参建各方的职责，与设计、施工等单位有多少关系，其看法各抒己见。

2）设计相关项目

地下结构部分与设计有关的内容为：地下结构（基础、梁、板、墙）、防水层、防水层保护、回填土。这些项目中，与设计深度、图纸表达有多少具体关联，有待深入研究。

用户渗漏反馈　　　　　　　　　　表 6-2

序号	项目	渗漏表现	注
1	地下结构（基础、梁、板、墙）	房屋地下结构存在渗水问题	来自用户反馈
2	防水层	地下防水层有破裂	监理查验
3	防水层保护	防水保护有破裂	监理查验
4	回填土	房屋底层存在雨水倒灌问题	来自用户反馈

（2）现状做法（图 6-1）

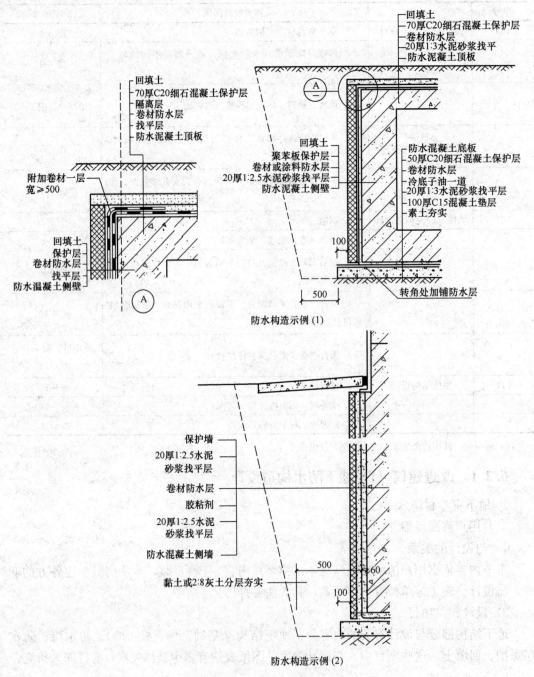

图 6-1　地下室卷材防水构造图

1）地下结构

　　地下室底板、顶板、墙体均采用钢筋混凝土结构，为确保结构承载力、抗裂及抗渗性能，在结构图中，其材料强调应采用防水混凝土。

2）防水层

现状防水层，为确保地下结构抗渗漏性能，在建筑图中，其底板、顶板、墙体均应采用卷材防水，并应注明防水材料的外包部位，以抵御各方向雨水、积水侵袭。

3）防水层保护

防水层保护，在建筑图中，均应注明保护层的尺寸、部位及范围。

4）回填土

基槽回填土夯实，在建筑图中，应注明回填土的做法和要求。

（3）设计隐患问题（表6-3）

地下防水设计隐患在哪里？经分析，其一，监理现场查验表明，施工方地下防水施工过程中，地下结构存在渗漏问题。其二，房屋用户渗漏反馈表明，地下室有渗漏，楼体底层存在雨水倒灌。

房屋的施工隐患，产生于地下结构的施工阶段；房屋的渗漏表现在房屋的使用阶段。设计图纸隐患的表现，一是地下结构设计构造不合理、不全面或有漏洞；二是设计图纸表达得不清楚，或不完整。在研究房漏治理时，深入查找与设计和施工有关的原因很有必要。

1）楼边积水导致地下结构渗漏

使用现状：部分楼体周边有积水，地下结构有渗漏。

设计现状：建筑及结构图纸中，有关楼体地下部分防水施工要求说明表达不到位，其设计构造和相关图纸的表达，有漏洞，有渗漏隐患。

2）地下结构防水及回填土不到位

施工现状：部分项目地下混凝土结构不密实，防水层、保护墙、回填土施工操作不到位。

设计现状：建筑及结构图纸中，有关地下结构防水及回填土施工要求的图面表达和图纸说明不到位，有漏洞，有渗漏隐患。

现状设计做法及设计隐患问题　　　　　　　　　　　表6-3

序号	项　　目	现状设计做法	设计隐患问题
1	地下结构（基础、梁、板、墙）	结构承载力、抗裂、抗渗	如何不裂、不渗漏
2	防水层	地下结构抗渗漏	如何形成地下防水模式
3	防水层保护	防水层不遭破坏	设计说明不到位
4	回填土	密实、顶面坡向排水点	设计说明不到位

（4）改进意见（表6-4）

【设计】

涉及设计单位和设计图纸的改进意见。

设计方应认真研究现状房屋渗漏与施工隐患的关系在哪里，现状的施工缺陷在设计图纸上应有哪些改进之处。

设计方应认真研究房屋用户的渗漏反馈，认真研究现状房屋渗漏与设计图纸的关系在哪里。

设计方应研究房屋渗漏现状，从设计图纸的源头找原因，加以完善和改进。

综合监理工程师看法，对设计单位提出设计改进意见。在结构和建筑施工图中，其地下结构防水设计，应补充和明确下列内容。

1）混凝土抗渗

在结构图纸说明中，要特别注明地下室底板、顶板、墙体采用防水混凝土，并明确抗渗指标。

2）混凝土保护层

在结构图纸说明中，要特别注明地下结构迎水面混凝土保护层厚度≥50mm。

3）防水层节点

在地下结构建筑节点图中，图示和注明防水层做法的同时，要在地下结构的转弯、边角、高低错层等特殊部位，特别注明防水层的横向和纵向搭接，且形成完整的防水体系。

4）防水层保护

在地下结构建筑节点图中，要提出防水层保护墙的砌筑防止破裂要求，并选择合适的材料。

5）回填土

在地下结构建筑节点图中，要提出基槽回填土夯实的具体要求，并与庭院和小区排水坡度标高相衔接，并加以图示和注明。

地下防水设计改进意见   表6-4

序号	项目	设计隐患	设计改进意见
1	地下结构 （基础、梁、板、墙）	地下结构存在开裂、渗漏隐患	明确设计深度，完善图纸说明
2	防水层	防水层破裂，导致渗漏	改进防水做法，完善图面表达及图纸说明
3	防水层保护	因防水层保护不到位， 防水层破裂，导致渗漏	改进、完善图面表达及图纸说明
4	回填土	因回填土不到位， 防水层破裂，导致渗漏	改进、完善图面表达及图纸说明

【施工】

涉及施工单位，配合设计的改进意见，施工中需要落实的事宜。

施工单位首先要认真研究图纸，吃透设计意图，按设计图纸施工，并明确防渗漏施工要点：

1）地下室底板、顶板、墙体钢筋混凝土结构——按设计图纸要求施工，按规范要求振捣密实。

2）防水层——按设计图纸要求，搭接、转角等按施工规范操作。

3）防水层保护——按设计图纸要求施工，并确保回填土时不破裂。

4）基槽回填土——按设计图纸要求及规范规定夯实。

5）整体防渗漏——把地上地下交界部位，视作一个四周相连的整体，确保水平、垂直防渗漏功能到位。

【监理】

涉及监理单位，配合设计的改进意见，施工中需要监理监控中落实的事宜。

严格监控地下结构、防水层、防水保护层及回填土施工过程的质量，确保地下结构工程整体防水效果，结构不渗漏，底层不倒灌。

2. 砖墙身防潮层

（1）现状做法（图 6-2）

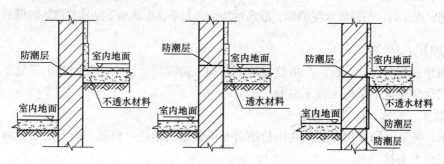

图 6-2 砖墙身防潮层

1）防潮材料

建筑设计图中，砖墙防潮层材料，通常采用防水砂浆、油毡等。砖墙防潮层功能，阻止地下水上窜。

2）防潮部位

建筑设计图中，砖墙防潮层设置部位，通常采用水平防潮层、垂直防潮层等。砖墙防潮层设置效果，取决于房屋基础四周整体覆盖的严密性。

（2）渗漏隐患

1）使用现状

现状防潮设计做法的效果，从用户反馈表明，楼体周边有积水，地下结构有渗漏，说明现状防潮设计有待改进。

2）施工现状

监理查验表明，施工单位存在砖墙墙体砌筑、防潮层施工操作不到位，存在墙基础返潮隐患。

（3）改进意见

【设计】

在设计图中，应补充和明确下列内容。

1）增加垂直防潮层

在建筑设计图中，其室内、室外砖墙（包括砖基础上段），接触土壤部位均抹防水砂浆，防止地面积水渗漏。

2）地下整体防渗漏

在砖墙建筑节点图中，注明防潮层材料及做法的同时，尚应与砖墙水泥勒脚、散水做法结合起来，形成地下结构整体防渗漏效果。

【施工】

施工单位配合设计改进，严格按设计图纸施工，并明确防渗漏施工要点。

1）防潮层交圈

按图纸施工，所施工的水平防潮层、垂直防潮层，在楼体四周连成闭合的整体，增强防潮效果。

2）整体防渗漏

防潮层施工时，与砖墙水泥勒脚、散水做法结合起来，形成地下结构整体防渗漏的效果。

【监理】

监理单位配合设计改进，严格监控地下结构、防潮层、防水层及回填土等施工过程的质量，确保整体地下结构工程不渗漏。

3. 散水、勒脚、防潮层构造

散水、勒脚、防潮层在建筑物中扮演着并不显眼的角色，但是，确与底层返潮和雨水倒灌等隐患有直接关系。

（1）现状做法（图6-3、图6-4）

1）散水、勒脚

在建筑图上，散水及勒脚的材料，通常采用混凝土及水泥制作。散水及勒脚的功能是阻止室外雨水及地面积水对建筑物的冲刷和侵袭。

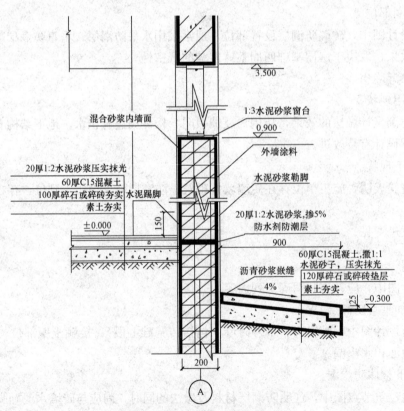

图6-3　散水、勒脚、防潮层构造

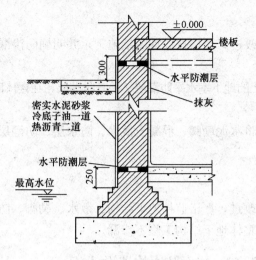

图 6-4 地下室防潮构造

2）地下室砖墙身防潮

在建筑图上，地下室砖墙身通常采用水平防潮层及垂直防潮层等，其功能是阻止地下水上窜。

（2）渗漏隐患

1）使用现状

现状防潮设计做法的效果，从用户反馈表明，楼体周边有积水，地下结构有渗漏，说明设计有待改进。

2）施工现状

监理查验表明，施工单位存在砖墙墙体砌筑、散水、防潮层施工操作不到位，存在地下结构返潮隐患。

（3）改进意见

【设计】

在建筑施工图中，应补充和明确下列内容。

1）散水

在建筑图中，其混凝土散水坡度建议适当加大，散水宽度适当加宽，与室外地坪交界部位，应为混凝土地坪，避免雨水滞留渗漏。

2）防潮层

在建筑图中，其地下室外墙垂直防潮层，应向下延伸至基础大方脚，至混凝土垫层顶面，利于防止墙外侧雨水渗漏。

3）勒脚

在建筑图中，其水泥勒脚、混凝土散水、防水层、防潮层形成一个防渗漏的整体，并在设计图纸和施工操作措施中予以体现和落实。

4）回填土

在建筑图中，其水泥勒脚、混凝土散水、防水层及防潮层等，以及地下室周边回填土夯实的具体要求，应在设计图纸说明中体现，以使地下结构防止渗漏构成完整的整体。

【施工】

施工单位配合设计改进，严格按设计图纸施工，并明确防渗漏施工要点。

1）防潮层交圈

按图纸施工，所施工的地下室水平防潮层、垂直防潮层，在楼体四周连成闭合的整体。

2）整体防渗漏

施工中特别注意，将水泥勒脚、混凝土散水、防水层、防潮层做法结合起来，形成地下部位整体防渗漏效果。

【监理】

监理单位配合设计改进，严格监控地下结构、散水、勒脚、防潮层、防水层及回填土施工过程的质量，确保整体地下结构工程不渗漏。

6.2.2　改进建议（2）屋面防水构造设计

1. 平屋顶女儿墙外排水

（1）用户渗漏反馈（表 6-5）

1）与设计的关系

本节内容依据用户渗漏反馈（见本书第 2 章内容），涉及房屋参建各方的职责，与设计、施工等单位有多少关系，需要在实践中核实。

2）设计相关项目

本节屋面防水构造设计，涉及相关设计项目分析如下：

①屋面防水

防水层、泛水及屋面防水构造，设计的主导思想，应该是用防水材料及结构的密实性挡住雨水渗入室内。

②屋面排水

通过屋面坡度，雨水沿着天沟、雨水口排到楼外或楼内排水管。在讨论屋面排水话题时，常说坡屋面比平屋面排水流畅，防水渗漏问题也少，当然，这是建筑师考虑的范畴。

③屋面保温

通过保温层的厚度和保温材料的物理性能，与全楼各部位热工计算，达到建筑物保温的效果，当然，这也是建筑师考虑的范畴。

④屋面功能

依据设计师的屋面面层设计，有上人屋面、不上人屋面、种植屋面等多种功能，面层的存在，对阻挡雨水渗入室内并不起作用。

⑤屋面开孔

依据楼体整体设计，管道出屋面开孔、出屋面人孔等，这是建筑师考虑的范畴，但是，因为屋面开孔，因为施工操作管孔周边防水做得不到位，雨水会乘虚而入。

⑥屋面结构

混凝土屋面板，或预制混凝土圆孔板，或现浇混凝土楼板，结构设计师承担着屋面结构的设计。屋面结构层是雨水渗入室内的第二道防线，因为结构开裂导致雨水顺利进入室内，所以，屋面结构的设计特别引起关注。

综上所述，屋面防水设计相关的诸多细项，多为与渗漏有关的细节，雨水就从这些细微之处进入室内，于是就成了我们研究房漏治理的对象。

用户渗漏反馈 表 6-5

序号	项目	渗漏表现	注
1	屋面结构（屋面板、女儿墙等）	屋面结构存在渗水问题	来自用户反馈
2	防水层（含泛水等）	屋面防水层有破裂	监理查验
3	屋面防水系统设计	屋面有积水，雨水口堵塞	来自用户反馈

（2）现状做法（图 6-5）

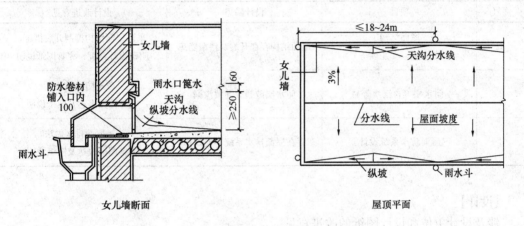

女儿墙断面　　　　　　　　　　屋顶平面

图 6-5 平屋顶女儿墙外排水三角形天沟

1）屋顶平面——雨水经天沟（水泥砂浆抹面）、雨水斗流进雨水管。

2）女儿墙断面——砖砌女儿墙、结构层（预制圆孔板）、防水层、找坡层及雨水斗等。

（3）设计隐患问题（表 6-6）

现状设计做法及设计隐患问题 表 6-6

序号	项目	现状设计做法	设计隐患问题
1	屋面结构（屋面板、女儿墙等）	结构强度、抗裂、抗渗	如何不裂、不渗漏
2	防水层（含泛水等）	屋面结构抗雨水渗漏	如何全面阻挡雨水渗漏
3	屋面防水系统设计	屋面内排或外排水	如何排水系统顺畅

屋面防水设计隐患在哪里？经分析，其一，监理现场查验表明，施工方屋面防水施工过程中，防水层及结构层均存在渗漏问题。其二，房屋用户渗漏反馈表明，室内渗漏现象比较严重。

房屋的施工隐患，产生于主体结构及内外装修施工阶段；房屋的渗漏表现在房屋的使用阶段。设计图纸隐患的表现，一是主体结构设计中，未充分考虑结构的抗裂和抗渗措施

223

的落实，结构设计未起到阻止雨水浸入的第二道防线的作用；二是屋面防水整体设计中，有太多的细部构造被忽视，防水层设计未起到阻止雨水浸入的第一道防线的作用。因此，深入查找与设计和施工有关的渗漏原因很有必要。

1) 房屋使用现状：因设计和施工等原因，部分项目楼体屋面发生渗漏，引起用户强烈反映，并报修不断。

2) 在建施工现状：监理查验表明，因施工存在隐患，部分项目存在屋面板及屋面防水施工不到位，表现为楼板及防水层开裂，雨水渗入室内。

3) 监理查验表明，因施工不到位，部分项目因屋面不平整而存在积水，整体排水系统不畅通，表现为屋面积水、泡水，导致雨水渗入室内。

(4) 改进意见（表 6-7）

屋面防水设计改进意见　　　　　　　　　　　　表 6-7

序号	项目	设计隐患	设计改进意见
1	屋面结构 （屋面板、女儿墙等）	屋面结构存在开裂、渗漏隐患	采取屋面结构抑制开裂措施，明确设计深度，完善图纸说明
2	防水层（含泛水等）	防水层破裂，导致渗漏	改进防水做法，完善图面表达及图纸说明
3	屋面防水系统设计	存在屋面排水系统不畅隐患	改进屋面排水做法，完善图面表达及图纸说明

【设计】

涉及设计单位和设计图纸的改进意见。

设计方应认真研究现状房屋渗漏与施工隐患的关系在哪里，现状的施工缺陷在设计图纸上应有哪些改进之处。

设计方应认真研究房屋用户的渗漏反馈，认真研究现状房屋渗漏与设计图纸的关系在哪里。

设计方应研究房屋渗漏现状，从设计图纸的源头找原因，加以完善和改进。

综合监理工程师看法，对设计单位提出设计改进意见。在结构和建筑施工图中，其屋面结构防水设计，在建筑设计屋顶平面图、节点详图及女儿墙断面图中，应补充和明确下列内容。

1) 设计屋面坡度

在建筑屋顶平面图中注明屋面坡度，建议屋面坡度≥5％，防止雨水积水，顺畅排放。

经验表明，从屋面排水的角度，其屋面坡度应在结构层采取适当加大的措施，增加雨水迅速排放的效果。

2) 雨水斗距离

在建筑设计屋面平面图中，建议雨水斗距离≤18m，防止雨水积水，顺畅排放。

3) 防水层设计

在建筑设计断面图中，补充细部构造节点图，注明防水层与女儿墙固定的泛水处，特别注明上边缘贴紧贴牢的细部详图及补充相关的图纸说明。

4）雨水斗设计

在建筑设计断面图中，所注明的雨水斗及雨水口选型，建议其雨水斗及雨水口型号应较现状做法大一号，以便雨水顺畅排放。

5）女儿墙泛水

在建筑设计断面图中，注明女儿墙内外及顶部抹水泥（防水）砂浆，建议墙顶加水泥压顶并外倾，下加滴水。

6）结构层设计

在建筑设计断面图中，如为预制混凝土圆孔板，其顶面应抹防水砂浆一道，作为防水加固，以增强结构层抗渗漏能力。

【施工】

施工单位配合设计的改进意见，施工中需要落实的事宜。

1）屋面防水工程

按图纸要求施工，按施工规范要求操作，防水层平铺、转角、收边，屋面坡度、雨水斗安装、女儿墙砌筑等工序均要施工到位。

2）整体防渗漏检验

整体屋面防水工程，以淋水试验和大雨后检验室内不渗漏为合格。

【监理】

监理单位配合设计的改进意见，施工中需要监理监控中落实的事宜。

严格监控屋面防水工程施工过程的质量，确保房屋建筑成品整体不渗漏。

2. 平屋顶檐沟外排水

如前节所述，屋面防水工程是一个整体，风雨中，阻止雨水入侵室内的第一道防线是防水层，第二道防线是屋面结构（预制或现浇混凝土楼板等主体结构相关部位），于是，我们在这两道防线的设计做法上继续讨论。

屋面防水（防水层、泛水等）、屋面排水（屋面坡度、天沟、雨水口、雨水斗、雨水管等）都在阻止雨水浸入室内起着重要作用。

屋面防水设计图纸表达的深度，设计师的手法，在房屋渗漏治理方面起着至关重要的作用，所以，我们继续深入研究，并力图提出有益的改进意见。

（1）现状做法（图 6-6）

1）屋顶平面

在屋顶建筑平面图上，表达了雨水经外排水天沟、雨水斗流进雨水管。

2）挑檐沟断面

在建筑剖面图上，表达了钢筋混凝土挑檐沟、结构层（预制混凝土圆孔板或现浇混凝土）、防水层、找坡层及雨水斗等。

（2）渗漏隐患

1）房屋使用现状

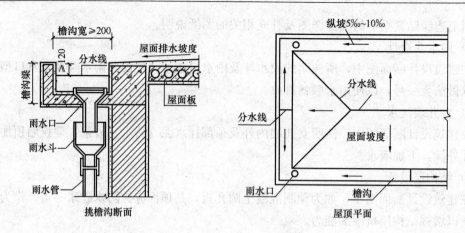

图 6-6　平屋顶檐沟外排水矩形天沟

因设计和施工等原因，部分项目楼体屋面发生渗漏，引起用户强烈反映，并报修不断。

2）在建施工现状

监理查验表明，因施工存在隐患，部分项目存在屋面板及屋面防水施工不到位，表现为楼板及防水层开裂，雨水渗入室内。

3）屋面有在积水

监理查验表明，因施工不到位，部分项目存在屋面因不平整而存在积水，整体排水系统不畅通，表现为屋面积水、泡水，导致雨水渗入室内。

（3）改进意见

【设计】

在建筑设计屋顶平面图及挑檐沟断面图中，应补充和明确下列内容。

1）屋面坡度

在屋顶建筑平面图上，其平面图中所注明有屋面坡度，建议屋面坡度≥5％，防止雨水积水，顺畅排放。

2）挑檐沟

在屋顶建筑断面图中，其注明的挑檐沟深度，建议挑檐沟深度≥300m，防止雨水积水，顺畅排放。

3）防水层

在屋顶断面图中，其注明的防水卷材，应伸入到挑檐沟顶部，由找坡层压边固定。

4）雨水斗

在屋顶断面图中，其注明的雨水斗及雨水口选型，建议其雨水斗及雨水口的选型应较现状做法稍大，防止屋面垃圾堵塞造成雨水不能顺畅排放。

5）结构层

在屋顶断面图中，其注明的预制混凝土圆孔板，顶面应抹防水砂浆，以增强结构层抗渗漏能力。

【施工】

施工单位配合设计改进，严格按设计图纸施工，并明确防渗漏施工要点。

1）屋面防水工程

按图纸要求施工，按施工规范要求操作，防水层铺设、转角、收边，屋面坡度、雨水斗安装等工序均要施工到位。

2）整体防渗漏

工程竣工验收时，整体屋面防水工程，以淋水试验和大雨后检验室内不渗漏为合格。

【监理】

监理单位配合设计改进，严格监控屋面防水工程施工过程的质量，确保房屋建筑成品不渗漏。

6.2.3　改进建议（3）墙体及门窗防水构造设计

1. 飘窗

因为飘窗宽敞明亮，建筑立面美观且比较常用。因为雨水常从飘窗的缝隙中飘进室内，所以提出改进建议。

（1）现状做法（图 6-7）

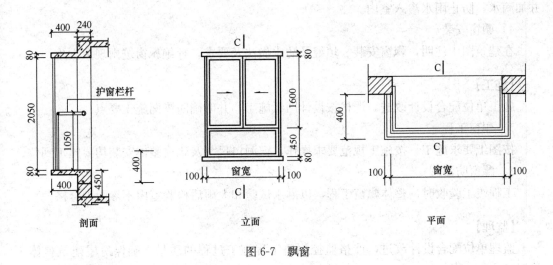

图 6-7　飘窗

1）飘窗平面

在建筑图上，飘窗平面显示了飘窗宽度及悬出楼外长度。而窗框的刚度（窗日后变形的程度）由飘窗制作工艺保证。

2）飘窗立面

在建筑图上，飘窗立面显示了飘窗高度。而窗扇的严密性，则由飘窗制作工艺保证。

3）飘窗剖面

在建筑图上，飘窗剖面显示了飘窗过梁及窗台尺寸，上下窗的严密性，用图示或图纸说明表达。

（2）渗漏隐患

　　1）飘窗使用现状

　　房屋用户反馈表明，存在飘窗进雨（从窗缝进入）、渗雨（从窗过梁与墙体、楼板交接部位），风雨时，从窗前飘进雨水。

　　2）飘窗施工现状

　　房屋用户反馈表明，存在飘窗窗洞口尺寸不准、飘窗制作及飘窗安装不到位等问题，导致飘进雨水。

　　（3）改进意见

【设计】

　　在建筑设计飘窗图中，应考虑下列意见及补充和明确下列内容。

　　1）飘窗设计尺寸

　　建筑设计时，其飘窗宽度、高度及悬出楼外长度等外形尺寸比现状做法尽量减小，不要过于追求宽大明亮，以增强飘窗的整体刚度。

　　2）飘窗制作尺寸

　　建筑设计时，其窗扇下料断面尺寸比现状做法适当加厚，以增强飘窗的整体刚度。

　　3）飘窗与上下结构

　　在建筑墙体断面图中注明，窗上过梁上表面加下坡，并加滴水。窗台上表面加下坡，并加滴水，防止雨水渗入室内。

　　4）飘窗安装

　　在建筑图中注明，飘窗安装、填缝及防水做法及要求，杜绝飘窗进雨现象发生。

【施工】

　　施工单位配合设计改进，严格按设计图纸施工，并明确防渗漏施工要点。

　　1）飘窗工程

　　按图纸要求施工，按施工规范要求操作，窗洞口尺寸及飘窗整体安装均要施工到位。

　　2）飘窗防渗漏

　　工程竣工验收时，整体飘窗工程，以淋水试验和大雨后检验室内不渗漏为合格。

【监理】

　　监理单位配合设计改进，严格监控飘窗工程施工过程的质量，确保房屋建筑整体不渗漏。

　　2. 雨篷

　　（1）现状做法（图 6-8）

　　1）雨篷（板式）

　　设计图中，雨篷（板式）向外找坡，有滴水，板上有防水砂浆抹面。从板的悬臂受力角度说，钢筋锚固在墙梁之中。

　　2）雨篷（梁板式）

　　设计图中，雨篷（梁板式）板上形成水箱，易积水，应留排水管。从梁板的悬臂受力角度说，钢筋锚固在墙梁之中。

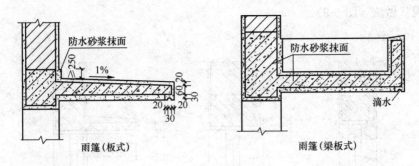

图 6-8　雨篷

（2）渗漏隐患

1）雨篷积水及渗水

很明显，雨篷存在积水及渗水隐患，导致房屋渗漏。

2）雨篷悬臂板开裂

监理查验表明，部分项目存在雨篷悬臂板（梁）施工拆模时开裂，以及局部防水不到位等问题。

（3）改进意见

【设计】

在建筑设计及结构设计雨篷图中，应补充和明确下列内容。

1）雨篷排水

在设计图上，梁板式雨篷板上形成水箱，应注明排水管位置、尺寸及坡度，以便积水顺畅排除。

2）雨篷防水

在设计图上应注明，在雨篷外露表面及过梁表面均抹防水砂浆，防止雨水乘虚而入。

3）雨篷表面坡度

在设计图上应注明，雨篷表面坡度应向外≥2％。

4）雨篷板与过梁连接

在结构图中注明，控制施工拆模时间，防止雨篷板根部开裂。

【施工】

施工单位配合设计改进，严格按设计图纸施工，并明确防渗漏施工要点。

1）雨篷工程

按图纸要求施工，按施工规范要求操作，雨篷拆模、雨篷防水等均要施工到位。

2）雨篷防渗漏

工程竣工验收时，整体雨篷工程，以大雨后检验室内不渗漏为合格。

【监理】

监理单位配合设计改进，严格监控雨篷工程施工过程的质量，确保房屋建筑整体不渗漏。

3. 钢筋混凝土过梁

（1）现状做法（图 6-9）

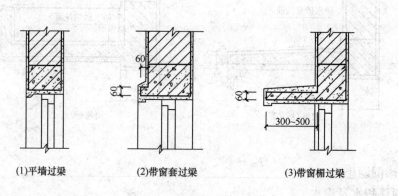

（1）平墙过梁　　　　（2）带窗套过梁　　　　　（3）带窗楣过梁

图 6-9　钢筋混凝土过梁

1）过梁（平墙过梁）

建筑设计图中，平墙过梁下有滴水，但排除雨水作用不大。

2）过梁（带窗套过梁）

建筑设计图中，平墙过梁下有 60mm 宽挑檐，有滴水，但排除雨水作用不明显。

3）过梁（带窗楣过梁）

建筑设计图中，带窗楣过梁下有 300～500mm 宽窗楣，有滴水，对排除雨水有一定作用。

（2）渗漏隐患

1）过梁（平墙过梁）

很明显，这种平墙过梁，雨水易从过梁底渗入室内，滴水作用不大，有渗漏隐患，不宜采用。

2）过梁（带窗套过梁）

很明显，这种带窗套过梁，雨水易从过梁底渗入室内，滴水作用不大，有渗漏隐患，不宜采用。

3）过梁（带窗楣过梁）

很明显，这种带窗楣过梁，其窗楣排水作用明显，雨水不易渗入室内，有较小渗漏隐患。

综上所述，过梁的改进建议，均为细微之处，但当雨水从过梁浸入室内时，会给用户带来不快，建筑师何不加以改进呢。

（3）改进意见

【设计】

在建筑设计的过梁图中，应补充和明确下列内容。

1）过梁（平墙过梁）

建筑设计图上，这种平墙过梁滴水尺寸尽量加大。因雨水易从过梁底渗入室内，不建议采用此种过梁。

2）过梁（带窗套过梁）

建筑设计图上，这种带窗套过梁，其小挑檐宽度应≥120mm。因雨水易从过梁底渗入室内，此种过梁不宜采用。

3）过梁（带窗楣过梁）

建筑设计图上，这种带窗楣过梁，其窗楣及过梁表面抹防水砂浆。窗楣排水作用明显，雨水不易渗入室内，可采用此种过梁。

【施工】

1）过梁工程

按建筑图纸要求施工，按施工规范要求操作，窗楣拆模、窗楣防水等均要施工到位。

2）过梁防渗漏

工程竣工验收时，整体过梁工程，以大雨后检验室内不渗漏为合格。

【监理】

监理单位配合设计改进，严格监控过梁工程施工过程的质量，确保房屋建筑整体不渗漏。

4. 窗台

（1）现状做法（图 6-10）

1）窗台（平墙窗台）

建筑设计图中，采用平墙窗台，无滴水，不当。

2）窗台（带窗套平砌窗台）

建筑设计图中，采用带窗套平砌窗台，有 60mm 宽挑檐，有滴水。

3）窗台（带窗套斜砌窗台）

建筑设计图中，采用带窗套斜砌窗台，有 60mm 宽挑檐，有滴水。

（2）渗漏隐患

1）窗台（平墙窗台）

很明显，这种平墙窗台，雨水易从窗台上表面渗入室内，有渗漏隐患。

2）窗台（带窗套平砌窗台）

很明显，这种带窗套平砌窗台，雨水不易从窗台上表面渗入室内，但滴水作用不大，仍有渗漏隐患。

3）窗台（带窗套斜砌窗台）

很明显，这种带窗套斜砌窗台，雨水易从窗台上表面渗入室内，滴水作用也不大，有渗漏隐患。

（3）改进意见

【设计】

在建筑设计的窗台图中，应补充和明确下列内容。

1）窗台（平墙窗台）

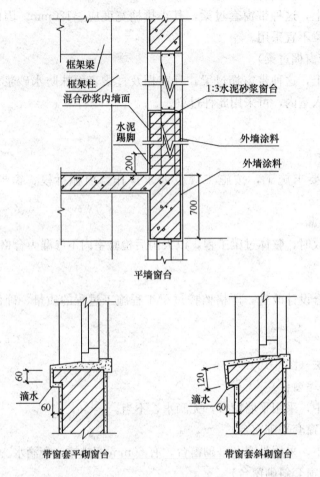

框架梁
框架柱
混合砂浆内墙面

1:3水泥砂浆窗台

水泥
踢脚

外墙涂料

外墙涂料

200

700

平墙窗台

60

滴水

60

带窗套平砌窗台

120

滴水

60

带窗套斜砌窗台

图 6-10　窗台

建筑设计图上，这种平墙窗台上表面应抹防水砂浆，且应向外起坡，因雨水易从窗台上表面渗入室内，不建议采用此种窗台。

2）窗台（带窗套平砌窗台）

建筑设计图上，这种带窗套平砌窗台，其上表面小挑檐宽度应≥120mm，滴水尺寸尽量加大，窗台表面应抹防水砂浆。

3）窗台（带窗套斜砌窗台）

建筑设计图上，这种带窗套斜砌窗台，其上表面小挑檐宽度应≥120mm，滴水尺寸尽量加大，窗台表面应抹防水砂浆。窗台上表面为斜面，利于排除雨水。

综上所述，窗台的改进建议，均为细微之处，但当雨水从窗台浸入室内时，会给用户带来不快，建筑师何不加以改进呢。

【施工】

施工单位配合设计改进，严格按设计图纸施工，并明确防渗漏施工要点。

1）窗台工程

按建筑图纸要求施工，按施工规范要求操作，窗台砌筑、窗缝填实等均要施工到位。

2）窗台防渗漏

工程竣工验收时，整体窗台工程，以大雨后检验室内不渗漏为合格。

【监理】

监理单位配合设计改进，严格监控窗台工程施工过程的质量，确保房屋建筑整体不渗漏。

5. 阳台

（1）现状做法（图 6-11～图 6-13）

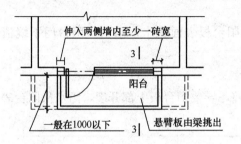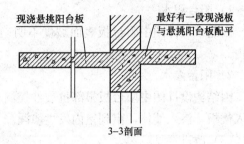

图 6-11 阳台（悬挑板由梁挑出）

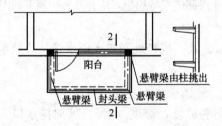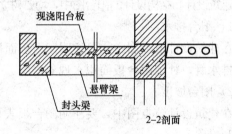

图 6-12 阳台（悬臂梁由柱挑出）

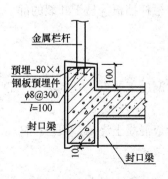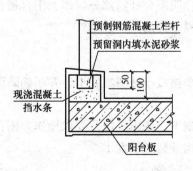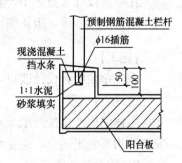

图 6-13 阳台栏杆与板连接

1）阳台（悬挑板由梁挑出）

233

结构设计图中，阳台悬挑板由主体结构的梁端挑出，从结构受力角度讲，可行。

2）阳台（悬臂梁由柱挑出）

结构设计图中，阳台悬挑板由主体结构的柱子挑出，从结构受力角度讲，可行。

3）阳台栏杆连接（金属栏杆焊在预埋件上、预制钢筋混凝土栏杆埋入预留洞）

结构设计图中，金属栏杆焊在预埋件上、预制钢筋混凝土栏杆埋入预留洞，从结构受力角度讲，可行。

综上所述，结构设计图中，阳台及栏杆生根手法，均可行。但是，阳台设计中仍存在渗漏隐患。

（2）渗漏隐患

1）阳台积水

因建筑设计图中阳台板表面坡度不明确，阳台板表面积水，雨水从阳台门下缝流入室内。

2）阳台渗水

因结构设计图中阳台板根部抗裂性控制较差，导致阳台板上部开裂，雨水从阳台表面渗入楼板，渗入墙体，窜到室内发生渗漏。

（3）改进意见

【设计】

建筑设计和结构设计的阳台图中，均要树立防止渗漏的主导思想，应补充和明确下列内容。

1）阳台排水

在建筑设计节点图中，要注明阳台板面排水方式，或经地漏排入雨水管，或挡水条内预埋排水管，杜绝阳台板面积水现象发生。

2）阳台坡度

在建筑设计节点图中，要注明阳台板表面留有坡度，坡度≥5%，坡向排水口，雨水可顺利排除。

3）阳台防水

在建筑设计节点图中，要注明阳台外露部分（墙、阳台板、栏杆挡板等易于开裂的部位）均抹防水砂浆，阻止雨水浸入楼内。

【施工】

施工单位配合设计改进，严格按设计图纸施工，并明确防渗漏施工要点。

1）阳台工程

主体结构严格按图纸要求施工，按施工规范要求操作，阳台板混凝土浇捣、阳台栏杆安装等均要施工到位，避免结构开裂隐患发生。

2）阳台防渗漏

工程竣工验收时，整体阳台工程，以大雨后检验室内不渗漏为合格。

【监理】

监理单位配合设计改进，严格监控阳台工程施工过程的质量，确保房屋建筑整体不渗漏。

6.2.4 改进建议（4）主体结构防裂构造设计

以下细说结构设计的改进意见，聚焦主体结构防裂构造设计。首先，我们纵观房屋设计——房屋施工——房屋使用中的方方面面，其建筑设计与结构设计的现状及其相关分析，为后面的讨论拓宽思路。

1. 建筑设计与结构设计现状

在以下建筑设计与结构设计现状的对比和剖析中，仍以工地上监理工程师的业务经历、视角和感受，其具体分析中提出的问题十分耐人寻味，并给人以启发，见表6-8。

2. 楼板设计现状

主体结构设计图纸，在工地三家（施工方、监理方、甲方）的手中，其图纸资料量大面广——梁、板、柱、墙、基础等部件涉及房屋的各部位。钢筋图、模板图、节点图等涉及主体结构要表达的全部设计范围。

以下讨论中，其内容为：其一，屋面楼板结构；其二，中间楼层楼板；其三，雨篷板、阳台板。

建筑设计与结构设计现状　　　　　　　　表 6-8

项　目	建筑设计	结构设计
房屋使用现状	（1）建筑造型有差距，屋面排雨水，坡屋顶好于平屋顶，为什么后者居多？ （2）房屋防水设计（屋面、卫生间、底层倒灌）为什么存在太多缺陷？ （3）墙漏雨、门窗漏雨，为什么存在那么多使用功能上的缺陷？	防水层漏雨——结构层漏雨，为什么结构开裂那么普遍？
设计师现状	（1）建筑师是否了解当前房屋使用中的渗漏现状？（见本书第2章内容） （2）建筑师是否了解当前房屋施工现场施工质量的现状？（见本书第4章内容） （3）建筑师是否在当前的设计业务中，考虑了治理房屋渗漏的元素？	（1）结构师是否了解当前房屋使用中的渗漏现状？（见本书第2章内容） （2）结构师是否了解当前房屋施工现场施工质量的现状？（见本书第4章内容） （3）结构师是否在当前的设计业务中，考虑了治理房屋渗漏的因素？
设计图纸现状	（1）当前建筑设计图纸中，未突出防渗漏的细节和措施。 （2）当前建筑设计图纸中，未结合现场施工现状提出较详细的防渗漏施工说明。	（1）当前结构设计图纸中，未突出防渗漏的细节和措施。 （2）当前结构设计图纸中，未结合现场施工和房屋使用现状，其构（部）件的截面尺寸及配筋设计，未采取特别措施。
建筑行业现状	（1）不希望出现"年年报修年年漏"（第2章）的现状。 （2）房屋建筑设计的改进当务之急。 （3）绿色屋顶、太阳能屋顶等建筑设计的新发展，对房屋渗漏的治理提出了新的课题。	（1）不希望出现"楼漏漏"（第2章）成为房屋质量的弊病。 （2）房屋结构设计的改进责无旁贷。 （3）配合建筑设计的发展和创新，房屋结构设计中，要充分考虑屋顶结构的耐久性。

（1）屋面楼板结构

1）当前结构设计图中，屋面楼板结构，其构（部）件的截面尺寸及配筋，依据《混凝土结构设计规范》GB 50010—2010 设计。

2）当前结构设计图中，屋面楼板结构，其构（部）件的截面尺寸及配筋的设计中，未在结构设计中特别考虑防渗漏措施。

（2）中间楼层楼板

1）当前结构设计图中，中间楼层楼板，其构（部）件的截面尺寸及配筋，依据《混凝土结构设计规范》GB 50010—2010 设计。

2）当前结构设计图中，中间楼层楼板，其构（部）件的截面尺寸及配筋的设计中，未在结构设计中特别考虑防渗漏措施。

（3）雨篷板、阳台板

1）当前结构设计图中，雨篷板、阳台板，其构（部）件的截面尺寸及配筋，依据《混凝土结构设计规范》GB 50010—2010 设计。

2）当前结构设计图中，雨篷板、阳台板，其构（部）件的截面尺寸及配筋的设计中，未在结构设计中特别考虑防渗漏措施。

3. 楼板渗漏隐患

（1）屋面楼板结构

1）雨水从屋面渗入室内时，第一道防线为防水层，第二道防线为屋面楼板的密实而不开裂。

2）屋顶雨水有可能从楼板渗入室内，存在渗漏隐患，期望楼板密实而不开裂。

3）当前结构设计图中，屋面楼板结构，其楼板承担着雨水入侵室内的第二道防线，其楼板设计中，应特别考虑防渗漏的结构措施。

（2）中间楼层楼板

1）楼上积水有可能从楼板渗入楼下，存在渗漏隐患，期望楼板密实而不开裂。

2）结构设计图中，中间楼层楼板结构，其楼板应具备楼上积水不渗入楼下的功能。因此，其中间楼板设计中，应特别考虑防渗漏的结构措施。

（3）雨篷板、阳台板

1）雨水通常从雨篷板、阳台板渗入室内，存在渗漏隐患，期望雨篷板、阳台板的密实而不开裂。

2）雨篷板、阳台板结构设计中，应特别考虑防渗漏的结构措施。

以上，楼板渗漏隐患表现，见表 6-9。

4. 结构设计改进意见

（1）改进思路

1）用户反映

当前房屋用户反映的问题比较多（见第 2 章），我们对照问题查找设计原因。

2）国家规范

结合《混凝土结构设计规范》GB 50010—2010 的相关规定，我们对照房屋渗漏表现，研究其值得设计改进的部位。

（2）改进意见

房屋楼板渗漏表现　　　　　　　　　　　　　　　　　　　表 6-9

序号	渗漏隐患表现	注
1	屋顶漏雨——因屋面楼板开裂引起，属设计原因	或施工原因
2	顶棚及墙角漏雨——因女儿墙及屋面楼板开裂引起，属设计原因	同上
3	顶棚及墙面漏雨——因雨篷、墙及屋面楼板开裂引起，属设计原因	同上
4	雨水从灯口流出——因屋面楼板开裂引起，属设计原因	同上
5	楼上漏雨水楼下也漏雨——因中间楼板开裂引起，属设计原因	同上
6	卫生间漏水——因楼板开裂引起，属设计原因	同上
7	楼板及墙面漏雨——因阳台板及墙开裂引起，属设计原因	同上

【设计】

1）屋面楼板、中间楼层楼板设计改进意见，见表 6-10。

楼板设计改进意见　　　　　　　　　　　　　　　　　　　表 6-10

序号	结构部位	改进意见	理由
1	钢筋配置	（1）防止钢筋踩弯——板上部筋间距以@150mm、@180mm 为宜，不宜再大。 （2）提高抗裂性能——可考虑适当增加配筋量	（1）工人浇筑混凝土时，脚踏钢筋，其脚下应有 2 根钢筋，否则易踩弯钢筋变形。 （2）楼板存在开裂隐患
2	混凝土断面尺寸	（1）提高抗裂性能——可考虑适当增加板厚度。 （2）考虑板上未预料荷载——可考虑适当增加板厚度	（1）楼板存在开裂隐患。 （2）楼板上施工操作荷载、堆料荷载、新增设施荷载等，值得设计充分考虑

表中：

①绿色屋顶、美化屋顶、太阳能屋顶等，给城市规划、城市空气、城市功能带来新的改观，同时也给建筑设计和结构设计，特别是对现状的房屋渗漏治理，带来新的课题。

②房屋结构设计中，结构师的钢筋配置和混凝土结构断面尺寸设计时，要充分考虑上述城市屋顶变化，引起楼板上未预料荷载的发生。

③室内装修中，吊顶龙骨与楼板的连接，通常在楼板上钻孔，在结构上钻孔易引起结构开裂而发生渗漏，值得警惕。

2）雨篷板、阳台板设计改进意见，见表 6-11。

雨篷板、阳台板设计改进意见　　　　　　　　　表 6-11

序号	结构部位	改进意见	理由
1	钢筋配置	（1）防止钢筋踩弯——板上部负钢筋，其间距以@150mm 为宜。 （2）提高抗裂性能——可考虑适当增加配筋量	（1）工人浇筑混凝土时，脚踏钢筋，其脚下应有 2 根，否则踩弯钢筋变形。 （2）悬臂板存在开裂隐患
2	混凝土断面尺寸	（1）提高抗裂性能——可考虑适当增加板厚度。 （2）考虑悬臂板上荷载变异——可考虑适当增加板厚度	（1）悬臂板存在开裂隐患。 （2）悬臂板上存在施工荷载超载、拆模开裂等不利因素，值得设计充分考虑

表中：
①敞开式阳台板，存在悬臂板因各种原因开裂的问题。
②外包式或后装修的阳台，则存在板上、墙上打孔钻眼的问题，在结构上钻孔易引起开裂而发生渗漏，这是值得警惕的。
3）框架梁、柱节点钢筋设计改进意见，见表 6-12。

框架节点设计改进意见　　　　　　　　　表 6-12

序号	结构部位	改进意见	注
1	钢筋配置	（1）防止钢筋过密——钢筋间距（净距）执行规范规定。 （2）在框架节点钢筋详图中，充分考虑钢筋交叉的密集程度，应尽量用双线条立体图表示框架钢筋节点	（1）浇筑混凝土时，因框架节点钢筋过密，影响浇筑密实。 （2）框架节点治理开裂隐患，从完善设计图纸做起

【施工】
施工单位配合设计改进，严格按设计图纸施工，并明确防渗漏施工要点。
主体结构严格按图纸要求施工，按施工规范要求操作，屋面楼板、中间楼层楼板、雨篷板、阳台板等混凝土浇捣要施工到位，避免结构开裂隐患产生。

【监理】
监理单位配合设计改进，严格监控主体结构工程施工过程的质量，确保房屋建筑整体不渗漏。

第7章 防漏之甲方主管

7.1 概述

本书房漏与防漏专题的讨论，涉及施工、监理、设计及建设开发单位，其中，建设开发单位，或称建设方主管，在建设项目的建设施工和竣工投入使用的各个阶段中，扮演着举足轻重的角色，无论对社会，或是对用户都是责任的主体。

在讨论房屋渗漏治理这个专题的时候，我们还是通过监理工作的实践，说出监理工程师眼中的甲方应该是这样的，并提出建议点滴，这是一次难得的交流，仅供项目建设单位参考。

1. 主管

（1）甲方代表

工地围墙内的四家参建单位——设计、施工、监理及建设开发单位，其中，设计单位负责出图纸，不在工地常驻。其余三家均在工地常驻，其中，建设单位人员为甲方代表。

显然，甲方代表的素质、经验和能力，应当与建设项目的规模相匹配。

（2）甲方主管

施工单位是完成施工合同的主体，建设单位与施工单位的合同关系、合同行为、合同进度、合同质量及合同结算等，很显然，甲方主管扮演着重要角色。

施工方在工地上的人力配备、机械配备、材料进场、主要施工方法及现场施工环境，均应受到甲方主管的认可和肯定。

（3）甲方协调

监理单位要完成监理合同的全部内容，建设单位与监理单位的合同关系、合同行为、施工进度的控制、施工质量的控制、现场施工安全控制及项目投资控制等，其中，甲方主管扮演着重要角色。

显然，工地上的甲方代表在协调各方的同时，也应把自己摆进去，以建筑法规为依据，严守国家建设程序，严格项目管理，严于律己，同工地，同规矩，同在监理规范指导下，与各方同呼吸共命运，与各方风雨同行。

（4）目标一致

实践经验表明，工地上甲方、施工方、监理方均在比较和谐的气氛中忙碌着，因为各方均依法上岗，目标一致，以完成建设期间的总任务为己任。

显然，甲方主管在奔向共同目标的大道上，肩负着沉重的担子，因为是主管，当然要管大事，什么是工地上的大事，火灾、安全事故、质量事故是大事，房屋渗漏不是大事，但也不是小事，因为这件事没完没了地在漫长的房屋使用过程中将持续显露。

2. 严管

建设期间的甲方管理，应该是很严格的，表现在：图纸、人员、进度、质量、投资、安全等全方位的严格管理。

（1）图纸

用于建设期间的各专业设计图纸，包括设计变更，甲方要严格管理。

1）设计图纸的准确性和连续性很有必要，为施工方、监理方提供的设计图纸，因现场施工原因，或设计调整原因需要修改和变更时，以甲方代表送达的最新版本为准，并建立档案，以便有据可查。

2）直到建设项目竣工时，以各专业完整的设计图纸，进入房屋使用阶段的维修管理，以便做到建设阶段与使用阶段的合理衔接。

（2）人员

1）现场甲方人员是否配套，是否到位，由建设单位领导负责安排和管理，在监理召开第一次工地会议时，甲方人员要全员到齐。并且，甲方人员管理体系应在建设期间连续和稳定。

2）施工方的管理和操作人员，是否与施工组织设计的人员配备相符合，这是监理监控的责任，同时，也是甲方代表要核查的内容。施工单位的人员配备在整个建设期内均要符合施工合同中的相关条文要求。

3）监理方上岗人员，以报甲方的监理规划为准，并在第一次工地会议上，与会的各专业监理工程师，主动向施工方和甲方表态和沟通，做到以总监理工程师为首的监理人员全部到位。

（3）进度

1）现场施工进度甲方是主管，其具体进度目标以施工合同、监理合同、施工组织设计、监理规划为准。

2）发生未预料情况，引起施工进度变更，以甲方代表组织工地各方协调意见为准，导致合同期的变更，按监理规范规定办理手续。

（4）质量

1）现场的施工质量，施工方是质量保证和责任的主体，监理方负责施工质量的监控责任，工地上，所有分部分项工程的验评和验收，均由监理方负责办理各种表格签认。单位工程的验收，由三方签认的验收表格，需要甲方代表参加。

2）施工现场发生质量事故，或发生质量不合格时，除监理方和施工方协商处理外，有必要请甲方代表参加，以便建设单位对质量事故和质量不合格加深了解，促进施工单位认真整改。

（5）投资

1）现场甲方代表对进度款的认可，以监理工程师对工程量的认可为依据，分段进度款的认可，应与合同总金额相符合。

2) 设计变更及工程变更引起的概预算变更，仍以监理工程师的认可为依据，必要时甲方代表出面协调和调整。

（6）安全

1) 施工单位对现场的安全自我保证，所有安全措施，都要经得起监理方和甲方的日常检查和监督。甲方代表在工地巡查过程中，要特别提醒施工方的安全隐患，以及落实安全整改措施。

2) 监理单位设专人检查施工现场的安全状况，并随时与甲方代表进行沟通，对现场的不安全部位，必要时监理方、施工方及甲方共同巡查，并责令施工单位当场落实整改。

7.2　编制依据

如何说清甲方管理的内容，我们汇集了本书中有关参建单位的意见，作为细说甲方主管的依据，仅供参考。

（1）监理单位反映（见第5章有关甲方管理内容）

（2）施工单位反映（见第4章有关甲方管理内容）

（3）设计单位反映（见第6章有关甲方管理内容）

（4）用户反映（见第2章有关甲方管理内容）

7.3　建设方项目管理

从监理工程师的工作经验出发，对建设单位的项目管理，有说不完的忠告。简言之，"一说，二查，三收"。

一说：在关键的会上，说出甲方应说的要求。

二查：在关键的节点，查出现场的要害问题。

三收：收获一个成果，一个建设单位满意的房屋建筑成品，一个为之欣慰的收获。

1. 设计交底会

设计方案、设计图纸是建设单位最关心的建设起点，在设计交底会上，建设方主管应向设计方提出这样的问题：

（1）建筑屋面结构造型，是平屋面，还是坡屋面？平屋面如何防渗漏？

（2）屋面楼板及墙，如何保证不渗漏？

（3）底层如何保证不倒灌雨水？

（4）地下室如何保证不返潮？

……

设计师的交底，以及详述如何解决这些渗漏问题。甲方代表到会的同时，最好有物业部门的代表旁听答疑。如果，设计单位能给与会者一个满意的回答，那么，建设项目的前途将是乐观的。

2. 第一次工地会议

由总监理工程师主持的第一次工地会议上，这是现场施工方和监理方工程起步的一个重要节点，建设单位主管及甲方代表们，在此会上应查出什么问题呢？建议在这些方面打开局面。

(1) 查材料进场，钢筋、商品混凝土、防水材料从处来，进料渠道，如何进场把关。

(2) 查主体结构施工人员从哪里来的，有哪些施工经验，人员素质，经营业绩，抗风险（质量事故、安全事故）能力如何。

(3) 查防水分包队及其他分包队的来历、能力和业绩。

(4) 查房屋渗漏治理措施，开工到竣工的全过程中，工程质量如何保证。

……

建议建设单位主管提出的上述问题，是针对施工单位的准备工作，也是针对监理单位如何开展监控的，在现场开工之时，甲方主动查出个头绪，理顺各方的状态，很有必要，如果施工方和监理方把开工前的准备做得很充分，那么，建设项目的前途将是乐观的。

3. 单位工程验收

地下结构验收，地上结构验收，或者整幢楼的验收，要由施工方、监理方和甲方共同参加查验和认可签字。对于甲方来说，这一关也是至关重要的。建议建设单位在这样一些环节下功夫。

(1) 验收地下结构时，要看地下室底板和墙壁是否返潮，如果有渗水、滴水、积水等现象，要深究原因和责任。

(2) 验收地上结构时，要看梁、板、柱、墙的外观，特别是楼板是否开裂，如果有怀疑部位，可做一下积水试验。如果存在明显渗漏缺陷，要进行修补，并要深究原因和责任。

(3) 验收卫生间时，要做闭水试验，如果存在明显渗漏缺陷，要进行修补，并要深究原因和责任。

(4) 验收屋顶结构时，要做淋水试验，全方位地检验屋面结构的渗漏缺陷，如果存在明显的质量问题，要进行修补，并要深究原因和责任。

……

以上，并没有说出验收时要查验的全部内容，但是，建设单位所主管的目标已接近实现，越是在这个时候，面临的问题就暴露得越发明显，甲方代表们的工作千头万绪，注意验收的是合格的产品，收获的是一件比较复杂的建筑成品，可能是惊喜，也可能是沉重的喜悦。

甲方主管的业务中，现场项目管理的工作内容，汇总于表 7-1。

甲方主管（现场项目管理）　　　　　　　　　　　　　表 7-1

序号	甲方主管	施工方	监理方
1	(1) 设计交底会上，设计及甲方交底 (2) 提供设计图纸，并办理设计变更 (3) 设计修改及甲方认可	执行施工合同	执行监理合同
2	(1) 第一次工地会议及各种工地会议上，甲方协调 (2) 现场进度、质量、投资及安全主管 (3) 现场发生问题的处理	执行施工合同	执行监理合同
3	(1) 单位工程竣工，甲方验收及签认 (2) 建设期间，甲方工作中抓住治理房屋渗漏的主题 (3) 做好房屋验收后，继续治理房屋渗漏的后续工作	执行施工合同	执行监理合同

7.4　对施工方的管理

甲方与施工方是合同关系，甲方对施工方的管理，实际上是双方对施工合同条款的落实。以下内容，仍是从监理的工作经验出发，对建设单位项目管理的几点建议。简言之，"前期，中期，后期"。

前期：施工合同之前，对施工单位的考察和落实。

中期：从工程开工到竣工的全面监管。

后期：保修期的监管。

1. 项目前期工作

对施工方的管理，做好项目前期工作是关键，有的施工单位在开工后的表现不能令人满意，其原因是招投标工作比较粗糙，对施工方的资质、业绩、能力考察不足，提醒我们要注意的问题是：

(1) 中标的施工企业，其施工的业绩和能力，要与本项目的规模和施工难度相匹配，否则有较大风险。

(2) 合同后的上岗人员，要与进驻工地的实际人员相一致，否则一开工就会暴露出工、料、机不到位的局面。

(3) 总包下属的分包施工队，也要开工前考察落实，否则装修、防水等施工质量难以保证。

(4) 进材料、进设备的厂家都要在开工前落实，否则会麻烦不断。

……

甲方项目前期工作的扎实展开，体现了甲方工作的质量和深度，也将为开工后的顺利起步打开局面。监理工作经验表明，施工单位进驻工地的所有行为，都将证明自己的实力。是扎扎实实，还是松松垮垮，当基槽开挖、钢筋进场、塔吊立起之时，就能看出这家施工单位是否是理想的选择。万事开头难，建设项目的前景将迈着严峻的步伐前行。

2. 从开工到竣工

工地上，从开工到竣工要经历漫长的建设期，期间要发生许多出自施工方的是是非非，要求甲方代表来协调，怎样做出合适的处理，将是对甲方代表的挑战。

（1）施工单位管理和操作人员不配套，影响工程进度和质量，怎么办？

（2）施工单位钢筋等材料出现不合格，怎么办？

（3）地下结构防水施工队施工不到位，怎么办？

（4）工地上安全措施不到位，怎么办？

……

当然，这些问题均属监理方的监控范围，但是，作为常驻工地的甲方代表如何看？其回答就是按建设程序办理，按监理规范规定执行。并不是要求甲方代表亲自出面主持，而是可以通过监理主持的监理例会来协调，以及运用监理表格文件进行监控和整改。甲方代表通过对监理工作的支持、衔接和深入，会把出自施工单位的各种问题进行妥善解决。那么，建设项目的全过程中出现的所有问题，只要甲方代表勇于面对，善于与各方合作，建设单位的主管作用，将引领工地上各方在风雨中前行。

3. 项目的保修期

建设项目进入保修期，房屋发生渗漏、缺损等问题，施工方仍要负责修补。但是，由于施工方的大部队已撤离，施工方处理问题是小打小闹，常出现修补效果不好，用户不满意。建设方常碰到的问题是：

（1）施工方保修期内，屋顶发生渗漏怎么办？

（2）施工方保修期内，卫生间发生渗漏怎么办？

（3）施工方保修期内，地下室发生渗水怎么办？

（4）施工方保修期内，底层发生雨水倒灌怎么办？

……

以上，所有发生在施工方保修期内的问题，建设方要慎重对待，一方面施工方留守的几个人来对付修补；一方面用户投诉不断，建设方心急如焚。此时，建设方应发挥主管的作用，迅速召集施工、监理（如在合同内）负责人会议，商定保修期内修补责任落实，并以会议纪要下达各方。所有修补项目均要有方案、有检查。这项工作是面向用户的品牌工程，不可马虎大意。

建设方主管要重视施工保修期的工作，这个阶段，在许多细节上，是在检验着施工方和监理方的工作质量，虽说是已进入竣工之后的收获季节，其实建设方主管心情是喜忧参半，因为建设方主管还有很长的路要走。

甲方主管的业务中，对施工方管理的工作内容，汇总于表 7-2。

甲方主管（对施工方管理）　　　　　　　　　　　　　　　　　表 7-2

序号	甲方主管	施工方	监理方
1	（1）按建设程序选择施工单位 （2）考察施工单位资质、业绩 （3）考察施工单位人力配备	—	—
2	（1）核实施工单位上岗人员 （2）核实施工单位现场材料，规范甲方供货材料 （3）参与处理现场进度、质量、安全出现的问题	执行施工合同	执行监理合同
3	（1）建设期间，甲方工作中抓住治理房屋渗漏的主题 （2）做好房屋验收后，继续治理房屋渗漏的后续工作	执行施工合同	执行监理合同

7.5　对监理方的管理

作为工地的甲方代表，其实是工地的主管，拿什么管好工地，与监理协同。

甲方代表可以从监理规范中找到管工地的办法。

甲方代表可以从监理工程师那里学到不同专业的知识。

甲方代表的上层领导，就是建设开发单位的主管，从监理单位的监控实效中，应该感觉到建设过程的走向。在我们聚焦房屋渗漏治理这个沉重主题时，甲方主管不可回避。

甲方与监理方是合同关系，甲方对监理方的管理，实际上是双方对监理合同条款的落实。从监理的工作经验出发，长期与甲方合作的过程中，悟出建设单位项目管理的要点应为："看、说、写"。

看：查看现场监控的实效。

说：说出甲方看出的问题。

写：写上甲方对工程的认可。

1. 看出问题

甲方对监理方的管理，其实有章可循，就是沿着监理规范有关规定，梳理出甲方管理的思路，监理规范中、监理合同中及现场工作中应当监控的要点，都是甲方检查监理方工作是否到位的内容：

（1）监理规划及监理实施细则，是否与监理工程师现场的监控行为相一致？

（2）监理主持的设计交底与图纸会审会议，是否完整地吃透了设计意图？

（3）监理月报是否记录和表达了每个月的监理实效？

（4）施工方工序上的质量问题，是否在监理旁站中发现和整改？

……

如果甲方代表所看出的问题，与现场实际情况相符合，说明监理单位的工作是到位的；如果甲方代表发现监理工作中存在差距，则应随时提出，双方应在十分和谐的气氛中完成建设期的目标。

2. 说在点上

监理主持的各种会议上，监理是否把问题说到点子上，甲方代表是否在会上看出问题和提出补充意见，体现了双方的合作配合。

（1）监理审批的施工组织设计，甲方代表是否又做了补充完善？

（2）每周的监理会议上，监理是否抓住了现场工程进展存在的问题？

（3）监理主持的质量缺陷与事故处理会议上，甲方代表是否认为妥当？

（4）监理安全监控是否到位，甲方代表又做了哪些补充？

……

如果甲方代表所说的问题，与监理的协调意见基本一致，说明监理单位的工作得到甲方的大力支持，如果监理工作差距较大，则应及时总结经验，充分征求甲方代表的意见，改进监理的工作。

3. 写下认可

需要甲方代表签认的重要节点，总是在监理方认真研究和处理之后发生，如：发布工程暂停令、阶段工程验收、工程变更及竣工结算等。这些节点，监理要认真把关，建设单位主管写下认可之时，则体现了主管的作用。

（1）监理批复的工程开工（或复工）及工程暂停令上，甲方需核实并认可。

（2）监理主持的分部工程及单位工程验收单上，甲方需核实并认可。

（3）监理审定的工程变更、索赔文件上，甲方需核实并认可。

（4）监理审定的竣工结算书上，甲方需核实并认可。

……

这样，监理与甲方经历漫长建设期的合作，实际上是委托与被委托的关系，将在房屋即将竣工的节点上，告一段落。甲方对监理工作是否满意，应表现在平时工作的实践，表现在施工方、监理方与甲方风雨同行的日日夜夜。建设单位的主管作用在建设期的各个阶段，都应当发挥应有的作用。

甲方主管的业务中，对监理方管理的工作内容，汇总于表 7-3。

甲方主管（对监理方管理）　　　　　　　　　　　　表 7-3

序号	甲方主管	监理方	施工方
1	（1）指出执行监理合同实效 （2）指出监理监控中存在的问题 （3）随时发现监理工作动向	监理现场监控	执行施工合同
2	（1）监理会上说出甲方看法 （2）监理会上说出工地存在的问题 （3）随时协调各方存在的问题	监理工地会议	执行施工合同
3	（1）监理表格中的甲方签认 （2）签认监理会议纪要等文件 （3）查验并签认单位工程验收文件	监理签认表格	执行施工合同
4	（1）建设期间，甲方工作中抓住治理房屋渗漏的主题 （2）做好房屋验收后，继续治理房屋渗漏的后续工作	—	执行施工合同

参 考 文 献

[1] 国家标准图集《平屋面建筑构造》12J201（2012 年）
[2] 《屋面工程技术规范》GB 50345—2012
[3] 《建设工程监理规范》GB 50319—2012
[4] 《建筑工程施工质量验收统一标准》GB/T 50300—2013
[5] 《建筑地基基础工程施工质量验收规范》GB 50202—2002
[6] 《地下防水工程质量验收规范》GB 50208—2011
[7] 《混凝土结构工程施工质量验收规范》GB 50204—2002（2010 年版）
[8] 《屋面工程质量验收规范》GB 50207—2012
[9] 《建筑地面工程施工质量验收规范》GB 50209—2010
[10] 《混凝土结构设计规范》GB 50010—2010